12 ベクトル方程式

s，t が実数のとき

(1) 点 A($\vec{a}$) を通り，$\vec{u}$ ($\neq\vec{0}$) に平行な直線
$\vec{p}=\vec{a}+t\vec{u}$ ($\vec{u}$ は方向ベクトル)

(2) 2 点 A($\vec{a}$)，B($\vec{b}$) を通る直線
$\vec{p}=(1-t)\vec{a}+t\vec{b}=s\vec{a}+t\vec{b}$ ($s+t=1$)

(3) 点 A($\vec{a}$) を通り，$\vec{n}$ ($\neq\vec{0}$) に垂直な直線
$\vec{n}\cdot(\vec{p}-\vec{a})=0$ ($\vec{n}$ は法線ベクトル)

(4) 点 C($\vec{c}$) を中心とする半径 r の円
$|\vec{p}-\vec{c}|=r$　または $(\vec{p}-\vec{c})\cdot(\vec{p}-\vec{c})=r^2$

(5) 2 点 A($\vec{a}$)，B($\vec{b}$) を直径の両端とする円
$(\vec{p}-\vec{a})\cdot(\vec{p}-\vec{b})=0$

13 平面上の点 P の存在範囲

$\overrightarrow{OP}=s\overrightarrow{OA}+t\overrightarrow{OB}$ のとき

・$s+t=1$
$\iff$ 直線 AB 上

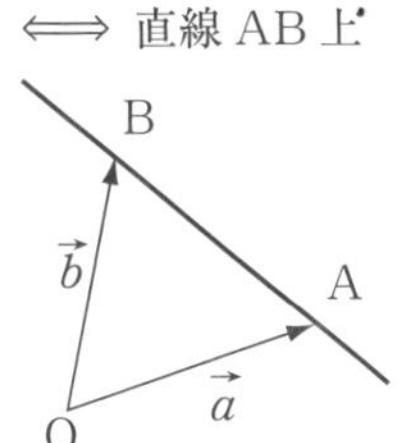

・$s+t=1$，$s\geqq0$，$t\geqq0$
$\iff$ 線分 AB 上

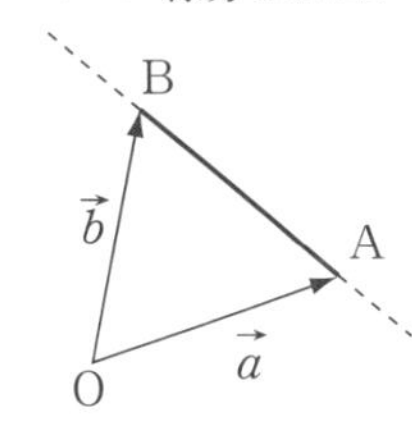

・$s+t\leqq1$，$s\geqq0$，$t\geqq0$
$\iff$ △OAB の周
および内部

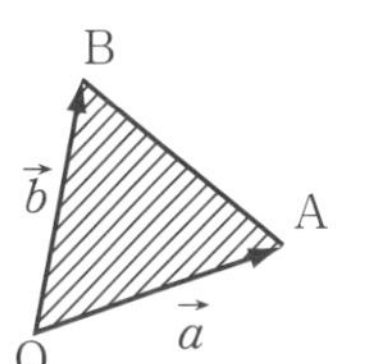

ベクトル

14 ベクトルの演算

(1) 和 $\overrightarrow{AB}+\overrightarrow{BC}=\overrightarrow{AC}$
差 $\overrightarrow{OA}-\overrightarrow{OB}=\overrightarrow{BA}$

(2) $\vec{a}+\vec{b}=\vec{b}+\vec{a}$　(交換法則)
$(\vec{a}+\vec{b})+\vec{c}=\vec{a}+(\vec{b}+\vec{c})$ (結合法則)

(3) $\vec{a}+(-\vec{a})=\vec{0}$，$\vec{a}+\vec{0}=\vec{a}$，$\vec{a}-\vec{b}=\vec{a}+(-\vec{b})$

(4) k，l が実数のとき
$k(l\vec{a})=(kl)\vec{a}$，$(k+l)\vec{a}=k\vec{a}+l\vec{a}$
$k(\vec{a}+\vec{b})=k\vec{a}+k\vec{b}$

(平面のときと同じ計算法則が成り立つ)

15 空間ベクトルの分解

$\vec{0}$ でない 3 つのベクトル $\vec{a}$，$\vec{b}$，$\vec{c}$ が同一平面上にない (1 次独立) とき

・任意の $\vec{p}$ は $\vec{p}=l\vec{a}+m\vec{b}+n\vec{c}$ (l，m，n は実数) の形にただ 1 通りに表せる。

・$l\vec{a}+m\vec{b}+n\vec{c}=l'\vec{a}+m'\vec{b}+n'\vec{c}$
$\iff l=l'$，$m=m'$，$n=n'$

16 空間ベクトルの成分 (複号同順)

$\vec{a}=(a_1,\ a_2,\ a_3)$，$\vec{b}=(b_1,\ b_2,\ b_3)$ のとき

・相等　$\vec{a}=\vec{b} \iff a_1=b_1$，$a_2=b_2$，$a_3=b_3$

・大きさ　$|\vec{a}|=\sqrt{a_1{}^2+a_2{}^2+a_3{}^2}$

・$\vec{a}\pm\vec{b}=(a_1\pm b_1,\ a_2\pm b_2,\ a_3\pm b_3)$

・$k\vec{a}=(ka_1,\ ka_2,\ ka_3)$ (k は実数)

A$(a_1,\ a_2,\ a_3)$，B$(b_1,\ b_2,\ b_3)$ のとき

・$\overrightarrow{AB}=(b_1-a_1,\ b_2-a_2,\ b_3-a_3)$

・$|\overrightarrow{AB}|=\sqrt{(b_1-a_1)^2+(b_2-a_2)^2+(b_3-a_3)^2}$

17 空間ベクトルの内積

(1) $\vec{0}$ でない 2 つのベクトル $\vec{a}$，$\vec{b}$ のなす角を θ ($0°\leqq\theta\leqq180°$) とするとき
$\vec{a}\cdot\vec{b}=|\vec{a}||\vec{b}|\cos\theta$

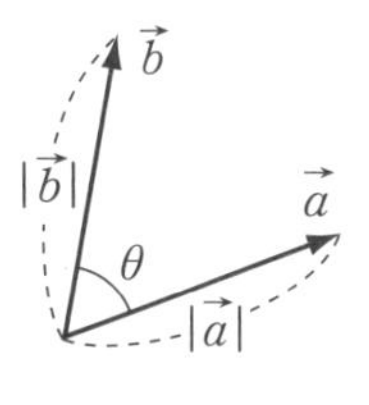

(2) $\vec{a}\cdot\vec{b}=\vec{b}\cdot\vec{a}$，$\vec{a}\cdot\vec{a}=|\vec{a}|^2$，
$\vec{a}\cdot(\vec{b}+\vec{c})=\vec{a}\cdot\vec{b}+\vec{a}\cdot\vec{c}$

$\vec{a}=(a_1,\ a_2,\ a_3)$，$\vec{b}=(b_1,\ b_2,\ b_3)$ のとき

・$\vec{a}\cdot\vec{b}=a_1b_1+a_2b_2+a_3b_3$

・$\cos\theta=\dfrac{\vec{a}\cdot\vec{b}}{|\vec{a}||\vec{b}|}=\dfrac{a_1b_1+a_2b_2+a_3b_3}{\sqrt{a_1{}^2+a_2{}^2+a_3{}^2}\sqrt{b_1{}^2+b_2{}^2+b_3{}^2}}$

18 位置ベクトル

A($\vec{a}$)，B($\vec{b}$)，C($\vec{c}$) のとき

・$\overrightarrow{AB}=\vec{b}-\vec{a}$

・線分 AB を $m:n$ の比に分ける点の位置ベクトル
内分 $\dfrac{n\vec{a}+m\vec{b}}{m+n}$，外分 $\dfrac{-n\vec{a}+m\vec{b}}{m-n}$ ($m\neq n$)

・線分 AB の中点 $\dfrac{\vec{a}+\vec{b}}{2}$

・△ABC の重心 $\dfrac{\vec{a}+\vec{b}+\vec{c}}{3}$

19 直線と平面の垂直

一直線上にない 3 点 A，B，C で定まる平面を α とするとき

点 P が平面 α 上 $\iff \overrightarrow{AP}=s\overrightarrow{AB}+t\overrightarrow{AC}$
$\iff \overrightarrow{OP}=r\overrightarrow{OA}+s\overrightarrow{OB}+t\overrightarrow{OC}$ ($r+s+t=1$)

20 球面の方程式

中心が点 (a，b，c)，半径 r の球面の方程式
$(x-a)^2+(y-b)^2+(z-c)^2=r^2$

本書は，数学Cの内容の理解と復習を目的に編修した問題集です。
各項目を見開き2ページで構成し，左側は**例題**と**類題**，右側はExerciseとJUMPとしました。

本書の使い方

例題

各項目で必ずマスターしておきたい代表的な問題を解答とともに掲載しました。右にある基本事項と合わせて，解法を確認できます。

Exercise

類題と同レベルの問題に加え，少しだけ応用力が必要な問題を扱っています。易しい問題から順に配列してありますので，あきらめずに取り組んでみましょう。

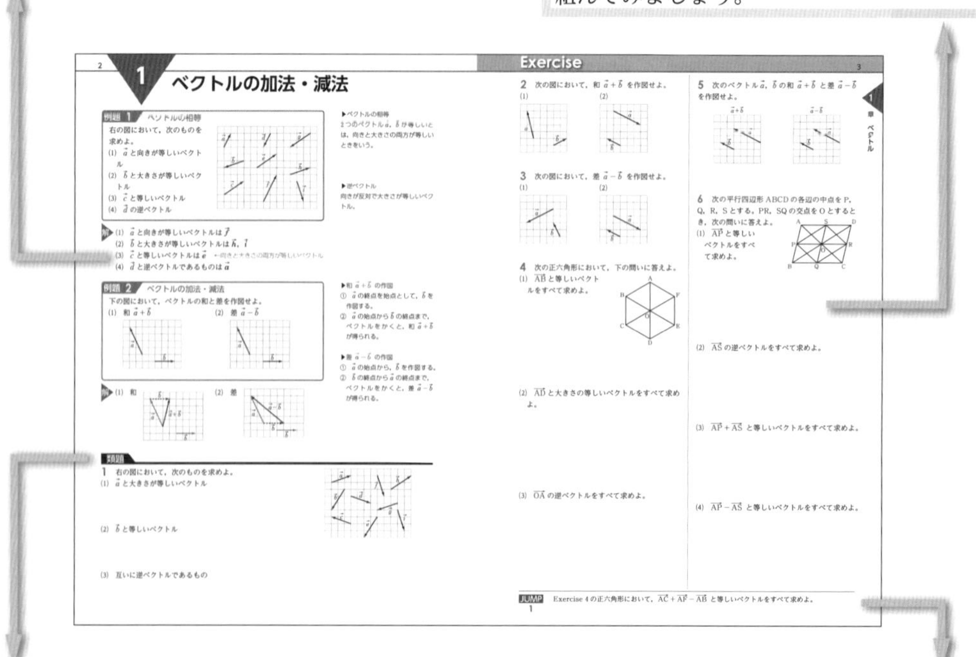

類題

例題と同レベルの問題です。解き方がわからないときは，例題を参考にしてみましょう。

JUMP

Exerciseより応用力が必要な問題を扱っています。選択的に取り組んでみましょう。

まとめの問題

いくつかの項目を復習するために設けてあります。内容が身に付いたか確認するために取り組んでみましょう。

数学C

第１章　ベクトル

第２章　複素数平面

第３章　平面上の曲線

問題数	第１章	第２章	第３章	合計
例題	33	15	20	68
類題	25	13	10	48
Exercise	70	31	32	133
JUMP	18	8	9	35
まとめの問題	23	8	14	45

1 ベクトルの加法・減法

例題 1 ベクトルの相等

右の図において，次のものを求めよ。

(1) $\vec{a}$ と向きが等しいベクトル

(2) $\vec{b}$ と大きさが等しいベクトル

(3) $\vec{c}$ と等しいベクトル

(4) $\vec{d}$ の逆ベクトル

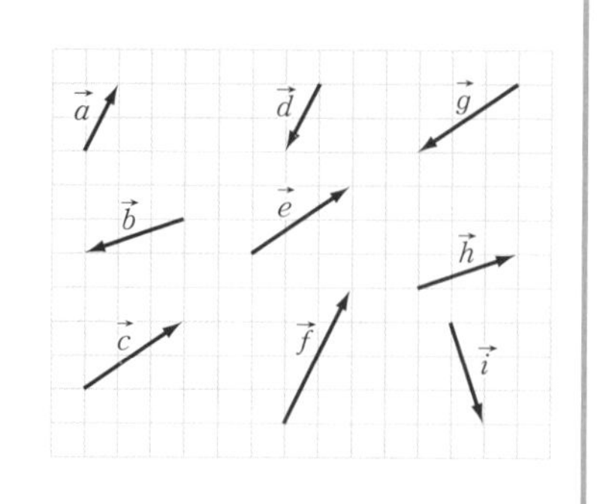

解 (1) $\vec{a}$ と向きが等しいベクトルは $\vec{f}$

(2) $\vec{b}$ と大きさが等しいベクトルは $\vec{h}$，$\vec{i}$

(3) $\vec{c}$ と等しいベクトルは $\vec{e}$ ←向きと大きさの両方が等しいベクトル

(4) $\vec{d}$ と逆ベクトルであるものは $\vec{a}$

▶ベクトルの相等

2つのベクトル $\vec{a}$，$\vec{b}$ が等しいとは，向きと大きさの両方が等しいときをいう。

▶逆ベクトル

向きが反対で大きさが等しいベクトル。

例題 2 ベクトルの加法・減法

下の図において，ベクトルの和と差を作図せよ。

(1) 和 $\vec{a}+\vec{b}$

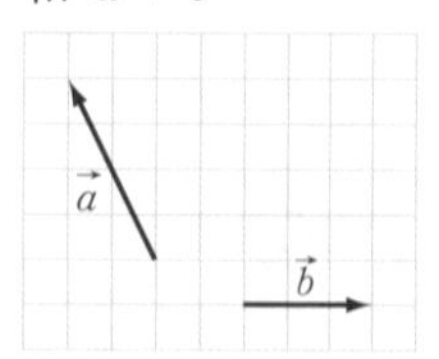

(2) 差 $\vec{a}-\vec{b}$

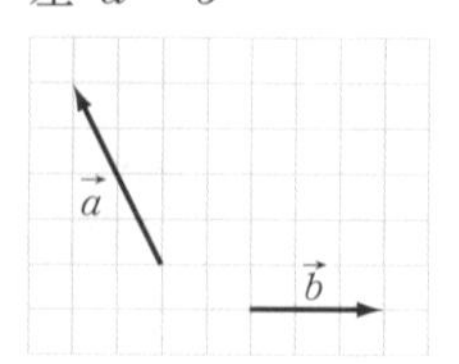

解 (1) 和

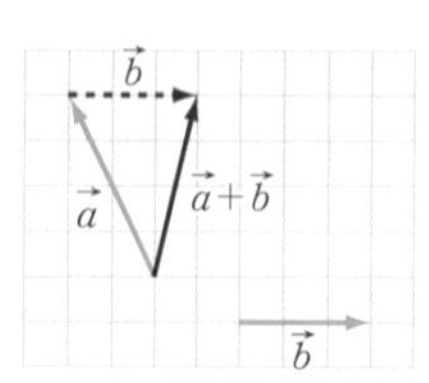

(2) 差

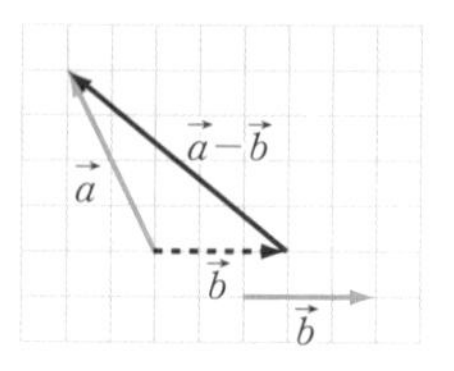

▶和 $\vec{a}+\vec{b}$ の作図

① $\vec{a}$ の終点を始点として，$\vec{b}$ を作図する。

② $\vec{a}$ の始点から $\vec{b}$ の終点まで，ベクトルをかくと，和 $\vec{a}+\vec{b}$ が得られる。

▶差 $\vec{a}-\vec{b}$ の作図

① $\vec{a}$ の始点から，$\vec{b}$ を作図する。

② $\vec{b}$ の終点から $\vec{a}$ の終点まで，ベクトルをかくと，差 $\vec{a}-\vec{b}$ が得られる。

類題

1 右の図において，次のものを求めよ。

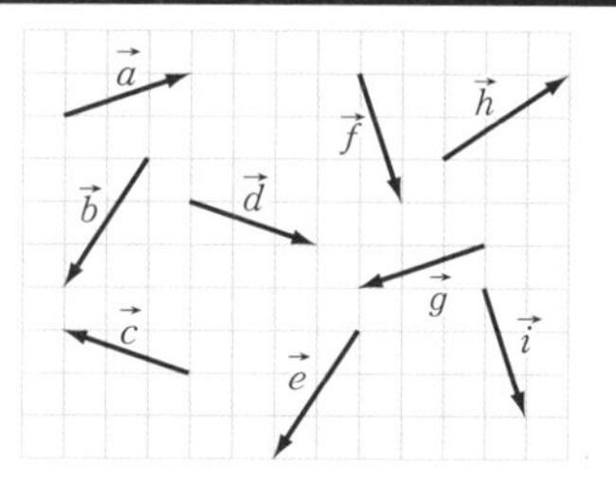

(1) $\vec{a}$ と大きさが等しいベクトル

(2) $\vec{b}$ と等しいベクトル

(3) 互いに逆ベクトルであるもの

Exercise

2 次の図において，和 $\vec{a}+\vec{b}$ を作図せよ。

(1)

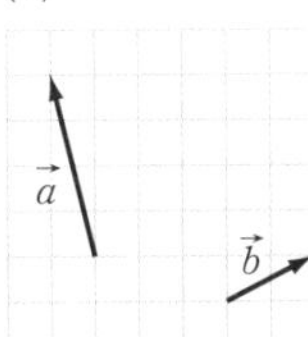

(2)

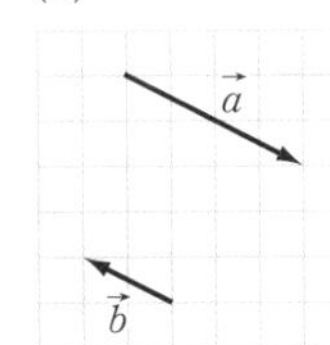

3 次の図において，差 $\vec{a}-\vec{b}$ を作図せよ。

(1)

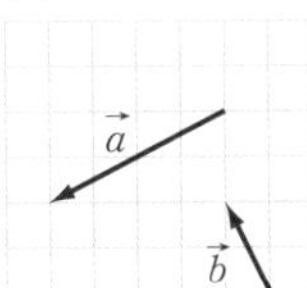

(2)

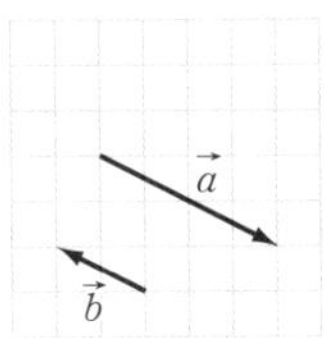

4 次の正六角形において，下の問いに答えよ。

(1) $\overrightarrow{AB}$ と等しいベクトルをすべて求めよ。

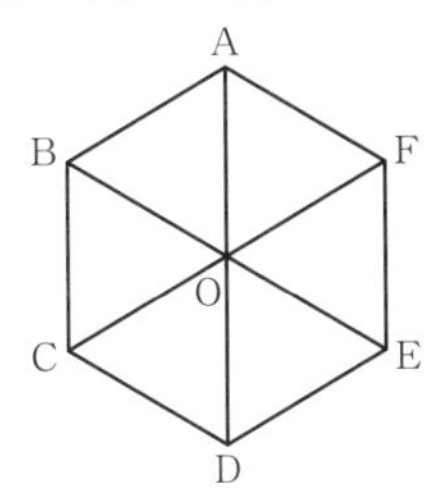

(2) $\overrightarrow{AD}$ と大きさの等しいベクトルをすべて求めよ。

(3) $\overrightarrow{OA}$ の逆ベクトルをすべて求めよ。

5 次のベクトル $\vec{a}$，$\vec{b}$ の和 $\vec{a}+\vec{b}$ と差 $\vec{a}-\vec{b}$ を作図せよ。

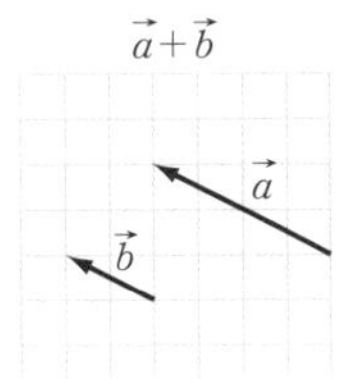

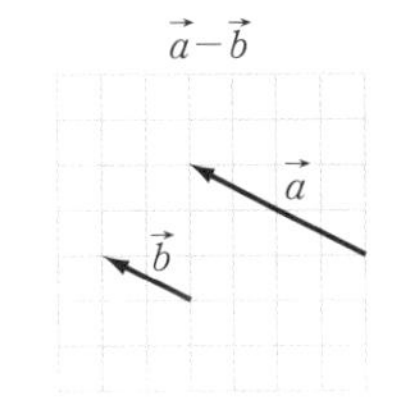

6 次の平行四辺形ABCDの各辺の中点をP，Q，R，Sとする。PR，SQの交点をOとするとき，次の問いに答えよ。

(1) $\overrightarrow{AP}$ と等しいベクトルをすべて求めよ。

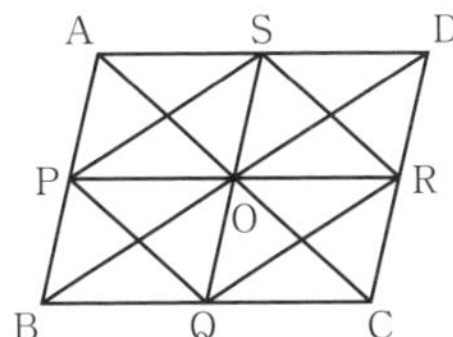

(2) $\overrightarrow{AS}$ の逆ベクトルをすべて求めよ。

(3) $\overrightarrow{AP}+\overrightarrow{AS}$ と等しいベクトルをすべて求めよ。

(4) $\overrightarrow{AP}-\overrightarrow{AS}$ と等しいベクトルをすべて求めよ。

JUMP 1 Exercise 4の正六角形において，$\overrightarrow{AC}+\overrightarrow{AF}-\overrightarrow{AB}$ と等しいベクトルをすべて求めよ。

2 ベクトルの実数倍と平行・分解

例題 3 ベクトルの実数倍

右の図において，次のベクトルを作図せよ。

(1) $2\vec{a}$ (始点 A)

(2) $-3\vec{b}$ (始点 B)

(3) $2\vec{a}-\vec{b}$ (始点 C)

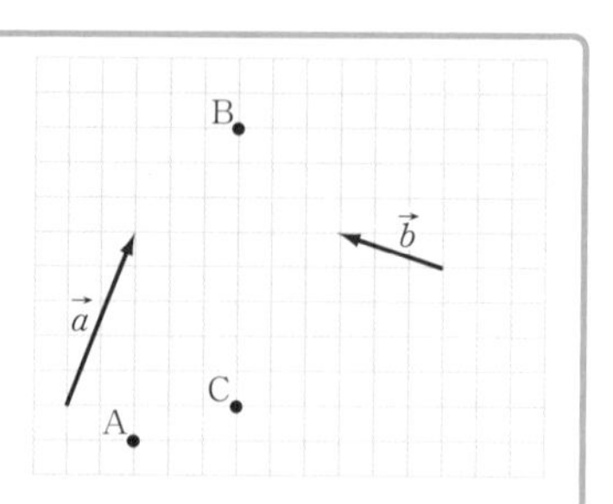

右の図のとおり。

(3)は，$2\vec{a}-\vec{b}=2\vec{a}+(-\vec{b})$ と考える。

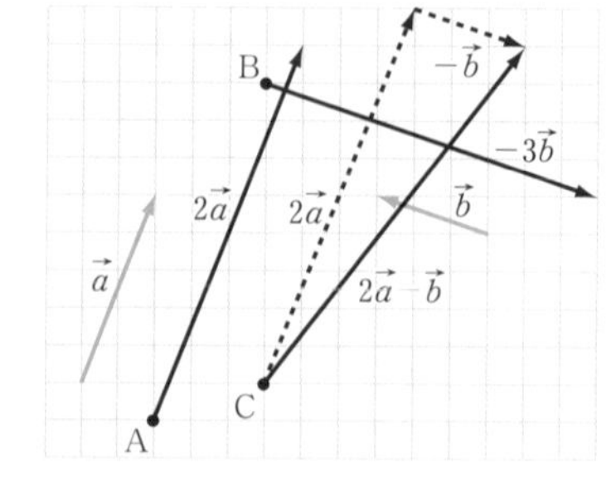

例題 4 ベクトルの計算法則

$2(\vec{a}+3\vec{b})-3(\vec{a}-\vec{b})$ を計算せよ。

$$2(\vec{a}+3\vec{b})-3(\vec{a}-\vec{b})=2\vec{a}+6\vec{b}-3\vec{a}+3\vec{b}$$
$$=\boldsymbol{-\vec{a}+9\vec{b}}$$

例題 5 ベクトルの分解

右の図のような AD // BC，BC = 2AD である台形 ABCD において，$\overrightarrow{AB}=\vec{a}$，$\overrightarrow{AD}=\vec{b}$ とするとき，$\overrightarrow{AC}$ を $\vec{a}$，$\vec{b}$ で表せ。

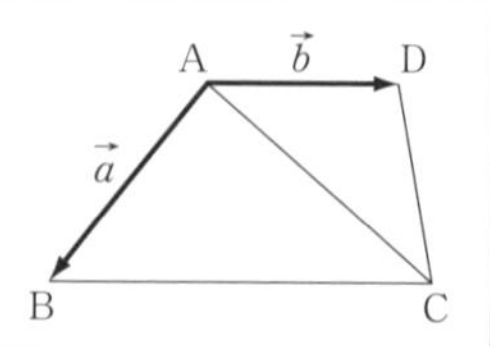

$\overrightarrow{BC}=2\overrightarrow{AD}=2\vec{b}$

よって　$\overrightarrow{AC}=\overrightarrow{AB}+\overrightarrow{BC}=\boldsymbol{\vec{a}+2\vec{b}}$

▶ベクトルの実数倍

① $\vec{a}\neq\vec{0}$，$k>0$ のとき

・$k\vec{a}$ は $\vec{a}$ と同じ向きで大きさが $|\vec{a}|$ の k 倍のベクトル

・$(-k)\vec{a}$ は $\vec{a}$ と反対の向きで大きさが $|\vec{a}|$ の k 倍のベクトル

② $k=0$ のとき

$0\vec{a}=\vec{0}$

③ $\vec{a}=\vec{0}$ のとき

任意の実数 k に対し，

$k\vec{0}=\vec{0}$

▶ベクトルの平行条件

$\vec{a}\neq\vec{0}$，$\vec{b}\neq\vec{0}$ のとき

$\vec{a}\parallel\vec{b}\iff\vec{b}=k\vec{a}$ となる実数 k が存在する

▶実数倍の計算法則

① $k(l\vec{a})=(kl)\vec{a}$

② $(k+l)\vec{a}=k\vec{a}+l\vec{a}$

③ $k(\vec{a}+\vec{b})=k\vec{a}+k\vec{b}$

▶ベクトルの分解

$\vec{0}$ でない2つのベクトル $\vec{a}$，$\vec{b}$ が平行でないとき，任意のベクトル $\vec{p}$ は

$\vec{p}=m\vec{a}+n\vec{b}$

(ただし，m，n は実数)

の形でただ1通りに表すことができる。

$m\vec{a}+n\vec{b}=m'\vec{a}+n'\vec{b}$

$\iff m=m'$，$n=n'$

とくに　$m\vec{a}+n\vec{b}=\vec{0}$

$\iff m=n=0$

類題

7 次の計算をせよ。

(1) $-2\vec{a}+3\vec{b}-(3\vec{a}+4\vec{b})$

(2) $3\vec{a}-\vec{b}+2(2\vec{a}+3\vec{b})$

8 下の図において，次のベクトルを作図せよ。

(1) $3\vec{a}+\vec{b}$ （始点 A）　　(2) $-2\vec{a}-\vec{b}$ （始点 B）

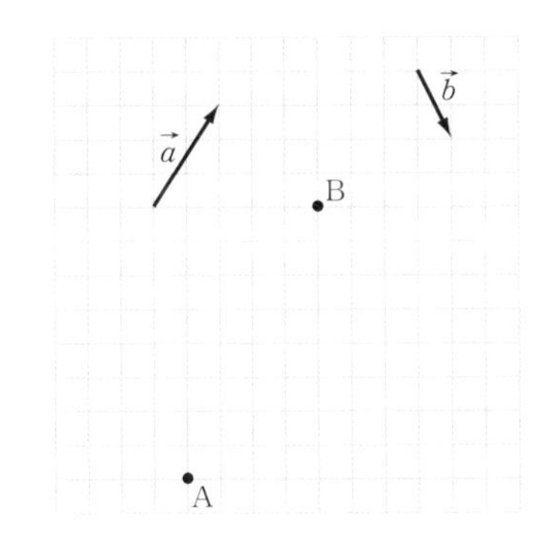

9 次の計算をせよ。

(1) $2(2\vec{a}-\vec{b})-4\left(\vec{a}-\dfrac{1}{2}\vec{b}\right)$

(2) $3\left(\vec{a}+\dfrac{2}{3}\vec{b}\right)-\dfrac{1}{2}(4\vec{a}-6\vec{b})$

10 右の平行四辺形 ABCD において，対角線の交点を O とする。$\overrightarrow{AB}=\vec{a}$，$\overrightarrow{AD}=\vec{b}$ とするとき，次のベクトルを $\vec{a}$，$\vec{b}$ で表せ。

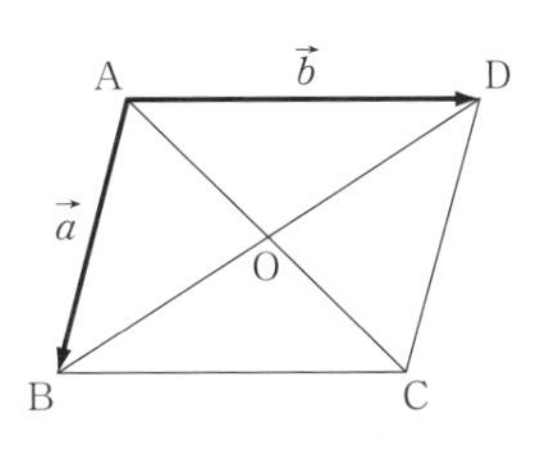

(1) $\overrightarrow{AO}$

(2) $\overrightarrow{BO}$

11 平行四辺形 ABCD の辺 AB，BC，CD，DA を 3 等分する点を下の図のように，E，F，G，H，I，J，K，L とし，$\vec{a}=\overrightarrow{AE}$，$\vec{b}=\overrightarrow{AL}$ とするとき，次のベクトルを $\vec{a}$，$\vec{b}$ を用いて表せ。

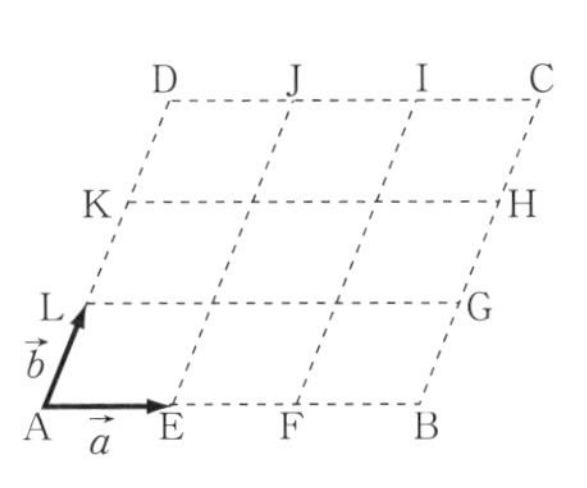

(1) $\overrightarrow{AG}$　　(2) $\overrightarrow{AI}$

(3) $\overrightarrow{EH}$　　(4) $\overrightarrow{IL}$

12 右の正六角形において，$\overrightarrow{AB}=\vec{a}$，$\overrightarrow{AF}=\vec{b}$ とするとき，次のベクトルを $\vec{a}$，$\vec{b}$ で表せ。

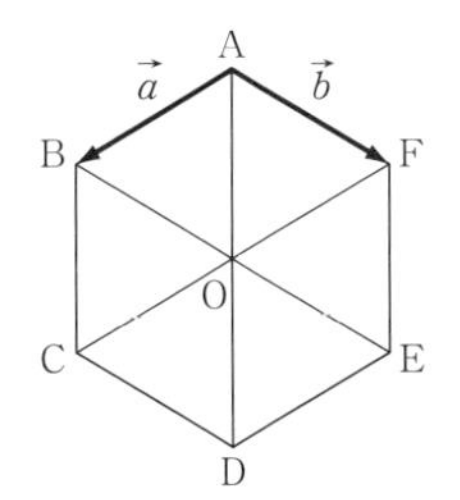

(1) $\overrightarrow{AD}$

(2) $\overrightarrow{EC}$

13 $\vec{0}$ でない 2 つのベクトル $\vec{a}$，$\vec{b}$ が平行でないとき，次の等式を満たす実数 x, y の値を求めよ。

$$(x+1)\vec{a}+(2y-3)\vec{b}=y\vec{a}+(5-x)\vec{b}$$

JUMP 2 $3\vec{p}-2\vec{q}=7\vec{a}$，$-\vec{p}+4\vec{q}=-9\vec{a}$，$\vec{a}\neq\vec{0}$ であるとき，$\vec{p}$ と $\vec{q}$ は平行であることを示せ。

3 ベクトルの成分(1)

例題 6 ベクトルの成分

$\vec{a}=(-1,\ 3)$，$\vec{b}=(1,\ -4)$ のとき，次の問いに答えよ。

(1) $\vec{a}$ の大きさを求めよ。

(2) $3(\vec{a}+2\vec{b})-2(2\vec{a}-\vec{b})$ を成分表示せよ。

(3) $\vec{a}$ に平行で，大きさが $2\sqrt{10}$ であるベクトルを求めよ。

(1) $|\vec{a}|=\sqrt{(-1)^2+3^2}=\sqrt{10}$

(2) $3(\vec{a}+2\vec{b})-2(2\vec{a}-\vec{b})$

$=3\vec{a}+6\vec{b}-4\vec{a}+2\vec{b}$

$=-\vec{a}+8\vec{b}=-(-1,\ 3)+8(1,\ -4)$

$=(1,\ -3)+(8,\ -32)=(1+8,\ -3-32)=\mathbf{(9,\ -35)}$

(3) 求めるベクトルを $\vec{p}$ とする。

$\vec{a}\parallel\vec{p}$ より，k を実数として

$\vec{p}=k\vec{a}=k(-1,\ 3)=(-k,\ 3k)$ と表される。

ここで，$|\vec{p}|=2\sqrt{10}$ より $\sqrt{(-k)^2+(3k)^2}=2\sqrt{10}$

両辺を 2 乗して $10k^2=40$

よって $k^2=4$ より $k=\pm 2$

$k=2$ のとき $\vec{p}=2(-1,\ 3)=(-2,\ 6)$

$k=-2$ のとき $\vec{p}=-2(-1,\ 3)=(2,\ -6)$

ゆえに，求めるベクトルは $\mathbf{(-2,\ 6)}$，$\mathbf{(2,\ -6)}$

▶ベクトルの大きさ

$\vec{a}=(a_1,\ a_2)$ のとき

$|\vec{a}|=\sqrt{a_1^2+a_2^2}$

大きさが 1 であるベクトルを単位ベクトルという。

▶成分による演算

① $(a_1,\ a_2)+(b_1,\ b_2)$
$=(a_1+b_1,\ a_2+b_2)$

② $(a_1,\ a_2)-(b_1,\ b_2)$
$=(a_1-b_1,\ a_2-b_2)$

③ $k(a_1,\ a_2)=(ka_1,\ ka_2)$
（k は実数）

類題

14 $\vec{a}=(2,\ -3)$，$\vec{b}=(-1,\ 2)$ のとき，次のベクトルを成分表示せよ。

(1) $2\vec{a}$

(2) $-3\vec{b}$

(3) $\frac{1}{2}\vec{a}$

(4) $3\vec{a}-2\vec{b}$

(5) $\vec{a}-3(2\vec{a}+\vec{b})$

15 $\vec{a}=(1,\ 3)$，$\vec{b}=(2,\ -1)$ のとき，次の問いに答えよ。

(1) $\vec{a}$ の大きさを求めよ。

(2) $\vec{b}$ に平行で，大きさが $2\sqrt{5}$ であるベクトルを求めよ。

16 $\vec{a}=(6,\ -3)$, $\vec{b}=(-4,\ 8)$ のとき，次の問いに答えよ。

(1) 次のベクトルを成分表示せよ。

① $\vec{a}+2\vec{b}$

② $\dfrac{1}{3}\vec{a}-\dfrac{1}{2}\vec{b}$

(2) $\left|\dfrac{2}{3}\vec{a}\right|$ を求めよ。

(3) $3(3\vec{a}+2\vec{b})-(7\vec{a}+3\vec{b})$ を成分表示せよ。

17 $\vec{a}=(6,\ 8)$ のとき，次の問いに答えよ。

(1) $\vec{b}=(-4,\ x)$ が $\vec{a}$ と平行になるように，x の値を求めよ。

(2) $\vec{a}$ に平行な単位ベクトルを求めよ。

18 $\vec{a}=(4,\ 3)$, $\vec{b}=(2,\ -1)$ とし，$\vec{c}=\vec{a}+t\vec{b}$（t は実数）とするとき，次の問いに答えよ。

(1) $\vec{c}$ を成分表示せよ。

(2) $\vec{d}=(3,\ 1)$ とする。$\vec{c}\parallel\vec{d}$ となるときの t の値を求めよ。

JUMP 3 Exercise 18 の $\vec{c}$ について

(1) $|\vec{c}|=2\sqrt{10}$ となるように，t の値を求めよ。

(2) $|\vec{c}|$ の最小値とそのときの t の値を求めよ。

4 ベクトルの成分(2)

例題 7 成分を利用したベクトルの分解

$\vec{a}=(-1,\ 3)$, $\vec{b}=(1,\ -4)$ のとき, $\vec{p}=(2,\ -5)$ を $m\vec{a}+n\vec{b}$ の形で表せ。

▶ベクトルの分解

$\vec{0}$ でない2つのベクトル $\vec{a}$, $\vec{b}$ が平行でないとき, ベクトル $\vec{p}$ は

$\vec{p}=m\vec{a}+n\vec{b}$

(m, n は実数)

の形でただ1通りに表すことができる。

解 $\vec{p}=m\vec{a}+n\vec{b}$ とおくと

$$(2,\ -5)=m(-1,\ 3)+n(1,\ -4)$$
$$=(-m+n,\ 3m-4n)$$

よって $\begin{cases}-m+n=2\\3m-4n=-5\end{cases}$

これを解いて　$m=-3$, $n=-1$

ゆえに　$\boldsymbol{\vec{p}=-3\vec{a}-\vec{b}}$

例題 8 $\overrightarrow{\mathrm{AB}}$ の成分表示

2点 A$(-2,\ 3)$, B$(1,\ -1)$ について, 次の問いに答えよ。

(1) $\overrightarrow{\mathrm{AB}}$ を成分表示せよ。

(2) $|\overrightarrow{\mathrm{AB}}|$ を求めよ。

▶座標と成分表示

A$(a_1,\ a_2)$, B$(b_1,\ b_2)$ のとき

$\overrightarrow{\mathrm{AB}}=(b_1-a_1,\ b_2-a_2)$

$|\overrightarrow{\mathrm{AB}}|=\sqrt{(b_1-a_1)^2+(b_2-a_2)^2}$

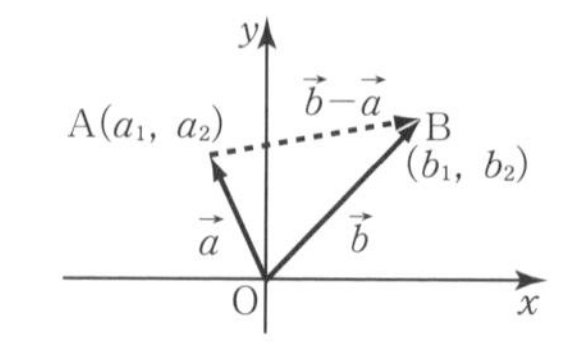

解 (1) $\overrightarrow{\mathrm{AB}}=(1-(-2),\ -1-3)=\boldsymbol{(3,\ -4)}$

(2) $|\overrightarrow{\mathrm{AB}}|=\sqrt{3^2+(-4)^2}=\boldsymbol{5}$

類題

19 $\vec{a}=(1,\ 2)$, $\vec{b}=(2,\ -1)$ のとき, $\vec{p}=(-2,\ 11)$ を $m\vec{a}+n\vec{b}$ の形で表せ。

20 2点 A$(0,\ -4)$, B$(-5,\ 8)$ について, 次の問いに答えよ。

(1) $\overrightarrow{\mathrm{AB}}$ を成分表示せよ。

(2) $|\overrightarrow{\mathrm{AB}}|$ を求めよ。

▶第1章◀ ベクトル

1 ベクトルの加法・減法(p.2)

1 (1) $\vec{c}$, $\vec{d}$, $\vec{f}$, $\vec{g}$, $\vec{i}$
(2) $\vec{e}$
(3) $\vec{a}$ と $\vec{g}$, $\vec{c}$ と $\vec{d}$

←大きさは三平方の定理で考える。

等しいベクトル
向きと大きさの両方が等しいベクトル
逆ベクトル
向きが反対で大きさが等しいベクトル

2 (1)

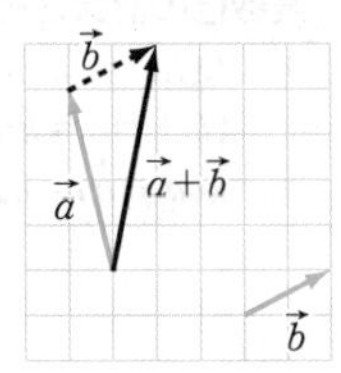

(2)

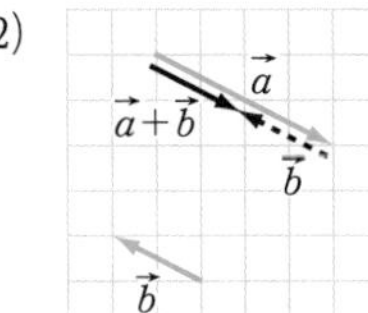

←$\vec{a}$ の終点に $\vec{b}$ の始点をそろえるように平行移動し，$\vec{a}$ の始点から $\vec{b}$ の終点へと結ぶ。

3 (1)

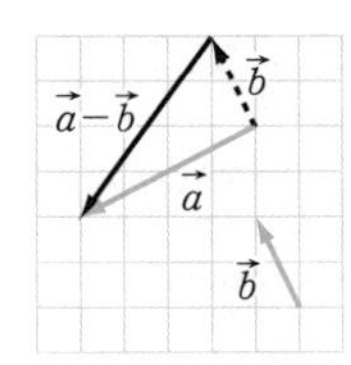

(2)

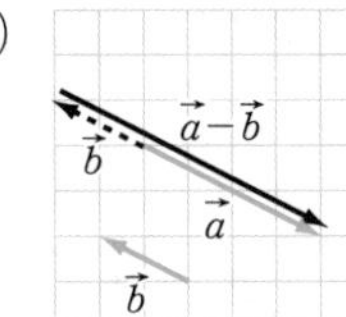

←$\vec{a}$ と $\vec{b}$ の始点をそろえ，$\vec{b}$ の終点から $\vec{a}$ の終点へと結ぶ。

4 (1) $\overrightarrow{OC}$, $\overrightarrow{FO}$, $\overrightarrow{ED}$
(2) $\overrightarrow{DA}$, $\overrightarrow{BE}$, $\overrightarrow{EB}$,
$\overrightarrow{CF}$, $\overrightarrow{FC}$
(3) $\overrightarrow{AO}$, $\overrightarrow{OD}$, $\overrightarrow{BC}$, $\overrightarrow{FE}$

←大きさの等しい1つの線分に対して，向きは2つある。
←$\overrightarrow{AO}$ と等しいベクトル

5 $\vec{a}+\vec{b}$

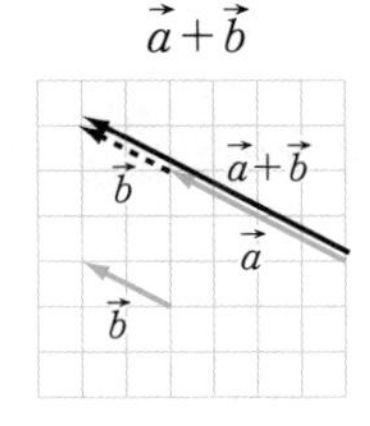

$\vec{a}-\vec{b}$

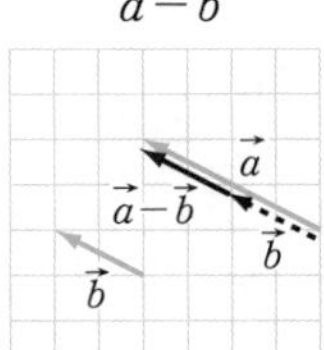

←$\vec{a}+\vec{b}$ は $\vec{a}$ の終点に $\vec{b}$ の始点をそろえる。
$\vec{a}-\vec{b}$ は $\vec{a}$ の始点に $\vec{b}$ の始点をそろえる。

6 (1) $\overrightarrow{PB}$, $\overrightarrow{SO}$, $\overrightarrow{OQ}$, $\overrightarrow{DR}$, $\overrightarrow{RC}$
(2) $\overrightarrow{SA}$, $\overrightarrow{DS}$, $\overrightarrow{OP}$, $\overrightarrow{RO}$, $\overrightarrow{QB}$, $\overrightarrow{CQ}$
(3) $\overrightarrow{AO}$, $\overrightarrow{OC}$, $\overrightarrow{PQ}$, $\overrightarrow{SR}$
(4) $\overrightarrow{SP}$, $\overrightarrow{OB}$, $\overrightarrow{DO}$, $\overrightarrow{RQ}$

←$\overrightarrow{SA}$ と等しいベクトル
←$\overrightarrow{AP}+\overrightarrow{AS}=\overrightarrow{AO}$
←$\overrightarrow{AP}-\overrightarrow{AS}=\overrightarrow{SP}$

JUMP 1

$$\overrightarrow{AC}+\overrightarrow{AF}-\overrightarrow{AB}=\overrightarrow{AC}+\overrightarrow{CD}+\overrightarrow{BA}$$
$$=\overrightarrow{AC}+\overrightarrow{CD}+\overrightarrow{DE}$$
$$=\overrightarrow{BD}$$
$$=\overrightarrow{AE}$$

よって $\overrightarrow{AE}$, $\overrightarrow{BD}$

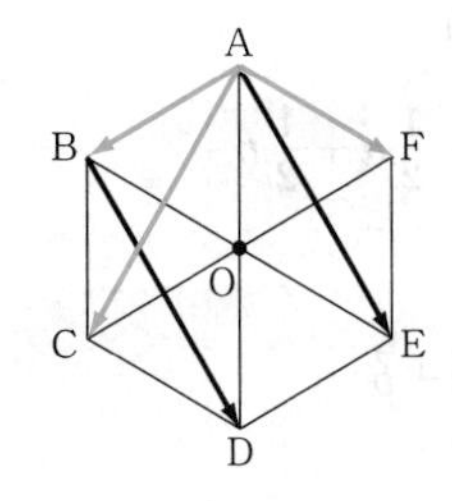

考え方 図をかきながら考える。

2 ベクトルの実数倍と平行・分解 (p.4)

7 (1) $-2\vec{a}+3\vec{b}-(3\vec{a}+4\vec{b})=-2\vec{a}+3\vec{b}-3\vec{a}-4\vec{b}$
$=(-2-3)\vec{a}+(3-4)\vec{b}$
$=\boldsymbol{-5\vec{a}-\vec{b}}$

← $-(3\vec{a}+4\vec{b})=-3\vec{a}-4\vec{b}$
← $\vec{a}$, $\vec{b}$ についてまとめる。

(2) $3\vec{a}-\vec{b}+2(2\vec{a}+3\vec{b})=3\vec{a}-\vec{b}+4\vec{a}+6\vec{b}$
$=(3+4)\vec{a}+(-1+6)\vec{b}$
$=\boldsymbol{7\vec{a}+5\vec{b}}$

← $2(2\vec{a}+3\vec{b})=4\vec{a}+6\vec{b}$
← $\vec{a}$, $\vec{b}$ についてまとめる。

8

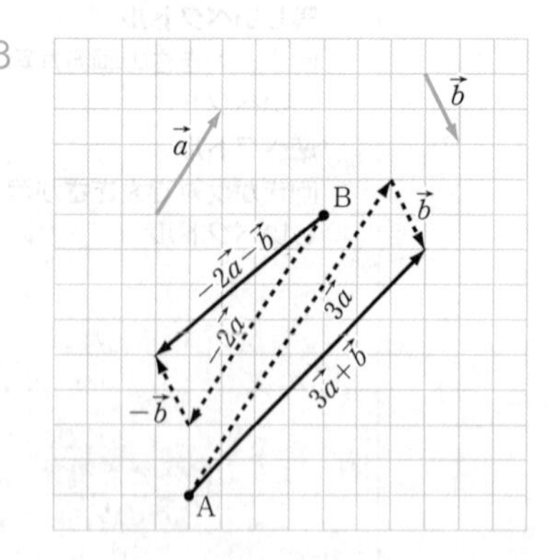

実数倍の計算法則
① $k(l\vec{a})=(kl)\vec{a}$
② $(k+l)\vec{a}=k\vec{a}+l\vec{a}$
③ $k(\vec{a}+\vec{b})=k\vec{a}+k\vec{b}$

9 (1) $2(2\vec{a}-\vec{b})-4\left(\vec{a}-\frac{1}{2}\vec{b}\right)=4\vec{a}-2\vec{b}-4\vec{a}+2\vec{b}$
$=(4-4)\vec{a}+(-2+2)\vec{b}$
$=\boldsymbol{\vec{0}}$

← 0 ではない。
$\vec{0}$ は始点と終点が同じ点のベクトルで大きさは 0。
向きは考えない。

(2) $3\left(\vec{a}+\frac{2}{3}\vec{b}\right)-\frac{1}{2}(4\vec{a}-6\vec{b})=3\vec{a}+2\vec{b}-2\vec{a}+3\vec{b}$
$=(3-2)\vec{a}+(2+3)\vec{b}$
$=\boldsymbol{\vec{a}+5\vec{b}}$

10 (1) $\overrightarrow{AO}=\frac{1}{2}\overrightarrow{AC}$
$=\frac{1}{2}(\overrightarrow{AB}+\overrightarrow{BC})$
$=\frac{1}{2}(\overrightarrow{AB}+\overrightarrow{AD})$
$=\frac{1}{2}(\vec{a}+\vec{b})=\boldsymbol{\frac{1}{2}\vec{a}+\frac{1}{2}\vec{b}}$

← 平行四辺形の対角線は中点で交わる。
← $\overrightarrow{BC}=\overrightarrow{AD}$

(2) $\overrightarrow{BO}=\frac{1}{2}\overrightarrow{BD}$
$=\frac{1}{2}(\overrightarrow{BA}+\overrightarrow{AD})$
$=\frac{1}{2}(-\overrightarrow{AB}+\overrightarrow{AD})$
$=\frac{1}{2}(-\vec{a}+\vec{b})=\boldsymbol{-\frac{1}{2}\vec{a}+\frac{1}{2}\vec{b}}$

← 平行四辺形の対角線は中点で交わる。
← $\overrightarrow{BA}=-\overrightarrow{AB}$

11 (1) $\overrightarrow{AG}=\overrightarrow{AB}+\overrightarrow{BG}$
$=3\overrightarrow{AE}+\overrightarrow{AL}=\boldsymbol{3\vec{a}+\vec{b}}$

← $\overrightarrow{AB}=3\overrightarrow{AE}$, $\overrightarrow{BG}=\overrightarrow{AL}$

(2) $\overrightarrow{AI}=\overrightarrow{AF}+\overrightarrow{FI}$
$=\overrightarrow{AF}+\overrightarrow{AD}$
$=2\overrightarrow{AE}+3\overrightarrow{AL}=\boldsymbol{2\vec{a}+3\vec{b}}$

← $\overrightarrow{FI}=\overrightarrow{AD}$
← $\overrightarrow{AF}=2\overrightarrow{AE}$, $\overrightarrow{AD}=3\overrightarrow{AL}$

(3) $\overrightarrow{EH}=\overrightarrow{EB}+\overrightarrow{BH}$
$=\overrightarrow{AF}+\overrightarrow{AK}$
$=2\overrightarrow{AE}+2\overrightarrow{AL}=\boldsymbol{2\vec{a}+2\vec{b}}$

(4) $\overrightarrow{IL}=\overrightarrow{ID}+\overrightarrow{DL}$
$=-\overrightarrow{DI}-\overrightarrow{LD}$
$=-\overrightarrow{AF}-\overrightarrow{AK}$
$=-2\overrightarrow{AE}-2\overrightarrow{AL}=\boldsymbol{-2\vec{a}-2\vec{b}}$

⬅$\overrightarrow{EB}=\overrightarrow{AF}$，$\overrightarrow{BH}=\overrightarrow{AK}$
⬅$\overrightarrow{AF}=2\overrightarrow{AE}$，$\overrightarrow{AK}=2\overrightarrow{AL}$
⬅$\overrightarrow{ID}=-\overrightarrow{DI}$，$\overrightarrow{DL}=-\overrightarrow{LD}$
⬅$\overrightarrow{DI}=\overrightarrow{AF}$，$\overrightarrow{LD}=\overrightarrow{AK}$
⬅$\overrightarrow{AF}=2\overrightarrow{AE}$，$\overrightarrow{AK}=2\overrightarrow{AL}$

12 (1) $\overrightarrow{AD}=\overrightarrow{AB}+\overrightarrow{BE}+\overrightarrow{ED}$
$=\overrightarrow{AB}+2\overrightarrow{AF}+\overrightarrow{AB}$
$=\vec{a}+2\vec{b}+\vec{a}=\boldsymbol{2\vec{a}+2\vec{b}}$

別解 $\overrightarrow{AD}=2\overrightarrow{AO}=2(\overrightarrow{AB}+\overrightarrow{BO})$
$=2(\overrightarrow{AB}+\overrightarrow{AF})=\boldsymbol{2(\vec{a}+\vec{b})}$

⬅$\overrightarrow{AB}$，$\overrightarrow{AF}$と平行なベクトルで，AからDまでをつなぐ。
⬅$\overrightarrow{AD}=2\overrightarrow{AO}$に注目。

(2) $\overrightarrow{EC}=\overrightarrow{ED}+\overrightarrow{DC}$
$=\overrightarrow{AB}+\overrightarrow{FA}$
$=\overrightarrow{AB}-\overrightarrow{AF}=\boldsymbol{\vec{a}-\vec{b}}$

別解 $\overrightarrow{EC}=\overrightarrow{EO}+\overrightarrow{OC}$
$=\overrightarrow{FA}+\overrightarrow{AB}$
$=-\overrightarrow{AF}+\overrightarrow{AB}=-\vec{b}+\vec{a}=\boldsymbol{\vec{a}-\vec{b}}$

⬅$\overrightarrow{AB}$，$\overrightarrow{AF}$と平行なベクトルで，EからCまでをつなぐ。

13 $(x+1)\vec{a}+(2y-3)\vec{b}=y\vec{a}+(5-x)\vec{b}$
$\vec{a}$，$\vec{b}$は$\vec{0}$でなく平行でないから
$x+1=y$，$2y-3=5-x$
よって　$\boldsymbol{x=2}$，$\boldsymbol{y=3}$

⬅$\vec{0}$でない2つのベクトル$\vec{a}$，$\vec{b}$が平行でないとき
$m\vec{a}+n\vec{b}=m'\vec{a}+n'\vec{b}$
$\iff m=m'$，$n=n'$

JUMP 2

考え方　まず$\vec{p}$，$\vec{q}$を$\vec{a}$で表し，$\vec{p}$と$\vec{q}$の関係式をつくる。

$3\vec{p}-2\vec{q}=7\vec{a}$　……①
$-\vec{p}+4\vec{q}=-9\vec{a}$ ……②
①×2+②より　$5\vec{p}=5\vec{a}$
よって　$\vec{p}=\vec{a}$ ……③
①+②×3より　$10\vec{q}=-20\vec{a}$
よって　$\vec{q}=-2\vec{a}$ ……④
$\vec{a}\neq\vec{0}$であるから，③，④より
$\vec{q}=-2\vec{p}$
ゆえに，$\vec{p}$と$\vec{q}$は平行である。(終)

⬅次のような連立方程式
$\begin{cases}3x-2y=7a & \cdots\cdots① \\ -x+4y=-9a & \cdots\cdots②\end{cases}$
を解くのと同様の計算。

ベクトルの平行条件
$\vec{a}\neq\vec{0}$，$\vec{b}\neq\vec{0}$のとき
$\vec{a}\parallel\vec{b}$
$\iff \vec{b}=k\vec{a}$となる実数kが存在する。

3 ベクトルの成分(1) (p.6)

14 (1) $2\vec{a}=2(2,\ -3)=\boldsymbol{(4,\ -6)}$
(2) $-3\vec{b}=-3(-1,\ 2)=\boldsymbol{(3,\ -6)}$
(3) $\frac{1}{2}\vec{a}=\frac{1}{2}(2,\ -3)=\boldsymbol{\left(1,\ -\frac{3}{2}\right)}$
(4) $3\vec{a}-2\vec{b}=3(2,\ -3)-2(-1,\ 2)$
$=(6,\ -9)-(-2,\ 4)$
$=(6-(-2),\ -9-4)=\boldsymbol{(8,\ -13)}$
(5) $\vec{a}-3(2\vec{a}+\vec{b})=\vec{a}-6\vec{a}-3\vec{b}$
$=-5\vec{a}-3\vec{b}$
$=-5(2,\ -3)-3(-1,\ 2)$
$=(-10,\ 15)-(-3,\ 6)$
$=(-10-(-3),\ 15-6)=\boldsymbol{(-7,\ 9)}$

成分による演算
① $(a_1,\ a_2)+(b_1,\ b_2)=(a_1+b_1,\ a_2+b_2)$
② $(a_1,\ a_2)-(b_1,\ b_2)=(a_1-b_1,\ a_2-b_2)$
③ $k(a_1, a_2)=(ka_1, ka_2)$ (kは実数)

⬅(　)を展開して，$\vec{a}$と$\vec{b}$について整理する。
⬅$\vec{a}$，$\vec{b}$を成分表示する。
⬅成分による演算を行う。

15 (1) $|\vec{a}|=\sqrt{1^2+3^2}=\sqrt{10}$

(2) 求めるベクトルを $\vec{p}$ とする。

$\vec{b}\parallel\vec{p}$ より，$\vec{p}$ は k を実数として

$\vec{p}=k\vec{b}=k(2,\ -1)=(2k,\ -k)$

と表される。

ここで，$|\vec{p}|=2\sqrt{5}$ より $\sqrt{(2k)^2+(-k)^2}=2\sqrt{5}$

両辺を2乗して $5k^2=20$

よって $k^2=4$ より $k=\pm 2$

$k=2$ のとき $\vec{p}=2(2,\ -1)=(4,\ -2)$

$k=-2$ のとき $\vec{p}=-2(2,\ -1)=(-4,\ 2)$

ゆえに，求めるベクトルは **(4, −2)，(−4, 2)**

ベクトルの大きさ
$\vec{a}=(a_1,\ a_2)$ のとき
$|\vec{a}|=\sqrt{a_1{}^2+a_2{}^2}$

⬅ベクトルの平行条件より，$\vec{p}=k\vec{b}$ となる実数 k が存在する。

⬅$\vec{b}=(2,\ -1)$

16 (1) ① $\vec{a}+2\vec{b}=(6,\ -3)+2(-4,\ 8)$

$=(6,\ -3)+(-8,\ 16)$

$=(6+(-8),\ -3+16)=\mathbf{(-2,\ 13)}$

② $\frac{1}{3}\vec{a}-\frac{1}{2}\vec{b}=\frac{1}{3}(6,\ -3)-\frac{1}{2}(-4,\ 8)$

$=(2,\ -1)-(-2,\ 4)$

$=(2-(-2),\ -1-4)=\mathbf{(4,\ -5)}$

(2) $\frac{2}{3}\vec{a}=\frac{2}{3}(6,\ -3)=(4,\ -2)$ より

$\left|\frac{2}{3}\vec{a}\right|=\sqrt{4^2+(-2)^2}=\mathbf{2\sqrt{5}}$

(3) $3(3\vec{a}+2\vec{b})-(7\vec{a}+3\vec{b})=9\vec{a}+6\vec{b}-7\vec{a}-3\vec{b}$

$=2\vec{a}+3\vec{b}$

$=2(6,\ -3)+3(-4,\ 8)$

$=(12,\ -6)+(-12,\ 24)$

$=(12+(-12),\ -6+24)=\mathbf{(0,\ 18)}$

⬅(　)を展開して，$\vec{a}$ と $\vec{b}$ について整理する。

⬅$\vec{a}$，$\vec{b}$ を成分表示する。

⬅成分による演算を行う。

17 (1) $\vec{a}\parallel\vec{b}$ より，k を実数として

$\vec{b}=k\vec{a}$ すなわち $(-4,\ x)=k(6,\ 8)$

と表されるから $\begin{cases} -4=6k & \cdots\cdots① \\ x=8k & \cdots\cdots② \end{cases}$

①より $k=-\frac{2}{3}$

②に代入して $\boldsymbol{x=-\frac{16}{3}}$

(2) 求めるベクトルを $\vec{p}$ とする。

$\vec{a}\parallel\vec{p}$ より，$\vec{p}$ は k を実数として

$\vec{p}=k\vec{a}=k(6,\ 8)=(6k,\ 8k)$

と表される。

ここで，$|\vec{p}|=1$ より $\sqrt{(6k)^2+(8k)^2}=1$

両辺を2乗して $100k^2=1$

よって $k^2=\frac{1}{100}$ より $k=\pm\frac{1}{10}$

$k=\frac{1}{10}$ のとき $\vec{p}=\frac{1}{10}(6,\ 8)=\left(\frac{3}{5},\ \frac{4}{5}\right)$

$k=-\frac{1}{10}$ のとき $\vec{p}=-\frac{1}{10}(6,\ 8)=\left(-\frac{3}{5},\ -\frac{4}{5}\right)$

ゆえに，求めるベクトルは $\boldsymbol{\left(\frac{3}{5},\ \frac{4}{5}\right),\ \left(-\frac{3}{5},\ -\frac{4}{5}\right)}$

⬅ベクトルの平行条件より，$\vec{p}=k\vec{b}$ となる実数 k が存在する。

⬉x 成分どうしが等しい。

⬉y 成分どうしが等しい。

⬅$\vec{p}$ を $k\vec{a}$ と表す。

⬅単位ベクトルの大きさは1

⬅$\vec{p}=k\vec{a}$ に $k=\frac{1}{10}$ を代入

⬅$\vec{p}=k\vec{a}$ に $k=-\frac{1}{10}$ を代入

18 (1) $\vec{c}=\vec{a}+t\vec{b}$
$=(4,\ 3)+t(2,\ -1)$
$=(4,\ 3)+(2t,\ -t)$
$=\boldsymbol{(4+2t,\ 3-t)}$

(2) $\vec{c}\,/\!/\,\vec{d}$ より，k を実数として
$\vec{c}=k\vec{d}$
すなわち　$(4+2t,\ 3-t)=k(3,\ 1)=(3k,\ k)$
と表されるから $\begin{cases}4+2t=3k \cdots\cdots① \\ 3-t=k \quad \cdots\cdots②\end{cases}$
①−②×3 より　$-5+5t=0$
よって　$\boldsymbol{t=1}$

ベクトルの平行条件
$\vec{a}\neq\vec{0}$，$\vec{b}\neq\vec{0}$ のとき
$\vec{a}\,/\!/\,\vec{b}$
$\Longleftrightarrow$ $\vec{b}=k\vec{a}$ となる実数 k が存在する。

⬅x 成分どうしが等しい。
⬅y 成分どうしが等しい。
⬅ $4+2t=3k$ ←①
$-)\ 9-3t=3k$ ←②×3
$-5+5t=0$

JUMP 3

(1) $|\vec{c}|=\sqrt{(4+2t)^2+(3-t)^2}=\sqrt{5t^2+10t+25}$
$|\vec{c}|=2\sqrt{10}$ のとき
$\sqrt{5t^2+10t+25}=2\sqrt{10}$
両辺を 2 乗して
$5t^2+10t+25=(2\sqrt{10})^2$
整理すると　$t^2+2t-3=0$
よって　$(t+3)(t-1)=0$
ゆえに　$\boldsymbol{t=-3,\ 1}$

(2) (1)より
$|\vec{c}|^2=5t^2+10t+25=5(t+1)^2+20$
$|\vec{c}|\geqq 0$ より，$|\vec{c}|^2$ が最小となるとき，$|\vec{c}|$ も最小となる。
よって，**$t=-1$ のとき，**
$|\vec{c}|$ は最小値 $\sqrt{20}=2\sqrt{5}$ をとる。

考え方　$|\vec{c}|$を，tを用いて表す。
⬅根号を外して考える。
⬅t の 2 次関数を平方完成。
⬅$|\vec{c}|^2$ が最小となるのは $t=-1$ のとき。

4 ベクトルの成分(2) (p.8)

19 $\vec{p}=m\vec{a}+n\vec{b}$ とおくと
$(-2,\ 11)=m(1,\ 2)+n(2,\ -1)$
$=(m+2n,\ 2m-n)$
よって $\begin{cases}m+2n=-2 \cdots\cdots① \\ 2m-n=11 \quad \cdots\cdots②\end{cases}$
①+②×2 より　$5m=20$
すなわち　$m=4$
①に代入して　$4+2n=-2$
すなわち　$2n=-6$　より　$n=-3$
ゆえに　$\boldsymbol{\vec{p}=4\vec{a}-3\vec{b}}$

⬅x 成分どうしが等しい。
⬅y 成分どうしが等しい。
⬅ $m+2n=-2$ ←①
$+)\ 4m-2n=22$ ←②×2
$5m\quad=20$

20 (1) $\overrightarrow{\mathrm{AB}}=(-5-0,\ 8-(-4))=\boldsymbol{(-5,\ 12)}$
(2) $|\overrightarrow{\mathrm{AB}}|=\sqrt{(-5)^2+12^2}=\sqrt{169}=\boldsymbol{13}$

21 (1) $\overrightarrow{\mathrm{AB}}=(2-(-3),\ 1-(-4))=\boldsymbol{(5,\ 5)}$
(2) $|\overrightarrow{\mathrm{AB}}|=\sqrt{5^2+5^2}=\boldsymbol{5\sqrt{2}}$

$\overrightarrow{\mathrm{AB}}$ の成分と大きさ
$\mathrm{A}(a_1,\ a_2)$，$\mathrm{B}(b_1,\ b_2)$ のとき
$\overrightarrow{\mathrm{AB}}=(b_1-a_1,\ b_2-a_2)$
$|\overrightarrow{\mathrm{AB}}|$
$=\sqrt{(b_1-a_1)^2+(b_2-a_2)^2}$

22 (1) $\overrightarrow{\mathrm{AB}}=(7-1,\ -1-2)=\boldsymbol{(6,\ -3)}$
$\overrightarrow{\mathrm{AC}}=(-3-1,\ 10-2)=\boldsymbol{(-4,\ 8)}$
$\overrightarrow{\mathrm{AD}}=(-23-1,\ 32-2)=\boldsymbol{(-24,\ 30)}$

⬅A(1, 2)，B(7, −1)
⬅C(−3, 10)
⬅D(−23, 32)

(2) $\overrightarrow{AD}=m\overrightarrow{AB}+n\overrightarrow{AC}$ とおくと
$(-24,\ 30)=m(6,\ -3)+n(-4,\ 8)$
$=(6m-4n,\ -3m+8n)$

よって $\begin{cases}6m-4n=-24 \cdots\cdots ① \\ -3m+8n=30 \cdots\cdots ②\end{cases}$

⬅x 成分どうしが等しい。
⬅y 成分どうしが等しい。

①×2+②より $9m=-18$
すなわち $m=-2$
①に代入して $-12-4n=-24$
すなわち $-4n=-12$ より $n=3$
ゆえに $\overrightarrow{AD}=\mathbf{-2\overrightarrow{AB}+3\overrightarrow{AC}}$

⬅ $12m-8n=-48$ ←①×2
$+)\ -3m+8n=30$ ←②
$9m \quad =-18$

23 (1) $\overrightarrow{AB}=(x-2,\ (x-4)-(-4))=\mathbf{(x-2,\ x)}$
(2) $|\overrightarrow{AB}|=10$ より $\sqrt{(x-2)^2+x^2}=10$
両辺を2乗して $(x-2)^2+x^2=100$
よって $2x^2-4x-96=0$ より $x^2-2x-48=0$
ゆえに $(x-8)(x+6)=0$
したがって $\mathbf{x=-6,\ 8}$

⬅$x^2-4x+4+x^2=100$
より $2x^2-4x-96=0$

24 四角形 ABCD が平行四辺形になる条件は $\overrightarrow{AD}=\overrightarrow{BC}$
$\overrightarrow{AD}=(0-(-3),\ y-1)=(3,\ y-1)$
$\overrightarrow{BC}=(x-3,\ 4-(-2))=(x-3,\ 6)$
より $(3,\ y-1)=(x-3,\ 6)$
よって $3=x-3,\ y-1=6$
ゆえに $\mathbf{x=6,\ y=7}$

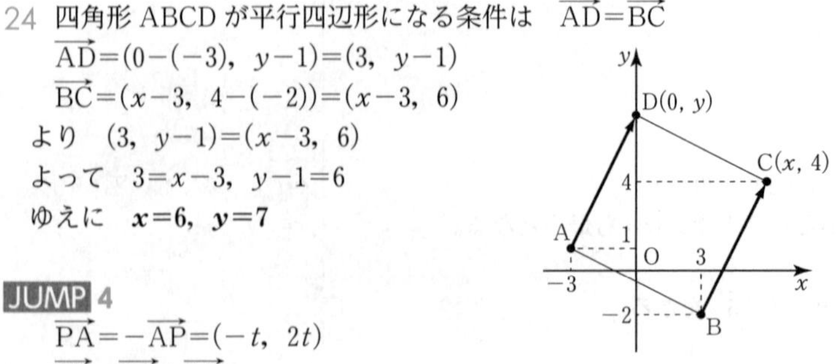

⬅AD∥BC かつ AD=BC
(1組の対辺が平行で等しい)

JUMP 4

考え方 まず，$\overrightarrow{PA}$，$\overrightarrow{PB}$ を成分表示する。

$\overrightarrow{PA}=-\overrightarrow{AP}=(-t,\ 2t)$
$\overrightarrow{PB}=\overrightarrow{PA}+\overrightarrow{AB}$
$=(-t,\ 2t)+(2,\ -1)$
$=(-t+2,\ 2t-1)$
$|\overrightarrow{PA}|=|\overrightarrow{PB}|$ より
$\sqrt{(-t)^2+(2t)^2}=\sqrt{(-t+2)^2+(2t-1)^2}$
両辺を2乗すると
$(-t)^2+(2t)^2=(-t+2)^2+(2t-1)^2$
$t^2+4t^2=t^2-4t+4+4t^2-4t+1$
$8t=5$
よって $\mathbf{t=\frac{5}{8}}$

⬅ $\overrightarrow{PB}=\overrightarrow{AB}-\overrightarrow{AP}$
$=(2,\ -1)-(t,\ -2t)$
$=(2-t,\ -1+2t)$
としてもよい。

⬅$|\overrightarrow{PA}|=\sqrt{(-t)^2+(2t)^2}$
$|\overrightarrow{PB}|$
$=\sqrt{(-t+2)^2+(2t-1)^2}$

5 ベクトルの内積 (p.10)

25 (1) BD=CD=1 であるから BC=2
$\overrightarrow{BA}\cdot\overrightarrow{BC}=|\overrightarrow{BA}||\overrightarrow{BC}|\cos 45°$
$=\sqrt{2}\times 2\times\frac{1}{\sqrt{2}}=\mathbf{2}$

⬅△ABD，△ACD は直角二等辺三角形であるから
AD:DB:AB=1:1:$\sqrt{2}$
AD:DC:AC=1:1:$\sqrt{2}$

(2) $\overrightarrow{CA}$ と $\overrightarrow{DC}$ のなす角を θ とすると
$\theta=135°$ であるから
$\overrightarrow{CA}\cdot\overrightarrow{DC}=|\overrightarrow{CA}||\overrightarrow{DC}|\cos 135°$
$=\sqrt{2}\times 1\times\left(-\frac{1}{\sqrt{2}}\right)=\mathbf{-1}$

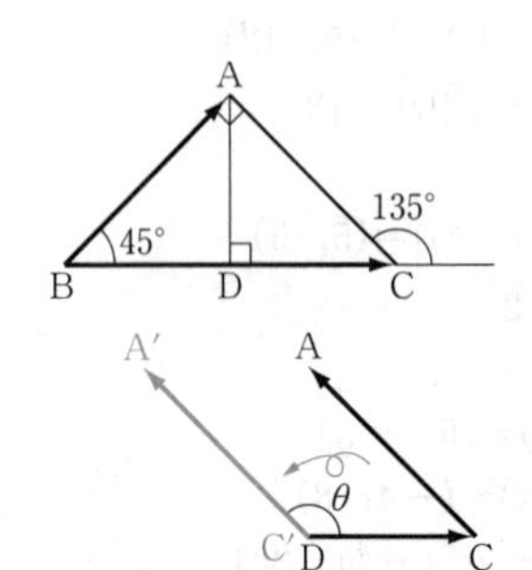

⬅始点を揃えて考える。

内積
$\vec{a}$ と $\vec{b}$ のなす角を θ とすると
$\vec{a}\cdot\vec{b}=|\vec{a}||\vec{b}|\cos\theta$

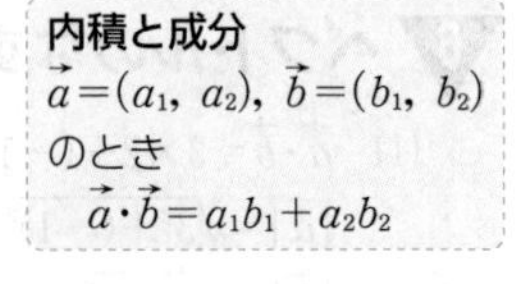

26 (1) $\vec{a}=(-2,\ 1)$, $\vec{b}=(3,\ 5)$ であるから

$\vec{a}\cdot\vec{b}=-2\times3+1\times5=\mathbf{-1}$

(2) $\vec{a}=(\sqrt{2},\ 3)$, $\vec{b}=(-3\sqrt{2},\ -2)$ であるから

$\vec{a}\cdot\vec{b}=\sqrt{2}\times(-3\sqrt{2})+3\times(-2)$

$=-6-6=\mathbf{-12}$

27 (1) $\overrightarrow{AB}\cdot\overrightarrow{AC}=3\times6\times\cos60^\circ$

$=18\times\dfrac{1}{2}=\mathbf{9}$

⬅直角三角形 ABC において $\angle A=60^\circ$ より，辺の比は AB : AC : BC$=1:2:\sqrt{3}$

(2) $\overrightarrow{AB}\cdot\overrightarrow{AD}=3\times3\sqrt{3}\times\cos90^\circ=\mathbf{0}$

⬅$\overrightarrow{AB}\perp\overrightarrow{AD}$

(3) $\overrightarrow{CB}\cdot\overrightarrow{BD}=3\sqrt{3}\times6\times\cos150^\circ$

$=18\sqrt{3}\times\left(-\dfrac{\sqrt{3}}{2}\right)=\mathbf{-27}$

⬅なす角は 2 つのベクトルの始点を揃えて考える。

28 (1) $\overrightarrow{AB}=(1-(-2),\ 2-4)=(3,\ -2)$

⬅A$(-2,\ 4)$, B$(1,\ 2)$

$\overrightarrow{AC}=(3-(-2),\ 5-4)=(5,\ 1)$

⬅C$(3,\ 5)$

であるから

$\overrightarrow{AB}\cdot\overrightarrow{AC}=3\times5+(-2)\times1=\mathbf{13}$

(2) $\overrightarrow{BA}=-\overrightarrow{AB}=-(3,\ -2)=(-3,\ 2)$

⬅$\overrightarrow{BA}=(-2-1,\ 4-2)$
$=(-3,\ 2)$
としてもよい。

$\overrightarrow{BC}=(3-1,\ 5-2)=(2,\ 3)$

であるから

$\overrightarrow{BA}\cdot\overrightarrow{BC}=-3\times2+2\times3=\mathbf{0}$

⬅$\overrightarrow{BA}\perp\overrightarrow{BC}$

29 (1) $\overrightarrow{AB}\cdot\overrightarrow{AC}=2\times2\sqrt{2}\times\cos45^\circ$

$=4\sqrt{2}\times\dfrac{1}{\sqrt{2}}=\mathbf{4}$

⬅$|\overrightarrow{AB}|=AB=2$,
$|\overrightarrow{AC}|=AC=2\sqrt{2}$

(2) $\overrightarrow{AC}\cdot\overrightarrow{BD}=2\sqrt{2}\times2\sqrt{2}\times\cos90^\circ=\mathbf{0}$

⬅AC⊥BD

(3) $\overrightarrow{AD}\cdot\overrightarrow{CB}=2\times2\times\cos180^\circ$

$=4\times(-1)=\mathbf{-4}$

⬅$\overrightarrow{AD}$ と $\overrightarrow{CB}$ は向きが反対のベクトルだから，なす角は 180°

30 $\overrightarrow{AB}=(2-(-2),\ 0-(-1))=(4,\ 1)$

⬅A$(-2,\ -1)$, B$(2,\ 0)$

$\overrightarrow{AC}=(x-(-2),\ -3-(-1))=(x+2,\ -2)$

⬅C$(x,\ -3)$

であるから

$\overrightarrow{AB}\cdot\overrightarrow{AC}=4\times(x+2)+1\times(-2)=4x+6$

よって，$\overrightarrow{AB}\cdot\overrightarrow{AC}=-2$ となるとき

$4x+6=-2$

ゆえに　$\boldsymbol{x=-2}$

JUMP 5

考え方　$\overrightarrow{BA}\cdot\overrightarrow{BC}=|\overrightarrow{BA}||\overrightarrow{BC}|\cos\angle ABC$ より，$|\overrightarrow{BA}|$ と $\cos\angle ABC$ を他の形で表すことを考える。

BC の中点を M とすると，

△ABC は AB=AC の

二等辺三角形であるから

$\angle AMB=90^\circ$

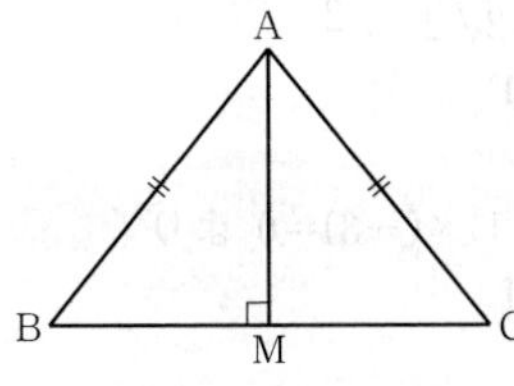

よって

$\overrightarrow{BA}\cdot\overrightarrow{BC}=|\overrightarrow{BA}||\overrightarrow{BC}|\cos\angle ABC$

$=AB\times BC\times\dfrac{BM}{AB}$

⬅$\angle ABC=\angle ABM$
$\cos\angle ABM=\dfrac{BM}{AB}$

$=BC\times BM$

$=2\cdot1=\mathbf{2}$

6 ベクトルのなす角(p.12)

31 (1) $\vec{a}\cdot\vec{b}=3\times2+(-1)\times1=5$

$|\vec{a}|=\sqrt{3^2+(-1)^2}=\sqrt{10}$

$|\vec{b}|=\sqrt{2^2+1^2}=\sqrt{5}$

よって

$$\cos\theta=\frac{\vec{a}\cdot\vec{b}}{|\vec{a}||\vec{b}|}=\frac{5}{\sqrt{10}\times\sqrt{5}}=\frac{1}{\sqrt{2}}$$

ゆえに　$0°\leqq\theta\leqq180°$ より　$\boldsymbol{\theta=45°}$

(2) $\vec{a}\cdot\vec{c}=3\times(-2)+(-1)\times x=0$ より

$-6-x=0$

よって　$\boldsymbol{x=-6}$

32 求めるベクトルを $\vec{p}=(x,\ y)$ とする。

$\vec{a}\perp\vec{p}$　より　$\vec{a}\cdot\vec{p}=0$

よって　$-x+2y=0$ ……①

←$\vec{a}=(-1,\ 2)$

また，$|\vec{p}|=10$ より　$\sqrt{x^2+y^2}=10$

両辺を2乗すると　$x^2+y^2=100$ ……②

ここで，①より　$x=2y$ ……③

③を②に代入すると　$(2y)^2+y^2=100$　より　$5y^2=100$

これを解くと　$y=\pm2\sqrt{5}$

←$5y^2=100$ より $y^2=20$
よって $y=\pm\sqrt{20}=\pm2\sqrt{5}$

③より　$y=2\sqrt{5}$ のとき　$x=4\sqrt{5}$

$y=-2\sqrt{5}$ のとき　$x=-4\sqrt{5}$

ゆえに，求めるベクトルは

$\boldsymbol{(4\sqrt{5},\ 2\sqrt{5}),\ (-4\sqrt{5},\ -2\sqrt{5})}$

33 (1) $\vec{a}\cdot\vec{b}=3\times(-1)+0\times1=-3$

$|\vec{a}|=\sqrt{3^2+0^2}=\sqrt{9}=3$

$|\vec{b}|=\sqrt{(-1)^2+1^2}=\sqrt{2}$

よって

$$\cos\theta=\frac{\vec{a}\cdot\vec{b}}{|\vec{a}||\vec{b}|}=\frac{-3}{3\times\sqrt{2}}=-\frac{1}{\sqrt{2}}$$

$0°\leqq\theta\leqq180°$ より　$\boldsymbol{\theta=135°}$

(2) $\vec{a}\cdot\vec{b}=1\times(\sqrt{3}+1)+(-1)\times(\sqrt{3}-1)=2$

$|\vec{a}|=\sqrt{1^2+(-1)^2}=\sqrt{2}$

$|\vec{b}|=\sqrt{(\sqrt{3}+1)^2+(\sqrt{3}-1)^2}=\sqrt{8}=2\sqrt{2}$

←$(\sqrt{3}+1)^2+(\sqrt{3}-1)^2$
$=3+2\sqrt{3}+1+3-2\sqrt{3}+1$

よって

$$\cos\theta=\frac{\vec{a}\cdot\vec{b}}{|\vec{a}||\vec{b}|}=\frac{2}{\sqrt{2}\times2\sqrt{2}}=\frac{1}{2}$$

$0°\leqq\theta\leqq180°$ より　$\boldsymbol{\theta=60°}$

34 (1) $\vec{a}\cdot\vec{b}=2\times(x-2)+(x-1)\times(-3)=0$ より

←$\vec{a}\neq\vec{0},\ \vec{b}\neq\vec{0}$ のとき
$\vec{a}\perp\vec{b}\Longleftrightarrow\vec{a}\cdot\vec{b}=0$

$(2x-4)+(-3x+3)=0$

よって　$\boldsymbol{x=-1}$

(2) $\vec{a}\cdot\vec{b}=(x+2)\times(x-6)+2\times(x+2)=0$ より

$(x^2-4x-12)+(2x+4)=0$

整理すると　$x^2-2x-8=0$

よって　$(x-4)(x+2)=0$　より　$\boldsymbol{x=-2,\ 4}$

ベクトルのなす角

$\vec{a},\ \vec{b}$ のなす角を θ とする。$\vec{a}=(a_1,\ a_2)$，$\vec{b}=(b_1,\ b_2)$ のとき

$$\cos\theta=\frac{\vec{a}\cdot\vec{b}}{|\vec{a}||\vec{b}|}=\frac{a_1b_1+a_2b_2}{\sqrt{a_1^2+a_2^2}\sqrt{b_1^2+b_2^2}}$$

ただし　$0°\leqq\theta\leqq180°$

ベクトルの垂直条件

$\vec{a}\neq\vec{0},\ \vec{b}\neq\vec{0}$ で

$\vec{a}=(a_1,\ a_2),\ \vec{b}=(b_1,\ b_2)$ のとき

$\vec{a}\perp\vec{b}\Longleftrightarrow\vec{a}\cdot\vec{b}=0$

$\vec{a}\perp\vec{b}\Longleftrightarrow a_1b_1+a_2b_2=0$

35 $2\vec{a}+\vec{b}=2(3,\ -2)+(-1,\ 2)$
$=(6-1,\ -4+2)=(5,\ -2)$
$\vec{a}-t\vec{b}=(3,\ -2)-t(-1,\ 2)$
$=(3+t,\ -2-2t)$
$2\vec{a}+\vec{b}$ と $\vec{a}-t\vec{b}$ が垂直のとき
$(2\vec{a}+\vec{b})\cdot(\vec{a}-t\vec{b})=0$
であるから
$(2\vec{a}+\vec{b})\cdot(\vec{a}-t\vec{b})=5(3+t)-2(-2-2t)=0$
整理すると　$9t+19=0$
よって　$\boldsymbol{t=-\frac{19}{9}}$

⬅$\vec{a}\neq\vec{0}$，$\vec{b}\neq\vec{0}$ のとき
$\vec{a}\perp\vec{b} \iff \vec{a}\cdot\vec{b}=0$

⬅$5(3+t)-2(-2-2t)$
$=15+5t+4+4t$
$=9t+19$

36 求めるベクトルを $\vec{p}=(x,\ y)$ とする。
$\vec{a}\perp\vec{p}$　より　$\vec{a}\cdot\vec{p}=0$
よって　$-\sqrt{3}x+y=0$ ……①
また，$|\vec{p}|=1$ より　$\sqrt{x^2+y^2}=1$
両辺を2乗すると　$x^2+y^2=1$ ……②
①より　$y=\sqrt{3}x$ ……③
③を②に代入すると　$x^2+3x^2=1$　より　$4x^2=1$
ゆえに　$x=\pm\frac{1}{2}$
③より　$x=\frac{1}{2}$ のとき　$y=\frac{\sqrt{3}}{2}$
$x=-\frac{1}{2}$ のとき　$y=-\frac{\sqrt{3}}{2}$
したがって，求めるベクトルは
$\boldsymbol{\left(\frac{1}{2},\ \frac{\sqrt{3}}{2}\right),\ \left(-\frac{1}{2},\ -\frac{\sqrt{3}}{2}\right)}$

⬅$\vec{a}=(-\sqrt{3},\ 1)$
⬅単位ベクトルの大きさは1
⬅$4x^2=1$ より $x^2=\frac{1}{4}$
よって　$x=\pm\frac{1}{2}$

JUMP 6
$\overrightarrow{AB}=(-3-(-1),\ 0-(-1))=(-2,\ 1)$
$\overrightarrow{AC}=(0-(-1),\ -4-(-1))=(1,\ -3)$
であるから
$\overrightarrow{AB}\cdot\overrightarrow{AC}=(-2)\times1+1\times(-3)=-5$
$|\overrightarrow{AB}|=\sqrt{(-2)^2+1^2}=\sqrt{5}$
$|\overrightarrow{AC}|=\sqrt{1^2+(-3)^2}=\sqrt{10}$
よって $\angle BAC=\theta$ とすると
$\cos\theta=\frac{\overrightarrow{AB}\cdot\overrightarrow{AC}}{|\overrightarrow{AB}||\overrightarrow{AC}|}=\frac{-5}{\sqrt{5}\times\sqrt{10}}=-\frac{1}{\sqrt{2}}$
$0°\leqq\theta\leqq180°$ より　$\boldsymbol{\theta=135°}$

考え方　$\angle BAC$ は $\overrightarrow{AB}$ と $\overrightarrow{AC}$ のなす角である。

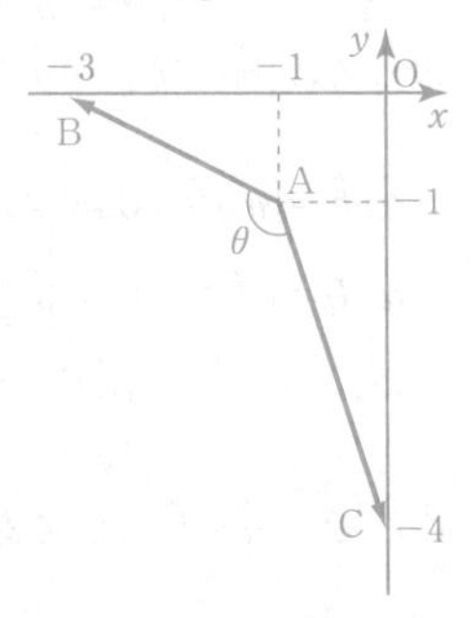

7 内積の性質 (p.14)

37 (証明)
$|\vec{a}+3\vec{b}|^2=(\vec{a}+3\vec{b})\cdot(\vec{a}+3\vec{b})$
$=\vec{a}\cdot(\vec{a}+3\vec{b})+3\vec{b}\cdot(\vec{a}+3\vec{b})$
$=\vec{a}\cdot\vec{a}+3\vec{a}\cdot\vec{b}+3\vec{b}\cdot\vec{a}+9\vec{b}\cdot\vec{b}$
$=\vec{a}\cdot\vec{a}+6\vec{a}\cdot\vec{b}+9\vec{b}\cdot\vec{b}$
$=|\vec{a}|^2+6\vec{a}\cdot\vec{b}+9|\vec{b}|^2$
よって　$|\vec{a}+3\vec{b}|^2=|\vec{a}|^2+6\vec{a}\cdot\vec{b}+9|\vec{b}|^2$　(終)

ベクトルの大きさと内積
$\vec{a}\cdot\vec{a}=|\vec{a}|^2$

内積の性質
① $\vec{a}\cdot\vec{b}=\vec{b}\cdot\vec{a}$
② $(k\vec{a})\cdot\vec{b}=\vec{a}\cdot(k\vec{b})$
$=k(\vec{a}\cdot\vec{b})$
③ $\vec{a}\cdot(\vec{b}+\vec{c})$
$=\vec{a}\cdot\vec{b}+\vec{a}\cdot\vec{c}$
④ $(\vec{a}+\vec{b})\cdot\vec{c}$
$=\vec{a}\cdot\vec{c}+\vec{b}\cdot\vec{c}$

38 $|\vec{a}-\vec{b}|^2=(\vec{a}-\vec{b})\cdot(\vec{a}-\vec{b})$
$=\vec{a}\cdot\vec{a}-\vec{a}\cdot\vec{b}-\vec{b}\cdot\vec{a}+\vec{b}\cdot\vec{b}$
$=|\vec{a}|^2-2\vec{a}\cdot\vec{b}+|\vec{b}|^2$
$=4-2\times(-8)+16=36$
ここで，$|\vec{a}-\vec{b}|\geqq 0$ であるから　$|\vec{a}-\vec{b}|=\mathbf{6}$

⬅$(\vec{a}-\vec{b})\cdot(\vec{a}-\vec{b})$
$=\vec{a}\cdot(\vec{a}-\vec{b})-\vec{b}\cdot(\vec{a}-\vec{b})$
$=\vec{a}\cdot\vec{a}-\vec{a}\cdot\vec{b}-\vec{b}\cdot\vec{a}+\vec{b}\cdot\vec{b}$
$=|\vec{a}|^2-2\vec{a}\cdot\vec{b}+|\vec{b}|^2$

39 （証明）
$(3\vec{a}+\vec{b})\cdot(3\vec{a}-\vec{b})=3\vec{a}\cdot(3\vec{a}-\vec{b})+\vec{b}\cdot(3\vec{a}-\vec{b})$
$=9\vec{a}\cdot\vec{a}-3\vec{a}\cdot\vec{b}+3\vec{b}\cdot\vec{a}-\vec{b}\cdot\vec{b}$
$=9\vec{a}\cdot\vec{a}-\vec{b}\cdot\vec{b}=9|\vec{a}|^2-|\vec{b}|^2$
よって　$(3\vec{a}+\vec{b})\cdot(3\vec{a}-\vec{b})=9|\vec{a}|^2-|\vec{b}|^2$　（終）

⬅$\vec{a}\cdot\vec{b}=\vec{b}\cdot\vec{a}$
⬅$\vec{a}\cdot\vec{a}=|\vec{a}|^2$，$\vec{b}\cdot\vec{b}=|\vec{b}|^2$

40 (1)　$|\vec{a}+\vec{b}|^2=(\vec{a}+\vec{b})\cdot(\vec{a}+\vec{b})$
$=\vec{a}\cdot\vec{a}+\vec{a}\cdot\vec{b}+\vec{b}\cdot\vec{a}+\vec{b}\cdot\vec{b}$
$=|\vec{a}|^2+2\vec{a}\cdot\vec{b}+|\vec{b}|^2$
$|\vec{a}+\vec{b}|=\sqrt{13}$，$|\vec{a}|=3$，$|\vec{b}|=1$ を代入すると
$(\sqrt{13})^2=3^2+2\vec{a}\cdot\vec{b}+1^2$ であるから　$2\vec{a}\cdot\vec{b}=3$
よって　$\vec{a}\cdot\vec{b}=\mathbf{\frac{3}{2}}$

⬅$(\vec{a}+\vec{b})\cdot(\vec{a}+\vec{b})$
$=\vec{a}\cdot(\vec{a}+\vec{b})+\vec{b}\cdot(\vec{a}+\vec{b})$
$=\vec{a}\cdot\vec{a}+\vec{a}\cdot\vec{b}+\vec{b}\cdot\vec{a}+\vec{b}\cdot\vec{b}$
$=|\vec{a}|^2+2\vec{a}\cdot\vec{b}+|\vec{b}|^2$

(2)　$|\vec{a}+2\vec{b}|^2=(\vec{a}+2\vec{b})\cdot(\vec{a}+2\vec{b})$
$=|\vec{a}|^2+4\vec{a}\cdot\vec{b}+4|\vec{b}|^2$
$=3^2+4\times\frac{3}{2}+4\times1^2=19$
ここで，$|\vec{a}+2\vec{b}|\geqq 0$ であるから　$|\vec{a}+2\vec{b}|=\sqrt{\mathbf{19}}$

⬅(1)より　$\vec{a}\cdot\vec{b}=\frac{3}{2}$

41 （証明）
$|\vec{a}-2\vec{b}|^2=(\vec{a}-2\vec{b})\cdot(\vec{a}-2\vec{b})$
$=\vec{a}\cdot(\vec{a}-2\vec{b})-2\vec{b}\cdot(\vec{a}-2\vec{b})$
$=\vec{a}\cdot\vec{a}-2\vec{a}\cdot\vec{b}-2\vec{b}\cdot\vec{a}+4\vec{b}\cdot\vec{b}$
$=\vec{a}\cdot\vec{a}-4\vec{a}\cdot\vec{b}+4\vec{b}\cdot\vec{b}$
$=|\vec{a}|^2-4\vec{a}\cdot\vec{b}+4|\vec{b}|^2$
よって，$|\vec{a}-2\vec{b}|^2=|\vec{a}|^2-4\vec{a}\cdot\vec{b}+4|\vec{b}|^2$　（終）

⬅$\vec{a}\cdot\vec{b}=\vec{b}\cdot\vec{a}$
⬅$\vec{a}\cdot\vec{a}=|\vec{a}|^2$，$\vec{b}\cdot\vec{b}=|\vec{b}|^2$

42 $\vec{a}\cdot\vec{b}=|\vec{a}||\vec{b}|\cos\theta$ より
$\boldsymbol{\vec{a}\cdot\vec{b}}=(\sqrt{3}-1)(\sqrt{3}+1)\cos120^\circ=(3-1)\times\left(-\frac{1}{2}\right)=\mathbf{-1}$
また，$|\vec{a}+\vec{b}|^2=|\vec{a}|^2+2\vec{a}\cdot\vec{b}+|\vec{b}|^2$
$=(\sqrt{3}-1)^2+2\times(-1)+(\sqrt{3}+1)^2=6$
ここで，$|\vec{a}+\vec{b}|\geqq 0$ であるから　$|\boldsymbol{\vec{a}+\vec{b}}|=\sqrt{\mathbf{6}}$

⬅$|\vec{a}|=\sqrt{3}-1$，
$|\vec{b}|=\sqrt{3}+1$，
$\theta=120^\circ$

JUMP 7
$|\vec{a}+\vec{b}|^2=(\vec{a}+\vec{b})\cdot(\vec{a}+\vec{b})=|\vec{a}|^2+2\vec{a}\cdot\vec{b}+|\vec{b}|^2$
$|\vec{a}-\vec{b}|^2=(\vec{a}-\vec{b})\cdot(\vec{a}-\vec{b})=|\vec{a}|^2-2\vec{a}\cdot\vec{b}+|\vec{b}|^2$
$|\vec{a}+\vec{b}|=3$，$|\vec{a}-\vec{b}|=1$　より
$\begin{cases}9=|\vec{a}|^2+2\vec{a}\cdot\vec{b}+|\vec{b}|^2 \cdots\cdots①\\1=|\vec{a}|^2-2\vec{a}\cdot\vec{b}+|\vec{b}|^2 \cdots\cdots②\end{cases}$
①−②より　$8=4\vec{a}\cdot\vec{b}$
よって　$\boldsymbol{\vec{a}\cdot\vec{b}=2}$
①に代入すると　$9=|\vec{a}|^2+4+|\vec{b}|^2$
ゆえに　$|\boldsymbol{\vec{a}}|^2+|\boldsymbol{\vec{b}}|^2=\mathbf{5}$

考え方　$|\vec{a}+\vec{b}|^2$，$|\vec{a}-\vec{b}|^2$ は $|\vec{a}|$，$|\vec{b}|$，$\vec{a}\cdot\vec{b}$ を用いて表すことができる。

まとめの問題　平面上のベクトル①(p.16)

1 (1) $(6\vec{a}+7\vec{b})-2(4\vec{a}+3\vec{b})=6\vec{a}+7\vec{b}-8\vec{a}-6\vec{b}$
$=(6-8)\vec{a}+(7-6)\vec{b}$
$=\boldsymbol{-2\vec{a}+\vec{b}}$

← $\vec{a}$, $\vec{b}$ についてまとめる。

(2) $2(\vec{x}-3\vec{y})+3(2\vec{y}-\vec{x})=2\vec{x}-6\vec{y}+6\vec{y}-3\vec{x}$
$=(2-3)\vec{x}+(-6+6)\vec{y}$
$=\boldsymbol{-\vec{x}}$

← $\vec{x}$, $\vec{y}$ についてまとめる。

2 (1) $\overrightarrow{\mathrm{OC}}=\boldsymbol{3\vec{a}+2\vec{b}}$
(2) $\overrightarrow{\mathrm{OD}}=\boldsymbol{2\vec{a}-\vec{b}}$
(3) $\overrightarrow{\mathrm{CD}}=\overrightarrow{\mathrm{CO}}+\overrightarrow{\mathrm{OD}}=-\overrightarrow{\mathrm{OC}}+\overrightarrow{\mathrm{OD}}$
$=-(3\vec{a}+2\vec{b})+(2\vec{a}-\vec{b})$
$=(-3+2)\vec{a}+(-2-1)\vec{b}=\boldsymbol{-\vec{a}-3\vec{b}}$

← 図で考えてもよい。

$-\vec{a}$ C
$-3\vec{b}$
D

3 求めるベクトルを $\vec{p}$ とする。
$\vec{a}\,/\!/\,\vec{p}$ より，$\vec{p}$ は k を実数として
$\vec{p}=k\vec{a}=k(-2,\ 2)=(-2k,\ 2k)$
と表される。
ここで，$|\vec{p}|=5\sqrt{2}$ より　$\sqrt{(-2k)^2+(2k)^2}=5\sqrt{2}$
両辺を2乗して　$8k^2=50$
よって　$k^2=\dfrac{25}{4}$　より　$k=\pm\dfrac{5}{2}$

$k=\dfrac{5}{2}$ のとき　$\vec{p}=\dfrac{5}{2}(-2,\ 2)=(-5,\ 5)$

$k=-\dfrac{5}{2}$ のとき　$\vec{p}=-\dfrac{5}{2}(-2,\ 2)=(5,\ -5)$

ゆえに，求めるベクトルは　**$(-5,\ 5)$，$(5,\ -5)$**

← $\vec{a}\,/\!/\,\vec{p} \Longleftrightarrow \vec{p}=k\vec{a}$ となる実数 k がある。
← $\vec{p}=k\vec{a}$ に $k=\dfrac{5}{2}$ を代入
← $\vec{p}=k\vec{a}$ に $k=-\dfrac{5}{2}$ を代入

4 (1) $\overrightarrow{\mathrm{AB}}=(4-(-2),\ -3-3)=\boldsymbol{(6,\ -6)}$
(2) $|\overrightarrow{\mathrm{AB}}|=\sqrt{6^2+(-6)^2}=\boldsymbol{6\sqrt{2}}$
(3) (1)より　$\vec{a}=\overrightarrow{\mathrm{AB}}=(6,\ -6)$
また，$\vec{b}=\overrightarrow{\mathrm{AC}}=(-2-(-2),\ 1-3)=(0,\ -2)$
ここで，$\vec{e}=m\vec{a}+n\vec{b}$　とおくと
$(1,\ 0)=m(6,\ -6)+n(0,\ -2)$
$=(6m,\ -6m-2n)$
よって　$\begin{cases}6m=1 & \cdots\cdots① \\ -6m-2n=0 & \cdots\cdots②\end{cases}$

①より　$m=\dfrac{1}{6}$

②に代入して　$-1-2n=0$　すなわち　$n=-\dfrac{1}{2}$

ゆえに　$\boldsymbol{\vec{e}=\dfrac{1}{6}\vec{a}-\dfrac{1}{2}\vec{b}}$

← A$(-2,\ 3)$，B$(4,\ -3)$
← A$(-2,\ 3)$，C$(-2,\ 1)$
← $m(6,\ -6)+n(0,\ -2)$
$=(6m,\ -6m)+(0,\ -2n)$
$=(6m+0,\ -6m-2n)$
$=(6m,\ -6m-2n)$

5 (1) $\overrightarrow{\mathrm{AB}}\cdot\overrightarrow{\mathrm{AD}}=2\times4\times\cos60^\circ=8\times\dfrac{1}{2}=\boldsymbol{4}$

(2) $\overrightarrow{\mathrm{AB}}\cdot\overrightarrow{\mathrm{EO}}=2\times2\times\cos60^\circ=4\times\dfrac{1}{2}=\boldsymbol{2}$

(3) $\overrightarrow{\mathrm{AB}}\cdot\overrightarrow{\mathrm{DE}}=2\times2\times\cos180^\circ=4\times(-1)=\boldsymbol{-4}$

(4) $\overrightarrow{\mathrm{AD}}\cdot\overrightarrow{\mathrm{BF}}=4\times2\sqrt{3}\times\cos90^\circ=8\sqrt{3}\times0=\boldsymbol{0}$

← $\angle\mathrm{BAD}=60^\circ$
← $\overrightarrow{\mathrm{AB}}=\overrightarrow{\mathrm{OC}}$，$\overrightarrow{\mathrm{EO}}=\overrightarrow{\mathrm{OB}}$
← $\overrightarrow{\mathrm{AB}}$ と $\overrightarrow{\mathrm{DE}}$ は向きが反対。
← $\overrightarrow{\mathrm{AD}}\perp\overrightarrow{\mathrm{BF}}$

6 (1) $\vec{a}\cdot\vec{b}=1\times(-2)+3\times(-1)=-5$

$|\vec{a}|=\sqrt{1^2+3^2}=\sqrt{10}$

$|\vec{b}|=\sqrt{(-2)^2+(-1)^2}=\sqrt{5}$

よって　$\cos\theta=\dfrac{\vec{a}\cdot\vec{b}}{|\vec{a}||\vec{b}|}=\dfrac{-5}{\sqrt{10}\times\sqrt{5}}=-\dfrac{1}{\sqrt{2}}$

ゆえに，$0°\leqq\theta\leqq180°$ より　$\boldsymbol{\theta=135°}$

⬅$\vec{a}=(1,\ 3)$，$\vec{b}=(-2,\ -1)$

(2) $2\vec{a}+\vec{b}-2\vec{x}=-3(2\vec{a}+\vec{b})$　より

$2\vec{a}+\vec{b}-2\vec{x}=-6\vec{a}-3\vec{b}$

$-2\vec{x}=(-6\vec{a}-3\vec{b})-(2\vec{a}+\vec{b})=-8\vec{a}-4\vec{b}$

よって　$\vec{x}=4\vec{a}+2\vec{b}$

であるから

$\vec{x}=4(1,\ 3)+2(-2,\ -1)$

$=(4,\ 12)+(-4,\ -2)=\boldsymbol{(0,\ 10)}$

⬅まず，$\vec{x}$ を $\vec{a}$ と $\vec{b}$ で表す。

⬅$\vec{a}=(1,\ 3)$，$\vec{b}=(-2,\ -1)$ を代入。

7 求めるベクトルを $\vec{p}=(x,\ y)$ とする。

$\vec{a}\perp\vec{p}$ より　$\vec{a}\cdot\vec{p}=0$

よって　$-2x+y=0$ ……①

また，$|\vec{p}|=3\sqrt{5}$ より　$\sqrt{x^2+y^2}=3\sqrt{5}$

両辺を2乗して　$x^2+y^2=45$ ……②

ここで，①より　$y=2x$ ……③

③を②に代入して　$x^2+(2x)^2=45$　より　$5x^2=45$

これを解くと　$x=\pm3$

③より　$x=3$ のとき　$y=6$

$x=-3$ のとき　$y=-6$

ゆえに，求めるベクトルは

(3, 6)，(−3, −6)

⬅$\vec{a}\neq\vec{0}$，$\vec{p}\neq\vec{0}$ のとき
$\vec{a}\perp\vec{p}\Longleftrightarrow\vec{a}\cdot\vec{p}=0$

⬅$(3\sqrt{5})^2=3^2\times5=45$

⬅$5x^2=45$ より $x^2=9$
よって　$x=\pm3$

8 (1) $\vec{a}\,/\!/\,\vec{b}$ より，k を実数として

$\vec{b}=k\vec{a}$　すなわち　$(2,\ x)=k(3,\ 2)$

と表されるから

$\begin{cases}2=3k & \cdots\cdots①\\ x=2k & \cdots\cdots②\end{cases}$

①より　$k=\dfrac{2}{3}$

②に代入して　$\boldsymbol{x=\dfrac{4}{3}}$

⬅$\vec{a}\neq\vec{0}$，$\vec{b}\neq\vec{0}$ のとき
$\vec{a}\,/\!/\,\vec{b}\Longleftrightarrow\vec{b}=k\vec{a}$ となる
実数 k がある。

(2) $\vec{a}\perp\vec{b}$ より　$\vec{a}\cdot\vec{b}=0$

$\vec{a}\cdot\vec{b}=3\times2+2\times x=6+2x$

よって　$6+2x=0$　より　$\boldsymbol{x=-3}$

⬅$\vec{a}\neq\vec{0}$，$\vec{b}\neq\vec{0}$ のとき
$\vec{a}\perp\vec{b}\Longleftrightarrow\vec{a}\cdot\vec{b}=0$

9 (1) $|\vec{a}-\vec{b}|^2=(\vec{a}-\vec{b})\cdot(\vec{a}-\vec{b})$

$=\vec{a}\cdot\vec{a}-\vec{a}\cdot\vec{b}-\vec{b}\cdot\vec{a}+\vec{b}\cdot\vec{b}$

$=|\vec{a}|^2-2\vec{a}\cdot\vec{b}+|\vec{b}|^2$

$|\vec{a}-\vec{b}|=\sqrt{17}$，$|\vec{a}|=3$，$|\vec{b}|=2$ を代入すると

$(\sqrt{17})^2=3^2-2\vec{a}\cdot\vec{b}+2^2$　であるから　$-2\vec{a}\cdot\vec{b}=4$

よって　$\boldsymbol{\vec{a}\cdot\vec{b}=-2}$

⬅$(\vec{a}-\vec{b})\cdot(\vec{a}-\vec{b})$
$=\vec{a}\cdot(\vec{a}-\vec{b})-\vec{b}\cdot(\vec{a}-\vec{b})$
$=\vec{a}\cdot\vec{a}-\vec{a}\cdot\vec{b}-\vec{b}\cdot\vec{a}+\vec{b}\cdot\vec{b}$
$=|\vec{a}|^2-2\vec{a}\cdot\vec{b}+|\vec{b}|^2$

(2) $(3\vec{a}+2\vec{b})\cdot(\vec{a}-2\vec{b})=3\vec{a}\cdot\vec{a}-6\vec{a}\cdot\vec{b}+2\vec{b}\cdot\vec{a}-4\vec{b}\cdot\vec{b}$

$=3|\vec{a}|^2-4\vec{a}\cdot\vec{b}-4|\vec{b}|^2$

$=3\times3^2-4\times(-2)-4\times2^2=\boldsymbol{19}$

⬅$|\vec{a}|=3$，$|\vec{b}|=2$，$\vec{a}\cdot\vec{b}=-2$ を代入。

8 位置ベクトル (p.18)

43 (1) 点 D($\vec{d}$) は線分 AB を 3：2 に内分する点であるから

$$\vec{d}=\frac{2\vec{a}+3\vec{b}}{3+2}=\boldsymbol{\frac{2\vec{a}+3\vec{b}}{5}}$$

(2) 点 E($\vec{e}$) は線分 AC を 2：1 に内分する点であるから

$$\vec{e}=\frac{\vec{a}+2\vec{c}}{2+1}=\boldsymbol{\frac{\vec{a}+2\vec{c}}{3}}$$

(3) 点 G($\vec{g}$) は △ADE の重心であるから

$$\vec{g}=\frac{\vec{a}+\vec{d}+\vec{e}}{3}$$

$$=\frac{\vec{a}+\frac{2\vec{a}+3\vec{b}}{5}+\frac{\vec{a}+2\vec{c}}{3}}{3}$$

$$=\boldsymbol{\frac{26\vec{a}+9\vec{b}+10\vec{c}}{45}}$$

内分点の位置ベクトル
2 点 A($\vec{a}$), B($\vec{b}$) を結ぶ線分 AB を $m:n$ に内分する点を P($\vec{p}$) とすると

$$\vec{p}=\frac{n\vec{a}+m\vec{b}}{m+n}$$

重心の位置ベクトル
3 点 A($\vec{a}$), B($\vec{b}$), C($\vec{c}$) を頂点とする △ABC の重心を G($\vec{g}$) とすると

$$\vec{g}=\frac{\vec{a}+\vec{b}+\vec{c}}{3}$$

⬅分母・分子に 15 を掛ける。

44 (1) 点 D($\vec{d}$) は辺 AB を 2：1 に内分する点であるから

$$\vec{d}=\frac{\vec{a}+2\vec{b}}{2+1}=\boldsymbol{\frac{\vec{a}+2\vec{b}}{3}}$$

(2) 点 E($\vec{e}$) は辺 AC の中点であるから

$$\vec{e}=\boldsymbol{\frac{\vec{a}+\vec{c}}{2}}$$

2 点 A($\vec{a}$), B($\vec{b}$) を結ぶ線分 AB の中点の位置ベクトルは $\frac{\vec{a}+\vec{b}}{2}$

(3) 点 G($\vec{g}$) は △ADE の重心であるから

$$\vec{g}=\frac{\vec{a}+\vec{d}+\vec{e}}{3}$$

$$=\frac{\vec{a}+\frac{\vec{a}+2\vec{b}}{3}+\frac{\vec{a}+\vec{c}}{2}}{3}$$

$$=\boldsymbol{\frac{11\vec{a}+4\vec{b}+3\vec{c}}{18}}$$

⬅分母・分子に 6 を掛ける。

(4) 点 F($\vec{f}$) は線分 DE を 3：5 に外分する点であるから

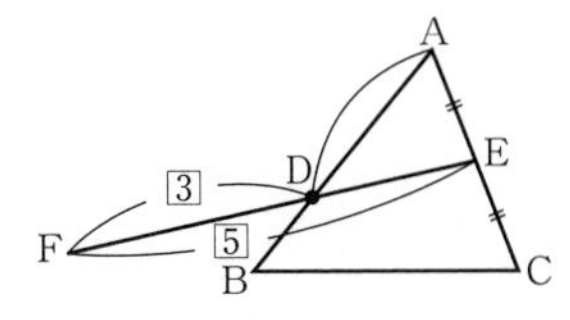

$$\vec{f}=\frac{-5\vec{d}+3\vec{e}}{3-5}$$

$$=\frac{5}{2}\vec{d}-\frac{3}{2}\vec{e}$$

$$=\frac{5}{2}\left(\frac{\vec{a}+2\vec{b}}{3}\right)-\frac{3}{2}\left(\frac{\vec{a}+\vec{c}}{2}\right)$$

$$=\frac{5\vec{a}+10\vec{b}}{6}-\frac{3\vec{a}+3\vec{c}}{4}$$

$$=\boldsymbol{\frac{\vec{a}+20\vec{b}-9\vec{c}}{12}}$$

外分点の位置ベクトル
2 点 A($\vec{a}$), B($\vec{b}$) を結ぶ線分 AB を $m:n$ に外分する点を Q($\vec{q}$) とすると

$$\vec{q}=\frac{-n\vec{a}+m\vec{b}}{m-n}$$

45 点 D, M の位置ベクトルをそれぞれ $\vec{d}$, $\vec{m}$ とする。
点 D($\vec{d}$) は辺 BC を 2：1 に内分する点であるから

$$\vec{d}=\frac{\vec{b}+2\vec{c}}{2+1}=\frac{\vec{b}+2\vec{c}}{3}$$

点 M($\vec{m}$) は辺 AD の中点であるから

$$\vec{m}=\frac{\vec{a}+\vec{d}}{2}$$

$$=\frac{\vec{a}+\frac{\vec{b}+2\vec{c}}{3}}{2}=\boldsymbol{\frac{3\vec{a}+\vec{b}+2\vec{c}}{6}}$$

⬅分母・分子に 3 を掛ける。

46 (1)　点Dは辺OAを3：2に内分する点であるから

$\overrightarrow{OD}=\frac{3}{5}\overrightarrow{OA}=\boldsymbol{\frac{3}{5}\vec{a}}$

(2)　点Cは辺ABを2：1に外分する点であるから

$\overrightarrow{OC}=\frac{-\vec{a}+2\vec{b}}{2-1}=\boldsymbol{-\vec{a}+2\vec{b}}$

(3)　$\overrightarrow{OD}=\vec{d}$，$\overrightarrow{OC}=\vec{c}$ とすると，
点Gは△DACの重心であるから

$$\overrightarrow{OG}=\frac{\vec{d}+\vec{a}+\vec{c}}{3}$$

$$=\frac{\frac{3}{5}\vec{a}+\vec{a}+(-\vec{a}+2\vec{b})}{3}$$

$$=\frac{\frac{3}{5}\vec{a}+2\vec{b}}{3}=\boldsymbol{\frac{3\vec{a}+10\vec{b}}{15}}$$

⬅$\vec{d}=\overrightarrow{OD}=\frac{3}{5}\vec{a}$
$\vec{c}=\overrightarrow{OC}=-\vec{a}+2\vec{b}$

⬅分母・分子に5を掛ける。

JUMP 8

(証明)

頂点A，B，Cおよび内分点P，Q，Rの位置ベクトルを，それぞれ$\vec{a}$，$\vec{b}$，$\vec{c}$，$\vec{p}$，$\vec{q}$，$\vec{r}$とすると

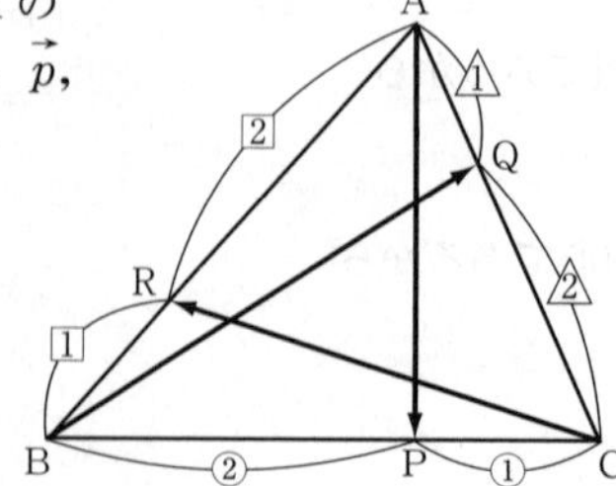

$$\vec{p}=\frac{\vec{b}+2\vec{c}}{3}$$

$$\vec{q}=\frac{\vec{c}+2\vec{a}}{3}$$

$$\vec{r}=\frac{\vec{a}+2\vec{b}}{3}$$

考え方　まずは点P，Q，Rの位置ベクトルを考える。

⬅$\vec{p}=\frac{\vec{b}+2\vec{c}}{2+1}=\frac{\vec{b}+2\vec{c}}{3}$
$\vec{q}=\frac{\vec{c}+2\vec{a}}{2+1}=\frac{\vec{c}+2\vec{a}}{3}$
$\vec{r}=\frac{\vec{a}+2\vec{b}}{2+1}=\frac{\vec{a}+2\vec{b}}{3}$

よって

$$\overrightarrow{AP}=\vec{p}-\vec{a}=\frac{\vec{b}+2\vec{c}}{3}-\vec{a}$$

$$\overrightarrow{BQ}=\vec{q}-\vec{b}=\frac{\vec{c}+2\vec{a}}{3}-\vec{b}$$

$$\overrightarrow{CR}=\vec{r}-\vec{c}=\frac{\vec{a}+2\vec{b}}{3}-\vec{c}$$

$\overrightarrow{AB}$と位置ベクトル
2点A($\vec{a}$)，B($\vec{b}$)に対して　$\overrightarrow{AB}=\vec{b}-\vec{a}$

⬅$\overrightarrow{AP}+\overrightarrow{BQ}+\overrightarrow{CR}$の計算を考えて，ここまでの計算にとめておく。

ゆえに

$$\overrightarrow{AP}+\overrightarrow{BQ}+\overrightarrow{CR}=\left(\frac{\vec{b}+2\vec{c}}{3}-\vec{a}\right)+\left(\frac{\vec{c}+2\vec{a}}{3}-\vec{b}\right)+\left(\frac{\vec{a}+2\vec{b}}{3}-\vec{c}\right)$$

$$=\frac{(\vec{b}+2\vec{c})+(\vec{c}+2\vec{a})+(\vec{a}+2\vec{b})}{3}-(\vec{a}+\vec{b}+\vec{c})$$

$$=(\vec{a}+\vec{b}+\vec{c})-(\vec{a}+\vec{b}+\vec{c})$$

$$=\vec{0}$$　(終)

⬅$(\vec{b}+2\vec{c})+(\vec{c}+2\vec{a})+(\vec{a}+2\vec{b})$
$=3(\vec{a}+\vec{b}+\vec{c})$

9 ベクトルの図形への応用(1) (p.20)

47 (1)　A　B　**C**

(2)　**C**　A　B

(3)　A　**C**　B

(4)　**C**　A　B

⬅$\overrightarrow{AC}=-\frac{3}{2}\overrightarrow{AB}$

48 (1) 点Mは辺OAの中点であるから

$$\overrightarrow{OM}=\frac{1}{2}\overrightarrow{OA}=\frac{1}{2}\vec{a}$$

点Dは線分BMを2：1に内分する点であるから

$$\overrightarrow{OD}=\frac{\overrightarrow{OB}+2\overrightarrow{OM}}{2+1}=\frac{\overrightarrow{OB}+2\overrightarrow{OM}}{3}$$

$$=\frac{\vec{b}+2\cdot\frac{1}{2}\vec{a}}{3}=\boldsymbol{\frac{\vec{a}+\vec{b}}{3}}$$

(2) 点Eは辺ABの中点であるから

$$\overrightarrow{OE}=\frac{\overrightarrow{OA}+\overrightarrow{OB}}{2}=\boldsymbol{\frac{\vec{a}+\vec{b}}{2}}$$

(3) (証明) (1), (2)より

$$\overrightarrow{OD}=\frac{\vec{a}+\vec{b}}{3}=\frac{2}{3}\times\frac{\vec{a}+\vec{b}}{2}=\frac{2}{3}\overrightarrow{OE}$$

よって，3点O，D，Eは一直線上にある。(終)

一直線上にある3点

異なる3点A，B，Cが一直線上にある。

⇕

$\overrightarrow{AC}=k\overrightarrow{AB}$ となる0でない実数 k がある。

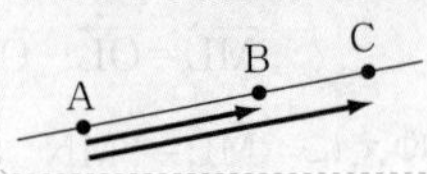

⬅ $3\overrightarrow{OD}=\vec{a}+\vec{b}$, $2\overrightarrow{OE}=\vec{a}+\vec{b}$ より $3\overrightarrow{OD}=2\overrightarrow{OE}$ と考えてもよい。

49 (証明) $\vec{p}=\frac{\vec{a}-2\vec{b}}{2}$ より $\overrightarrow{OP}=\frac{\vec{a}-2\vec{b}}{2}$

$\vec{q}=\frac{\vec{a}-2\vec{b}}{3}$ より $\overrightarrow{OQ}=\frac{\vec{a}-2\vec{b}}{3}=\frac{2}{3}\times\frac{\vec{a}-2\vec{b}}{2}$

よって $\overrightarrow{OQ}=\frac{2}{3}\overrightarrow{OP}$

ゆえに，3点O，P，Qは一直線上にある。(終)

⬅ $2\overrightarrow{OP}=\vec{a}-2\vec{b}$, $3\overrightarrow{OQ}=\vec{a}-2\vec{b}$ より $2\overrightarrow{OP}=3\overrightarrow{OQ}$ と考えてもよい。

⬅ $\overrightarrow{OQ}=k\overrightarrow{OP}$ となる実数 k がある。$\left(k=\frac{2}{3}\right)$

50 (1) 点Eは辺ABを1：2に内分する点であり，

$\overrightarrow{AB}=\overrightarrow{OC}=\vec{c}$ であるから

$$\overrightarrow{OE}=\overrightarrow{OA}+\overrightarrow{AE}=\overrightarrow{OA}+\frac{1}{3}\overrightarrow{AB}$$

$$=\vec{a}+\frac{1}{3}\vec{c}=\boldsymbol{\frac{3\vec{a}+\vec{c}}{3}}$$

また，点Fは対角線ACを1：3に内分する点であるから

$$\overrightarrow{OF}=\frac{3\overrightarrow{OA}+\overrightarrow{OC}}{1+3}=\boldsymbol{\frac{3\vec{a}+\vec{c}}{4}}$$

(2) (証明) (1)より $\overrightarrow{OF}=\frac{3}{4}\times\frac{3\vec{a}+\vec{c}}{3}=\frac{3}{4}\overrightarrow{OE}$

よって，3点O，E，Fは一直線上にある。(終)

⬅ $\overrightarrow{OF}=k\overrightarrow{OE}$ となる実数 k がある。$\left(k=\frac{3}{4}\right)$

51 (1) 点Cは辺ABを4：3に内分する点であるから

$$\overrightarrow{OC}=\frac{3\overrightarrow{OA}+4\overrightarrow{OB}}{4+3}=\boldsymbol{\frac{3\vec{a}+4\vec{b}}{7}}$$

また，点Dは辺OBを2：1に内分する点であるから

$$\overrightarrow{OD}=\frac{2}{3}\overrightarrow{OB}=\frac{2}{3}\vec{b}$$

であり，点Eは線分ADを2：1に内分する点であるから

$$\overrightarrow{OE}=\frac{\overrightarrow{OA}+2\overrightarrow{OD}}{2+1}=\frac{\vec{a}+2\times\frac{2}{3}\vec{b}}{3}=\boldsymbol{\frac{3\vec{a}+4\vec{b}}{9}}$$

⬅分母・分子に3を掛ける。

(2) (証明) (1)より $\overrightarrow{OE}=\frac{7}{9}\times\frac{3\vec{a}+4\vec{b}}{7}=\frac{7}{9}\overrightarrow{OC}$

ゆえに，3点O，E，Cは一直線上にある。(終)

⬅ $\overrightarrow{OE}=k\overrightarrow{OC}$ となる実数 k がある。$\left(k=\frac{7}{9}\right)$

(3) $\overrightarrow{OE}=\frac{7}{9}\overrightarrow{OC}$ より OE：EC=**7：2**

JUMP 9

（証明） $\overrightarrow{OA}=\vec{a}$，$\overrightarrow{OB}=\vec{b}$ とすると

$\overrightarrow{OM}=\frac{1}{2}\overrightarrow{OB}=\frac{1}{2}\vec{b}$

$\overrightarrow{ON}=\frac{3\overrightarrow{OA}+\overrightarrow{OB}}{1+3}=\frac{3\vec{a}+\vec{b}}{4}$

$\overrightarrow{OL}=\frac{3}{2}\overrightarrow{OA}=\frac{3}{2}\vec{a}$

よって $\overrightarrow{MN}=\overrightarrow{ON}-\overrightarrow{OM}=\frac{3\vec{a}+\vec{b}}{4}-\frac{\vec{b}}{2}=\frac{3\vec{a}-\vec{b}}{4}$

$\overrightarrow{ML}=\overrightarrow{OL}-\overrightarrow{OM}=\frac{3}{2}\vec{a}-\frac{1}{2}\vec{b}=\frac{3\vec{a}-\vec{b}}{2}=2\times\frac{3\vec{a}-\vec{b}}{4}$

ゆえに $\overrightarrow{ML}=2\overrightarrow{MN}$

したがって，3点 L，M，N は一直線上にある。（終）

考え方 まずは点 M，N，L の位置ベクトルを考える。

⬅点 M は線分 OB の中点

⬅点 N は線分 AB を 1：3 に内分する点

⬅OA：OL＝2：3 より

⬅$\frac{3\vec{a}+\vec{b}}{4}-\frac{1}{2}\vec{b}=\frac{3\vec{a}+\vec{b}-2\vec{b}}{4}$

⬅$\overrightarrow{ML}=k\overrightarrow{MN}$ となる実数 k がある。（$k=2$）

10 ベクトルの図形への応用（2）（p.22）

52 AP：PD＝s：$(1-s)$ とすると，$\overrightarrow{OD}=\frac{1}{3}\vec{b}$ より

$\overrightarrow{OP}=(1-s)\overrightarrow{OA}+s\overrightarrow{OD}$

$=(1-s)\vec{a}+\frac{1}{3}s\vec{b}$ ……①

一方，BP：PC＝$(1-t)$：t とすると，$\overrightarrow{OC}=\frac{1}{3}\vec{a}$ より

$\overrightarrow{OP}=(1-t)\overrightarrow{OC}+t\overrightarrow{OB}$

$=\frac{1}{3}(1-t)\vec{a}+t\vec{b}$ ……②

①，②より $(1-s)\vec{a}+\frac{1}{3}s\vec{b}=\frac{1}{3}(1-t)\vec{a}+t\vec{b}$

$\vec{a}\neq\vec{0}$，$\vec{b}\neq\vec{0}$ で，$\vec{a}$，$\vec{b}$ は平行でないから

$1-s=\frac{1}{3}(1-t)$，$\frac{1}{3}s=t$

これを解いて

$s=\frac{3}{4}$，$t=\frac{1}{4}$

よって $\overrightarrow{OP}=\boldsymbol{\frac{1}{4}\vec{a}+\frac{1}{4}\vec{b}}$

$\vec{a}\neq\vec{0}$，$\vec{b}\neq\vec{0}$ で，$\vec{a}$ と $\vec{b}$ が平行でないとき

$m\vec{a}+n\vec{b}=m'\vec{a}+n'\vec{b}$

⇕

$m=m'$，$n=n'$

⬅両辺の $\vec{a}$ の係数，$\vec{b}$ の係数がそれぞれ等しい。

⬅分母を払うと

$3-3s=1-t$ —㋐

$s=3t$ —㋑

㋐＋㋑×3 より $3=1+8t$

$t=\frac{1}{4}$ ㋑より $s=\frac{3}{4}$

⬅$t=\frac{1}{4}$ を②へ代入，または $s=\frac{3}{4}$ を①へ代入。

53 (1) $\overrightarrow{OD}=\frac{2}{3}\overrightarrow{OB}=\frac{2}{3}\vec{b}$ であるから

$\overrightarrow{OP}=(1-s)\overrightarrow{OA}+s\overrightarrow{OD}=\boldsymbol{(1-s)\vec{a}+\frac{2}{3}s\vec{b}}$

(2) $\overrightarrow{OC}=\frac{3}{5}\overrightarrow{OA}=\frac{3}{5}\vec{a}$ であるから

$\overrightarrow{OP}=t\overrightarrow{OC}+(1-t)\overrightarrow{OB}=\boldsymbol{\frac{3}{5}t\vec{a}+(1-t)\vec{b}}$

(3) (1)，(2)より $(1-s)\vec{a}+\frac{2}{3}s\vec{b}=\frac{3}{5}t\vec{a}+(1-t)\vec{b}$

$\vec{a}\neq\vec{0}$，$\vec{b}\neq\vec{0}$ で $\vec{a}$ と $\vec{b}$ は平行でないから

$1-s=\frac{3}{5}t$，$\frac{2}{3}s=1-t$

これを解いて

$\boldsymbol{s=\frac{2}{3}，t=\frac{5}{9}}$

⬅両辺の $\vec{a}$ の係数，$\vec{b}$ の係数がそれぞれ等しい。

⬅分母を払うと

$5-5s=3t$ —㋐

$2s=3-3t$ —㋑

㋐＋㋑より $5-3s=3$

$s=\frac{2}{3}$ ㋐より $t=\frac{5}{9}$

(4)　$s=\dfrac{2}{3}$ を(1)の結果に代入すると

$$\overrightarrow{\mathrm{OP}}=\left(1-\frac{2}{3}\right)\vec{a}+\frac{2}{3}\times\frac{2}{3}\vec{b}=\boldsymbol{\frac{1}{3}\vec{a}+\frac{4}{9}\vec{b}}$$

←$t=\dfrac{5}{9}$ を(2)の結果に代入してもよい。

54　$\mathrm{AP}:\mathrm{PC}=s:(1-s)$ であるから

$\overrightarrow{\mathrm{AP}}=s\overrightarrow{\mathrm{AC}}$

また　$\overrightarrow{\mathrm{AC}}=\vec{b}+\vec{d}$ より　$\overrightarrow{\mathrm{AP}}=s(\vec{b}+\vec{d})$

よって　$\overrightarrow{\mathrm{AP}}=s\vec{b}+s\vec{d}$ ……①

次に，$\mathrm{BP}:\mathrm{PE}=t:(1-t)$ であるから

$\overrightarrow{\mathrm{AP}}=(1-t)\vec{b}+t\overrightarrow{\mathrm{AE}}$

←△ABE に着目。

また　$\overrightarrow{\mathrm{AE}}=\overrightarrow{\mathrm{AD}}+\overrightarrow{\mathrm{DE}}=\overrightarrow{\mathrm{AD}}+\dfrac{2}{5}\overrightarrow{\mathrm{DC}}=\vec{d}+\dfrac{2}{5}\vec{b}$

ゆえに　$\overrightarrow{\mathrm{AP}}=(1-t)\vec{b}+t\left(\vec{d}+\dfrac{2}{5}\vec{b}\right)$

したがって　$\overrightarrow{\mathrm{AP}}=\left(1-t+\dfrac{2}{5}t\right)\vec{b}+t\vec{d}=\left(1-\dfrac{3}{5}t\right)\vec{b}+t\vec{d}$ ……②

①，②より　$s\vec{b}+s\vec{d}=\left(1-\dfrac{3}{5}t\right)\vec{b}+t\vec{d}$

←両辺の $\vec{b}$ の係数，$\vec{d}$ の係数がそれぞれ等しい。

$\vec{b}\neq\vec{0}$，$\vec{d}\neq\vec{0}$ で $\vec{b}$ と $\vec{d}$ は平行でないから

$s=1-\dfrac{3}{5}t$，$s=t$

←$t=s$ より　$s=1-\dfrac{3}{5}s$

$\dfrac{8}{5}s=1$ より　$s=\dfrac{5}{8}$

これを解くと　$s=t=\dfrac{5}{8}$

よって　$\overrightarrow{\mathrm{AP}}=\boldsymbol{\dfrac{5}{8}\vec{b}+\dfrac{5}{8}\vec{d}}$

←$s=\dfrac{5}{8}$ を①へ代入。

JUMP 10

考え方　ベクトルの垂直条件から，内積 $\overrightarrow{\mathrm{AM}}\cdot\overrightarrow{\mathrm{BC}}$ を考える。

(証明)　$\overrightarrow{\mathrm{AB}}=\vec{b}$，$\overrightarrow{\mathrm{AC}}=\vec{c}$ とする。

AB=AC より

$|\vec{b}|=|\vec{c}|$ ……①

←$\mathrm{AB}=|\overrightarrow{\mathrm{AB}}|=|\vec{b}|$
$\mathrm{AC}=|\overrightarrow{\mathrm{AC}}|=|\vec{c}|$

また　$\overrightarrow{\mathrm{AM}}=\dfrac{\overrightarrow{\mathrm{AB}}+\overrightarrow{\mathrm{AC}}}{2}=\dfrac{\vec{b}+\vec{c}}{2}$

←点 M は辺 BC の中点

$\overrightarrow{\mathrm{BC}}=\overrightarrow{\mathrm{AC}}-\overrightarrow{\mathrm{AB}}=\vec{c}-\vec{b}$ であるから

$\overrightarrow{\mathrm{AM}}\cdot\overrightarrow{\mathrm{BC}}=\left(\dfrac{\vec{b}+\vec{c}}{2}\right)\cdot(\vec{c}-\vec{b})=\dfrac{1}{2}(|\vec{c}|^2-|\vec{b}|^2)$

←$\left(\dfrac{\vec{b}+\vec{c}}{2}\right)\cdot(\vec{c}-\vec{b})$
$=\dfrac{1}{2}(\vec{c}+\vec{b})\cdot(\vec{c}-\vec{b})$
$=\dfrac{1}{2}(\vec{c}\cdot\vec{c}-\vec{b}\cdot\vec{b})$
$=\dfrac{1}{2}(|\vec{c}|^2-|\vec{b}|^2)$

①より　$|\vec{c}|^2=|\vec{b}|^2$

よって　$\overrightarrow{\mathrm{AM}}\cdot\overrightarrow{\mathrm{BC}}=0$

$\overrightarrow{\mathrm{AM}}\neq\vec{0}$，$\overrightarrow{\mathrm{BC}}\neq\vec{0}$ であるから　$\overrightarrow{\mathrm{AM}}\perp\overrightarrow{\mathrm{BC}}$

すなわち　$\mathrm{AM}\perp\mathrm{BC}$ である。(終)

11 ベクトル方程式(p.24)

55

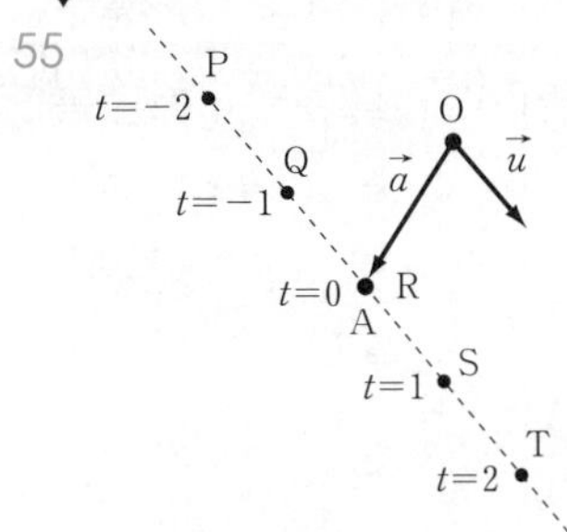

方向ベクトルと直線
点 $\mathrm{A}(\vec{a})$ を通り，
$\vec{u}$ に平行な直線 l の
ベクトル方程式は
$\vec{p}=\vec{a}+t\vec{u}$
(t は実数)

←$t=0$ のとき，点 A と一致。

56 直線上の任意の点を P$(\vec{p})$，$\vec{p}=(x,\ y)$ とし，
点 A の位置ベクトルを $\vec{a}$ とすると
$\vec{p}=\vec{a}+t\vec{u}=(1,\ 5)+t(-2,\ 3)$
すなわち $\begin{cases} \boldsymbol{x=1-2t} \\ \boldsymbol{y=5+3t} \end{cases}$

⬅$(x,\ y)=(1,\ 5)+t(-2,\ 3)$
$=(1-2t,\ 5+3t)$

57 (1) 求める直線上の点を P$(\vec{p})$，$\vec{p}=(x,\ y)$ とし，
点 A の位置ベクトルを $\vec{a}$ とすると
$\overrightarrow{AP}=\vec{p}-\vec{a}=(x,\ y)-(-2,\ 4)=(x+2,\ y-4)$
$\vec{n}=(-3,\ 5)$ が法線ベクトルであるから，
$\vec{n}\cdot(\vec{p}-\vec{a})=0$ より
$-3(x+2)+5(y-4)=0$
よって　$\boldsymbol{3x-5y+26=0}$

(2) 直線 $4x-5y-3=0$ に垂直なベクトルの 1 つを $\vec{n}$ とすると
$\vec{n}=\boldsymbol{(4,\ -5)}$

法線ベクトルと直線
点 A$(\vec{a})$ を通り，
$\vec{n}$ に垂直な直線 l の
ベクトル方程式は
$\vec{n}\cdot(\vec{p}-\vec{a})=0$

⬅$\vec{n}=(-3,\ 5)$,
$\vec{p}-\vec{a}=(x+2,\ y-4)$

⬅直線 $ax+by+c=0$ は
$\vec{n}=(a,\ b)$ に垂直

58 (1) 2 点 A，B を通る直線 l は，
$\overrightarrow{AB}=\vec{b}-\vec{a}$ に平行であるから
$\boldsymbol{\vec{u}=\vec{b}-\vec{a}}$

(2) 点 A を通り方向ベクトルが $\vec{u}$ の直線であるから
$\boldsymbol{\vec{p}}=\vec{a}+t\vec{u}=\vec{a}+t(\vec{b}-\vec{a})=\boldsymbol{(1-t)\vec{a}+t\vec{b}}$

(3) (2)のベクトル方程式に $\vec{a}=(3,\ -1)$，$\vec{b}=(5,\ 2)$ を代入して
$\vec{p}=(1-t)(3,\ -1)+t(5,\ 2)$
$=(3(1-t),\ -(1-t))+(5t,\ 2t)$
$=(3-3t+5t,\ -1+t+2t)$
$=(3+2t,\ -1+3t)$
よって，$\vec{p}=(x,\ y)$ とすると $\begin{cases} \boldsymbol{x=3+2t} \\ \boldsymbol{y=-1+3t} \end{cases}$

⬅直線の方向ベクトルは
無数にある。$\vec{u}=\vec{a}-\vec{b}$,
$\vec{u}=2(\vec{b}-\vec{a})$ などでもよい。

⬅(1)より $\vec{u}=\vec{b}-\vec{a}$

⬅この式で
$1-t=s$
とおいて
$\vec{p}=s\vec{a}+t\vec{b}$　$(s+t=1)$
と表してもよい。

59 $\left|\vec{p}+\frac{1}{2}\vec{a}\right|=2$ より $\left|\vec{p}-\left(-\frac{1}{2}\vec{a}\right)\right|=2$

よって，中心の位置ベクトルが $-\frac{1}{2}\vec{a}$，半径 2 の円を表す。

$\overrightarrow{OA'}=-\frac{1}{2}\vec{a}$ とすると $|\vec{a}|=4$ より $|\overrightarrow{OA'}|=2$

ゆえに，与えられた図形は
点 A′ を中心とする半径 2 の円で，
右の図のようになる。

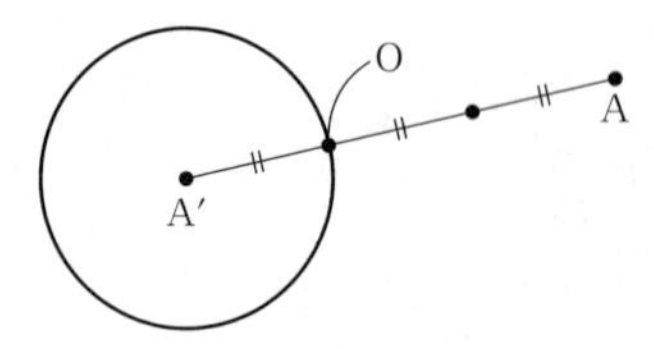

円のベクトル方程式
点 C$(\vec{c})$ を中心とする半径 r の円のベクトル方程式は
$|\vec{p}-\vec{c}|=r$

⬅点 A′ は線分 OA を
1：3 に外分する点である。

JUMP 11

$s+t=\frac{1}{3}$ より $3s+3t=1$ であるから，
$3s=s'$，$3t=t'$ とおくと $s'+t'=1$
よって
$\overrightarrow{OP}=s\overrightarrow{OA}+t\overrightarrow{OB}$
$=3s\left(\frac{1}{3}\overrightarrow{OA}\right)+3t\left(\frac{1}{3}\overrightarrow{OB}\right)$
$=s'\left(\frac{1}{3}\overrightarrow{OA}\right)+t'\left(\frac{1}{3}\overrightarrow{OB}\right)$

考え方　$\overrightarrow{OP}=s'\overrightarrow{OA}+t'\overrightarrow{OB}$,
$s'+t'=1$ の形に変形する。

⬅$s+t=\frac{1}{3}$ の両辺を 3 倍して，右辺の値を 1 にする。

ここで，$\overrightarrow{\mathrm{OA'}}=\dfrac{1}{3}\overrightarrow{\mathrm{OA}}$，$\overrightarrow{\mathrm{OB'}}=\dfrac{1}{3}\overrightarrow{\mathrm{OB}}$

を満たす2点A′，B′をとると

$\overrightarrow{\mathrm{OP}}=s'\overrightarrow{\mathrm{OA'}}+t'\overrightarrow{\mathrm{OB'}}$

(ただし $s'+t'=1$)

ゆえに，求める点Pの存在範囲は右の図の直線A′B′である。

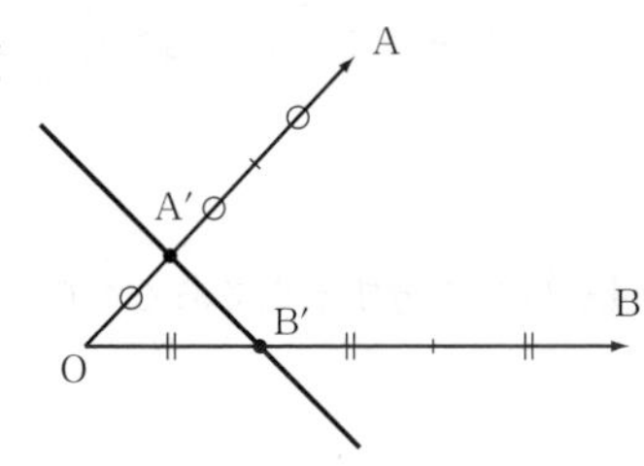

⬅点A′は線分OAを1：2に，点B′は線分OBを1：2にそれぞれ内分する点である。

⬅$s'+t'=1$ のとき $\overrightarrow{\mathrm{OP}}=s'\overrightarrow{\mathrm{OA'}}+t'\overrightarrow{\mathrm{OB'}}$ は，2点A′，B′を通る直線のベクトル方程式である。

まとめの問題　平面上のベクトル②(p.26)

1 (1) 点Dは辺ABの中点であるから

$\vec{d}=\boldsymbol{\dfrac{\vec{a}+\vec{b}}{2}}$

⬅中点の位置ベクトル

(2) 点Eは辺BCを3：2に内分する点であるから

$\vec{e}=\dfrac{2\vec{b}+3\vec{c}}{3+2}=\boldsymbol{\dfrac{2\vec{b}+3\vec{c}}{5}}$

(3) 点Gは△BDEの重心であるから

$\vec{g}=\dfrac{\vec{b}+\vec{d}+\vec{e}}{3}$

$=\dfrac{\vec{b}+\dfrac{\vec{a}+\vec{b}}{2}+\dfrac{2\vec{b}+3\vec{c}}{5}}{3}$

$=\boldsymbol{\dfrac{5\vec{a}+19\vec{b}+6\vec{c}}{30}}$

⬅重心の位置ベクトル

⬅分母・分子に10を掛ける。

2 (1) 点Dは辺OAを1：4に内分する点であるから

$\overrightarrow{\mathrm{OD}}=\dfrac{1}{5}\overrightarrow{\mathrm{OA}}=\boldsymbol{\dfrac{1}{5}\vec{a}}$

点Eは対角線ACを2：1に内分する点であるから

$\overrightarrow{\mathrm{OE}}=\dfrac{\overrightarrow{\mathrm{OA}}+2\overrightarrow{\mathrm{OC}}}{2+1}=\boldsymbol{\dfrac{\vec{a}+2\vec{c}}{3}}$

点Fは辺BCを3：2に内分する点であるから

$\overrightarrow{\mathrm{OF}}=\overrightarrow{\mathrm{OC}}+\overrightarrow{\mathrm{CF}}$

$=\overrightarrow{\mathrm{OC}}+\dfrac{2}{5}\overrightarrow{\mathrm{CB}}$

$=\vec{c}+\dfrac{2}{5}\vec{a}=\boldsymbol{\dfrac{2}{5}\vec{a}+\vec{c}}$

⬅$\overrightarrow{\mathrm{CB}}=\overrightarrow{\mathrm{OA}}=\vec{a}$

(2) (証明)

$\overrightarrow{\mathrm{DE}}=\overrightarrow{\mathrm{OE}}-\overrightarrow{\mathrm{OD}}$

$=\dfrac{\vec{a}+2\vec{c}}{3}-\dfrac{1}{5}\vec{a}$

$=\dfrac{2}{15}\vec{a}+\dfrac{2}{3}\vec{c}=\dfrac{2}{3}\left(\dfrac{1}{5}\vec{a}+\vec{c}\right)$

$\overrightarrow{\mathrm{DF}}=\overrightarrow{\mathrm{OF}}-\overrightarrow{\mathrm{OD}}$

$=\dfrac{2}{5}\vec{a}+\vec{c}-\dfrac{1}{5}\vec{a}=\dfrac{1}{5}\vec{a}+\vec{c}$

よって　$\overrightarrow{\mathrm{DE}}=\dfrac{2}{3}\overrightarrow{\mathrm{DF}}$

ゆえに，3点D，E，Fは一直線上にある。(終)

⬅$\overrightarrow{\mathrm{DE}}=k\overrightarrow{\mathrm{DF}}$ となる実数 k がある。$\left(k=\dfrac{2}{3}\right)$

(3) (2)より　DE：DF＝2：3

よって　DE：EF＝**2：1**

3 (1) 点Pは線分ADを $s:(1-s)$ に内分する点であるから

$\overrightarrow{OP}=(1-s)\overrightarrow{OA}+s\overrightarrow{OD}$

$\quad =\boldsymbol{(1-s)\vec{a}+\frac{1}{3}s\vec{b}}$

⬅点Dは辺OBを1：2に内分する点。

(2) 点Pは線分BCを $t:(1-t)$ に内分する点であるから

$\overrightarrow{OP}=t\overrightarrow{OC}+(1-t)\overrightarrow{OB}$

$\quad =\boldsymbol{\frac{2}{3}t\vec{a}+(1-t)\vec{b}}$

⬅点Cは辺OAを2：1に内分する点。

(3) (1)，(2)より

$(1-s)\vec{a}+\frac{1}{3}s\vec{b}=\frac{2}{3}t\vec{a}+(1-t)\vec{b}$

$\vec{a}\neq\vec{0}$，$\vec{b}\neq\vec{0}$ で $\vec{a}$，$\vec{b}$ は平行でないから

⬅両辺の $\vec{a}$ の係数，$\vec{b}$ の係数がそれぞれ等しい。

$1-s=\frac{2}{3}t$，$\frac{1}{3}s=1-t$

これを解いて

$\boldsymbol{s=\frac{3}{7}}$，$\boldsymbol{t=\frac{6}{7}}$

⬅分母を払うと

$3-3s=2t$ —㋐

$s=3-3t$ —㋑

㋐+㋑×3 より $3=9-7t$

$t=\frac{6}{7}$ ㋑より $s=\frac{3}{7}$

(4) (1)，(3)より

$\overrightarrow{OP}=\boldsymbol{\frac{4}{7}\vec{a}+\frac{1}{7}\vec{b}}$

4 (1) 直線上の任意の点を $P(\vec{p})$，$\vec{p}=(x,\ y)$ とし，点Aの位置ベクトルを $\vec{a}$ とすると

$\vec{p}=\vec{a}+t\vec{u}=(3,\ -2)+t(4,\ -3)$

ゆえに $\begin{cases} x=3+4t & \cdots\cdots① \\ y=-2-3t & \cdots\cdots② \end{cases}$

①×3+②×4 より

$\boldsymbol{3x+4y=1}$

(2) 直線上の任意の点を $P(\vec{p})$，$\vec{p}=(x,\ y)$ とし，点Aの位置ベクトルを $\vec{a}$ とすると

$\overrightarrow{AP}=\vec{p}-\vec{a}=(x,\ y)-(-2,\ 1)=(x+2,\ y-1)$

$\vec{n}=(-3,\ 5)$ が法線ベクトルであるから

$\vec{n}\cdot(\vec{p}-\vec{a})=0$ より

$-3(x+2)+5(y-1)=0$

よって $\boldsymbol{3x-5y+11=0}$

⬅$-3x+5y-11=0$ でもよい。

5 (1) $|4\vec{p}-3\vec{a}|=8$ より $4\left|\vec{p}-\frac{3}{4}\vec{a}\right|=8$

よって $\left|\vec{p}-\frac{3}{4}\vec{a}\right|=2$

⬅$|\vec{p}-\vec{c}|=r$

ゆえに，中心の位置ベクトルは $\boldsymbol{\frac{3}{4}\vec{a}}$，半径は **2**

(2) $\vec{a}=(-4,\ 8)$ とするとき

$\frac{3}{4}\vec{a}=(-3,\ 6)$

$\vec{p}=(x,\ y)$ とすると

$\vec{p}-\frac{3}{4}\vec{a}=(x+3,\ y-6)$

(1)より，$\left|\vec{p}-\frac{3}{4}\vec{a}\right|=2$ であるから

$\sqrt{(x+3)^2+(y-6)^2}=2$

よって $\boldsymbol{(x+3)^2+(y-6)^2=4}$

12 空間座標とベクトル(p.28)

60 (1) **E(4, 0, 5), F(4, 6, 5), G(0, 6, 5)**

(2) **H(−4, 6, 5)**

(3) B(4, 6, 0), D(0, 0, 5) であるから

$BD=\sqrt{(0-4)^2+(0-6)^2+(5-0)^2}$

$=\sqrt{77}$

(4) $\overrightarrow{AE}$, $\overrightarrow{BF}$, $\overrightarrow{CG}$

(5) $\overrightarrow{OF}=\overrightarrow{OA}+\overrightarrow{AB}+\overrightarrow{BF}$

$=\vec{a}+\vec{c}+\vec{d}$

$\overrightarrow{EC}=\overrightarrow{ED}+\overrightarrow{DO}+\overrightarrow{OC}$

$=-\vec{a}-\vec{d}+\vec{c}=-\vec{a}+\vec{c}-\vec{d}$

←点(x, y, z)とyz平面に関して対称な点は$(-x, y, z)$

←2点$P(x_1, y_1, z_1)$, $Q(x_2, y_2, z_2)$間の距離は $PQ=\sqrt{(x_2-x_1)^2+(y_2-y_1)^2+(z_2-z_1)^2}$

←$\overrightarrow{AB}=\overrightarrow{OC}=\vec{c}$, $\overrightarrow{BF}=\overrightarrow{OD}=\vec{d}$

←$\overrightarrow{ED}=-\overrightarrow{OA}=-\vec{a}$, $\overrightarrow{DO}=-\overrightarrow{OD}=-\vec{d}$

61 (1) **F(3, 4, −5), G(0, 4, −5)**

(2) **H(3, −4, 0)**

(3) **I(−3, −4, −5)**

(4) A(3, 0, 0), G(0, 4, −5) より

$AG=\sqrt{(0-3)^2+(4-0)^2+(-5-0)^2}$

$=\sqrt{50}=5\sqrt{2}$

(5) $\overrightarrow{AB}$, $\overrightarrow{EF}$, $\overrightarrow{DG}$

(6) $\overrightarrow{AO}$, $\overrightarrow{BC}$, $\overrightarrow{ED}$, $\overrightarrow{FG}$

(7) $\overrightarrow{DB}=\overrightarrow{DO}+\overrightarrow{OA}+\overrightarrow{AB}$

$=-\vec{d}+\vec{a}+\vec{c}=\vec{a}+\vec{c}-\vec{d}$

$\overrightarrow{AG}=\overrightarrow{AO}+\overrightarrow{OC}+\overrightarrow{CG}$

$=-\vec{a}+\vec{c}+\vec{d}$

←点(x, y, z)とz軸に関して対称な点は$(-x, -y, z)$

←$\overrightarrow{DO}=-\overrightarrow{OD}=-\vec{d}$, $\overrightarrow{AB}=\overrightarrow{OC}=\vec{a}$

←$\overrightarrow{AO}=-\overrightarrow{OA}=-\vec{a}$, $\overrightarrow{CG}=\overrightarrow{OD}=\vec{d}$

62 (1) $\overrightarrow{AB}=\overrightarrow{OB}-\overrightarrow{OA}=\vec{b}-\vec{a}$

(2) $\overrightarrow{CB}=\overrightarrow{OB}-\overrightarrow{OC}=\vec{b}-\vec{c}$

(3) $\overrightarrow{AM}=\frac{1}{2}\overrightarrow{AB}=\frac{1}{2}(\vec{b}-\vec{a})$

63 (1) $\overrightarrow{CB}$, $\overrightarrow{DE}$, $\overrightarrow{GF}$

(2) $\overrightarrow{OB}$, $\overrightarrow{DF}$

(3) $\overrightarrow{OE}=\overrightarrow{OA}+\overrightarrow{AE}=\vec{a}+\vec{d}$

$\overrightarrow{OF}=\overrightarrow{OA}+\overrightarrow{AB}+\overrightarrow{BF}=\vec{a}+\vec{c}+\vec{d}$

JUMP 12

(証明)

$\overrightarrow{OB}=\vec{a}+\vec{c}$, $\overrightarrow{OE}=\vec{a}+\vec{d}$, $\overrightarrow{OG}=\vec{c}+\vec{d}$ より

$\overrightarrow{OB}+\overrightarrow{OE}+\overrightarrow{OG}=(\vec{a}+\vec{c})+(\vec{a}+\vec{d})+(\vec{c}+\vec{d})$

$=2(\vec{a}+\vec{c}+\vec{d})$

$=2\overrightarrow{OF}$ (終)

考え方 与えられたベクトルをそれぞれ$\vec{a}$, $\vec{c}$, $\vec{d}$で表す。

←$\overrightarrow{OF}=\vec{a}+\vec{c}+\vec{d}$

13 空間ベクトルの成分(p.30)

64 (1) $2x-1=1$, $2-3y=-1$, $4=\frac{1}{2}z+2$ より

$x=1$, $y=1$, $z=4$

(2) $\vec{a}=(1, -1, 4)$ より

$|\vec{a}|=\sqrt{1^2+(-1)^2+4^2}=\sqrt{18}=3\sqrt{2}$

←$\vec{a}=(a_1, a_2, a_3)$, $\vec{b}=(b_1, b_2, b_3)$, $\vec{a}=\vec{b}$ $\iff a_1=b_1$, $a_2=b_2$, $a_3=b_3$

←$|\vec{a}|=\sqrt{a_1^2+a_2^2+a_3^2}$

65 (1) $\overrightarrow{AB}=(-2-2,\ -1-(-1),\ 0-3)$
$=\mathbf{(-4,\ 0,\ -3)}$
(2) $|\overrightarrow{AB}|=\sqrt{(-4)^2+0^2+(-3)^2}=\sqrt{25}=\mathbf{5}$

⬅2点 $A(a_1,\ a_2,\ a_3)$, $B(b_1,\ b_2,\ b_3)$ のとき $\overrightarrow{AB}=(b_1-a_1,\ b_2-a_2,\ b_3-a_3)$

66 (1) $\vec{a}=(3,\ 0,\ 0)$, $\vec{b}=(0,\ -3,\ 0)$, $\vec{c}=(0,\ 0,\ 5)$, $\vec{d}=(3,\ 0,\ -5)$, $\vec{e}=(3,\ 3,\ 5)$
(2) $|\vec{d}|=\sqrt{3^2+0^2+(-5)^2}=\sqrt{34}$

⬅$\vec{a}=(a_1,\ a_2,\ a_3)$ のとき $|\vec{a}|=\sqrt{a_1^2+a_2^2+a_3^2}$

67 (1) $-2\vec{a}+\vec{b}+3\vec{c}$
$=-2(-1,\ 2,\ 5)+(3,\ 4,\ -1)+3(-2,\ 0,\ 2)$
$=(2,\ -4,\ -10)+(3,\ 4,\ -1)+(-6,\ 0,\ 6)$
$=\mathbf{(-1,\ 0,\ -5)}$
(2) $-3\vec{a}+2\vec{b}+\dfrac{9}{2}\vec{c}$
$=-3(-1,\ 2,\ 5)+2(3,\ 4,\ -1)+\dfrac{9}{2}(-2,\ 0,\ 2)$
$=(3,\ -6,\ -15)+(6,\ 8,\ -2)+(-9,\ 0,\ 9)$
$=\mathbf{(0,\ 2,\ -8)}$

68 $\overrightarrow{AB}=(3-0,\ 3-(-2),\ -3-1)$
$=\mathbf{(3,\ 5,\ -4)}$
$|\overrightarrow{AB}|=\sqrt{3^2+5^2+(-4)^2}=\sqrt{50}=\mathbf{5\sqrt{2}}$

⬅2点 $A(a_1,\ a_2,\ a_3)$, $B(b_1,\ b_2,\ b_3)$ のとき $\overrightarrow{AB}=(b_1-a_1,\ b_2-a_2,\ b_3-a_3)$

69 (1) $\overrightarrow{OB}=\vec{a}+\vec{c}$
(2) $\overrightarrow{OB}=(3,\ 0,\ 0)+(0,\ 3,\ 0)=\mathbf{(3,\ 3,\ 0)}$
(3) $\overrightarrow{AG}=-\vec{a}+\vec{c}+\vec{d}$
(4) $\overrightarrow{AG}=(-3,\ 0,\ 0)+(0,\ 3,\ 0)+(0,\ 0,\ 3)$
$=\mathbf{(-3,\ 3,\ 3)}$

⬅$\vec{a}=(3,\ 0,\ 0)$, $\vec{c}=(0,\ 3,\ 0)$
⬅$\overrightarrow{AG}=\overrightarrow{AO}+\overrightarrow{OC}+\overrightarrow{CG}$
$=-\vec{a}+\vec{c}+\vec{d}$

70 (1) $\vec{a}+2\vec{b}=(3,\ 2,\ 6)$ ……①
$-\vec{a}+3\vec{b}=(2,\ 8,\ 4)$ ……②
①+②より　$5\vec{b}=(5,\ 10,\ 10)$
よって　$\vec{b}=\mathbf{(1,\ 2,\ 2)}$
①より　$\vec{a}=(3,\ 2,\ 6)-2(1,\ 2,\ 2)=\mathbf{(1,\ -2,\ 2)}$
(2) $3\vec{a}+\vec{b}=3(1,\ -2,\ 2)+(1,\ 2,\ 2)=(4,\ -4,\ 8)$
であるから
$|3\vec{a}+\vec{b}|=\sqrt{4^2+(-4)^2+8^2}=\sqrt{96}=\mathbf{4\sqrt{6}}$

⬅$\vec{a}=(\vec{a}+2\vec{b})-2\vec{b}$

JUMP 13
$\vec{p}=l\vec{a}+m\vec{b}+n\vec{c}$　より
$(7,\ 3,\ -3)=l(2,\ 1,\ 0)+m(0,\ 1,\ 0)+n(1,\ 0,\ -1)$
各成分を比較して
$2l+n=7$ ……①
$l+m=3$ ……②
$-n=-3$ ……③
①，②，③を連立させると
$l=2,\ m=1,\ n=3$
よって　$\vec{p}=2\vec{a}+\vec{b}+3\vec{c}$

考え方　$\vec{p}$ と $l\vec{a}+m\vec{b}+n\vec{c}$ の各成分を比較する。

⬅③より　$n=3$
①に代入して　$2l+3=7$
よって　$l=2$
②に代入して　$2+m=3$
ゆえに　$m=1$

14 空間ベクトルの内積(p.32)

71 (1) $\overrightarrow{EA}$ と $\overrightarrow{HG}$ のなす角は 60° であるから

$\overrightarrow{EA}\cdot\overrightarrow{HG}=3\times6\times\cos60^\circ=3\times6\times\frac{1}{2}=\mathbf{9}$

(2) $\overrightarrow{CD}$ と $\overrightarrow{FB}$ のなす角は 120° であるから

$\overrightarrow{CD}\cdot\overrightarrow{FB}=6\times3\times\cos120^\circ=6\times3\times\left(-\frac{1}{2}\right)=\mathbf{-9}$

72 (1) $\vec{a}\cdot\vec{b}=-4\times1+2\times1+2\times(-2)=\mathbf{-6}$

$|\vec{a}|=\sqrt{(-4)^2+2^2+2^2}=2\sqrt{6}$

$|\vec{b}|=\sqrt{1^2+1^2+(-2)^2}=\sqrt{6}$

よって　$\cos\theta=\frac{-6}{2\sqrt{6}\times\sqrt{6}}=-\frac{1}{2}$

$0^\circ\leqq\theta\leqq180^\circ$ より　$\boldsymbol{\theta=120^\circ}$

(2) $\vec{a}\cdot\vec{b}=\sqrt{3}\times1+0\times0+(-1)\times(-\sqrt{3})=\mathbf{2\sqrt{3}}$

$|\vec{a}|=\sqrt{(\sqrt{3})^2+0^2+(-1)^2}=2$

$|\vec{b}|=\sqrt{1^2+0^2+(-\sqrt{3})^2}=2$

よって　$\cos\theta=\frac{2\sqrt{3}}{2\times2}=\frac{\sqrt{3}}{2}$

$0^\circ\leqq\theta\leqq180^\circ$ より　$\boldsymbol{\theta=30^\circ}$

73 (1) $\overrightarrow{OA}$ と $\overrightarrow{OB}$ のなす角は 60° であるから

$\overrightarrow{OA}\cdot\overrightarrow{OB}=2\times2\times\cos60^\circ=2\times2\times\frac{1}{2}=\mathbf{2}$

(2) $\overrightarrow{OB}$ と $\overrightarrow{BC}$ のなす角は 120° であるから

$\overrightarrow{OB}\cdot\overrightarrow{BC}=2\times2\times\cos120^\circ=\mathbf{-2}$

74 (1) $\overrightarrow{AB}\cdot\overrightarrow{JI}=2\times2\times\cos60^\circ=2\times2\times\frac{1}{2}=\mathbf{2}$

(2) $\overrightarrow{AB}\cdot\overrightarrow{KL}=2\times2\times\cos120^\circ=2\times2\times\left(-\frac{1}{2}\right)=\mathbf{-2}$

(3) $\overrightarrow{BC}\cdot\overrightarrow{DJ}=2\times6\times\cos90^\circ=2\times6\times0=\mathbf{0}$

75 $\vec{a}\cdot\vec{b}=2\times4+(-2)\times(-1)+1\times(-1)=9$

$|\vec{a}|=\sqrt{2^2+(-2)^2+1^2}=3$

$|\vec{b}|=\sqrt{4^2+(-1)^2+(-1)^2}=3\sqrt{2}$

よって　$\cos\theta=\frac{9}{3\times3\sqrt{2}}=\frac{1}{\sqrt{2}}$

$0^\circ\leqq\theta\leqq180^\circ$ より　$\boldsymbol{\theta=45^\circ}$

76 (1) $\overrightarrow{OA}\cdot\overrightarrow{FG}=4\times4\times\cos180^\circ=4\times4\times(-1)=\mathbf{-16}$

別解 $\overrightarrow{OA}=(4,\ 0,\ 0)$，$\overrightarrow{FG}=(-4,\ 0,\ 0)$ より

$\overrightarrow{OA}\cdot\overrightarrow{FG}=4\times(-4)+0\times0+0\times0=\mathbf{-16}$

(2) $\overrightarrow{OE}\cdot\overrightarrow{OG}=4\sqrt{2}\times4\sqrt{2}\times\cos60^\circ=4\sqrt{2}\times4\sqrt{2}\times\frac{1}{2}=\mathbf{16}$

別解 $\overrightarrow{OE}=(4,\ 0,\ 4)$，$\overrightarrow{OG}=(0,\ 4,\ 4)$ より

$\overrightarrow{OE}\cdot\overrightarrow{OG}=4\times0+0\times4+4\times4=\mathbf{16}$

(3) $\overrightarrow{OE}=(4,\ 0,\ 4)$，$\overrightarrow{OF}=(4,\ 4,\ 4)$ より

$\overrightarrow{OE}\cdot\overrightarrow{OF}=4\times4+0\times4+4\times4=\mathbf{32}$

ベクトルの内積
$\vec{a}\cdot\vec{b}=|\vec{a}||\vec{b}|\cos\theta$

←なす角は 2 つのベクトルの始点を揃えて考える。

←$\vec{a}=(a_1,\ a_2,\ a_3)$
$\vec{b}=(b_1,\ b_2,\ b_3)$ のとき
$\vec{a}\cdot\vec{b}=a_1b_1+a_2b_2+a_3b_3$

ベクトルのなす角
$\cos\theta=\frac{\vec{a}\cdot\vec{b}}{|\vec{a}||\vec{b}|}$

←△OAB は正三角形

←なす角は 2 つのベクトルの始点を揃えて考える。

←(1), (2)の $\overrightarrow{AB}$, $\overrightarrow{JI}$, $\overrightarrow{KL}$ の始点をそろえて図示すると，次のようになる。

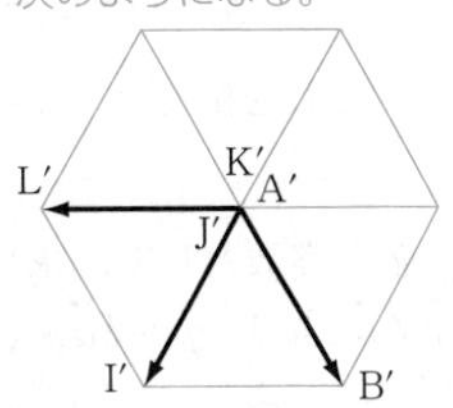

←成分による計算で求めてもよい。

←△OEG は正三角形

←$\overrightarrow{OE}$ と $\overrightarrow{OF}$ のなす角の大きさがわからないので，成分による計算で求める。

(4) $|\overrightarrow{OE}|=\sqrt{4^2+0^2+4^2}=4\sqrt{2}$
$|\overrightarrow{OF}|=\sqrt{4^2+4^2+4^2}=4\sqrt{3}$

よって　$\cos\theta=\dfrac{32}{4\sqrt{2}\times4\sqrt{3}}=\dfrac{2}{\sqrt{6}}=\dfrac{\sqrt{6}}{3}$

⬅$\cos\theta=\dfrac{\overrightarrow{OE}\cdot\overrightarrow{OF}}{|\overrightarrow{OE}||\overrightarrow{OF}|}$

JUMP 14

$\overrightarrow{AB}=(0,\ 2,\ 0)-(\sqrt{3},\ 1,\ 0)=(-\sqrt{3},\ 1,\ 0)$

$\overrightarrow{OC}=\left(\dfrac{1}{\sqrt{3}},\ 1,\ \dfrac{2\sqrt{6}}{3}\right)$ より

$\overrightarrow{AB}\cdot\overrightarrow{OC}=-\sqrt{3}\times\dfrac{1}{\sqrt{3}}+1\times1+0\times\dfrac{2\sqrt{6}}{3}=0$

$\overrightarrow{AB}\neq\vec{0}$，$\overrightarrow{OC}\neq\vec{0}$ より　$\overrightarrow{AB}\perp\overrightarrow{OC}$

よって，$\overrightarrow{AB}$ と $\overrightarrow{OC}$ のなす角 θ は　$\boldsymbol{\theta=90°}$

考え方　$\overrightarrow{AB}$，$\overrightarrow{OC}$ を成分表示し，内積を計算する。

⬅$\vec{a}\neq\vec{0}$，$\vec{b}\neq\vec{0}$ のとき
$\vec{a}\cdot\vec{b}=0\iff\vec{a}\perp\vec{b}$

15 空間ベクトルの平行と垂直(p.34)

77 $\vec{a}/\!/\vec{b}$ より $\vec{b}=k\vec{a}$ となる実数 k があるから
$(8,\ y,\ -12)=k(x,\ -1,\ 3)$
よって　$8=kx$，$y=-k$，$-12=3k$
$k=-4$　より　$\boldsymbol{x=-2,\ y=4}$

⬅$\vec{a}/\!/\vec{b}\iff\vec{b}=k\vec{a}$
（k は実数）

78 $\vec{a}\perp\vec{b}$ より $\vec{a}\cdot\vec{b}=0$ であるから
$2x+(-1)\times0+3\times(-4)=0$
よって　$\boldsymbol{x=6}$

⬅$\vec{a}\neq\vec{0}$，$\vec{b}\neq\vec{0}$ のとき
$\vec{a}\perp\vec{b}\iff\vec{a}\cdot\vec{b}=0$

79 (1) $\vec{a}/\!/\vec{b}$ より $\vec{b}=k\vec{a}$ となる実数 k があるから
$(x+1,\ -2x-2,\ -x+2)=k(-2,\ 4,\ 1)$
よって　$x+1=-2k$，$-2x-2=4k$，$-x+2=k$
これを解くと　$\boldsymbol{x=5}$

$\vec{a}/\!/\vec{b}\iff\vec{b}=k\vec{a}$
（k は実数）

(2) $\vec{a}\perp\vec{b}$ より $\vec{a}\cdot\vec{b}=0$ であるから
$-2(x+1)+4(-2x-2)+(-x+2)=0$
これを解くと　$\boldsymbol{x=-\dfrac{8}{11}}$

$\vec{a}\neq\vec{0}$，$\vec{b}\neq\vec{0}$ のとき
$\vec{a}\perp\vec{b}\iff\vec{a}\cdot\vec{b}=0$

80 k を実数として，求めるベクトルを $\vec{p}$ と表すと
$\vec{a}/\!/\vec{p}$ より　$\vec{p}=k\vec{a}=(-k,\ -2k,\ 2k)$
$|\vec{p}|=12$ より　$(-k)^2+(-2k)^2+(2k)^2=12^2$
これを解くと　$k=\pm4$
よって　$\boldsymbol{(-4,\ -8,\ 8),\ (4,\ 8,\ -8)}$

⬅$\sqrt{(-k)^2+(-2k)^2+(2k)^2}=12$
の両辺を2乗

81 求めるベクトルを $\vec{c}=(x,\ y,\ z)$ とすると，
$\vec{a}\perp\vec{c}$ より　$-2y+z=0$ ……①
$\vec{b}\perp\vec{c}$ より　$8x+2y-2z=0$
すなわち　$4x+y-z=0$ ……②
$|\vec{c}|=9$ より　$x^2+y^2+z^2=81$ ……③
①より　$z=2y$ ……④
④を②に代入して　$4x+y-2y=0$
よって　$y=4x$ ……⑤
⑤を④に代入して　$z=8x$ ……⑥
⑤，⑥を③に代入して　$x^2+(4x)^2+(8x)^2=81$

⬅$\vec{a}\neq\vec{0}$，$\vec{b}\neq\vec{0}$ のとき
$\vec{a}\perp\vec{b}\iff\vec{a}\cdot\vec{b}=0$

すなわち　$81x^2=81$　　ゆえに　$x=\pm1$

$x=1$ のとき　$y=4\times1=4$，$z=8\times1=8$

$x=-1$ のとき　$y=4\times(-1)=-4$，$z=8\times(-1)=-8$

したがって，求めるベクトルは　**(1，4，8)，(−1，−4，−8)**

82　$\vec{a}\perp\vec{c}$ より　$x+(-1)\times(-2)+(-5)y=0$

よって，$x-5y=-2$ ……①

$\vec{b}\perp\vec{c}$ より　$-2x+(-1)\times(-2)+4y=0$

ゆえに，$-2x+4y=-2$ ……②

①，②を解くと　$\boldsymbol{x=3}$，$\boldsymbol{y=1}$

⬅$\vec{a}\neq\vec{0}$，$\vec{b}\neq\vec{0}$ のとき
$\vec{a}\perp\vec{b}\iff\vec{a}\cdot\vec{b}=0$

83 (1)　k を実数として，求めるベクトルを $\vec{p}$ と表すと

$\vec{a}\parallel\vec{p}$ より　$\vec{p}=k\vec{a}=(3k,\ 0,\ -k)$

$|\vec{p}|=10$ より　$(3k)^2+0^2+(-k)^2=10^2$

これを解くと　$k=\pm\sqrt{10}$

よって，求めるベクトルは

$\boldsymbol{(3\sqrt{10},\ 0,\ -\sqrt{10}),\ (-3\sqrt{10},\ 0,\ \sqrt{10})}$

⬅$\sqrt{(3k)^2+0^2+(-k)^2}=10$
の両辺を２乗

(2)　求めるベクトルを $\vec{c}=(x,\ y,\ z)$ とすると

$\vec{a}\perp\vec{c}$ より　$3x-z=0$ ……①

$\vec{b}\perp\vec{c}$ より　$-3x+2y+2z=0$ ……②

$|\vec{c}|=7$ より　$x^2+y^2+z^2=49$ ……③

①より　$z=3x$ ……④

④を②に代入して　$-3x+2y+6x=0$

よって　$y=-\dfrac{3}{2}x$ ……⑤

④，⑤を③に代入して　$x^2+\left(-\dfrac{3}{2}x\right)^2+(3x)^2=49$

すなわち　$49x^2=196$　　ゆえに　$x=\pm2$

$x=2$ のとき　$y=-\dfrac{3}{2}\times2=-3$，$z=3\times2=6$

$x=-2$ のとき　$y=-\dfrac{3}{2}\times(-2)=3$，$z=3\times(-2)=-6$

したがって，求めるベクトルは　**(2，−3，6)，(−2，3，−6)**

⬅$\vec{a}\neq\vec{0}$，$\vec{b}\neq\vec{0}$ のとき
$\vec{a}\perp\vec{b}\iff\vec{a}\cdot\vec{b}=0$

JUMP 15

(1)　$\vec{c}=\vec{a}+t\vec{b}=(1,\ 2,\ -1)+t(1,\ 2,\ 3)$

$=(1+t,\ 2+2t,\ -1+3t)$

$|\vec{c}|^2=|\vec{a}+t\vec{b}|^2=(1+t)^2+(2+2t)^2+(-1+3t)^2$

$=14t^2+4t+6$

$=14\left(t^2+\dfrac{2}{7}t\right)+6$

$=14\left(t+\dfrac{1}{7}\right)^2+\dfrac{40}{7}$

よって　$|\vec{c}|$ の最小値は，$\boldsymbol{t=-\dfrac{1}{7}}$ のとき　$\sqrt{\dfrac{40}{7}}=\boldsymbol{\dfrac{2\sqrt{70}}{7}}$

考え方　$\vec{c}$ を成分表示し，$|\vec{c}|^2$ を計算する。$|\vec{c}|^2$ は t の２次関数となる。

(2)　(証明)

$t=-\dfrac{1}{7}$ より　$\vec{c}=\vec{a}+t\vec{b}=\left(\dfrac{6}{7},\ \dfrac{12}{7},\ -\dfrac{10}{7}\right)$

$\vec{b}\cdot\vec{c}=1\times\dfrac{6}{7}+2\times\dfrac{12}{7}+3\times\left(-\dfrac{10}{7}\right)=0$

$\vec{b}\neq\vec{0}$，$\vec{c}\neq\vec{0}$ より　$\vec{b}\perp\vec{c}$　(終)

⬅$\vec{a}\neq\vec{0}$，$\vec{b}\neq\vec{0}$ のとき
$\vec{a}\perp\vec{b}\iff\vec{a}\cdot\vec{b}=0$

16 空間の位置ベクトル(p.36)

84 (1) $\overrightarrow{OP}=\boldsymbol{\frac{2\vec{a}+\vec{b}}{3}}$

(2) $\overrightarrow{OQ}=\boldsymbol{\frac{2}{3}\vec{c}}$

(3) $\overrightarrow{PQ}=\overrightarrow{OQ}-\overrightarrow{OP}$

$=\frac{2}{3}\vec{c}-\frac{2\vec{a}+\vec{b}}{3}=\boldsymbol{\frac{-2\vec{a}-\vec{b}+2\vec{c}}{3}}$

2点A($\vec{a}$), B($\vec{b}$)に対し, 線分ABを$m:n$に内分する点P($\vec{p}$)
$\vec{p}=\frac{n\vec{a}+m\vec{b}}{m+n}$

85 $\overrightarrow{AF}=\vec{b}+\vec{e}$ より

$\overrightarrow{AP}=\frac{\overrightarrow{AE}+\overrightarrow{AF}}{2}=\frac{\vec{e}+(\vec{b}+\vec{e})}{2}=\frac{\vec{b}+2\vec{e}}{2}$ ……①

$\overrightarrow{AC}=\vec{b}+\vec{d}$, $\overrightarrow{AG}=\vec{b}+\vec{d}+\vec{e}$ より

$\overrightarrow{AQ}=\frac{2\overrightarrow{AC}+\overrightarrow{AG}}{3}$

$=\frac{2(\vec{b}+\vec{d})+\vec{b}+\vec{d}+\vec{e}}{3}=\frac{3\vec{b}+3\vec{d}+\vec{e}}{3}$ ……②

2点A($\vec{a}$), B($\vec{b}$)に対し, 線分ABの中点Mの位置ベクトル$\vec{m}$は
$\vec{m}=\frac{\vec{a}+\vec{b}}{2}$

①, ②より

$\overrightarrow{PQ}=\overrightarrow{AQ}-\overrightarrow{AP}=\frac{3\vec{b}+3\vec{d}+\vec{e}}{3}-\frac{\vec{b}+2\vec{e}}{2}$

$=\frac{2(3\vec{b}+3\vec{d}+\vec{e})-3(\vec{b}+2\vec{e})}{6}=\boldsymbol{\frac{3\vec{b}+6\vec{d}-4\vec{e}}{6}}$

別解 $\overrightarrow{AP}=\overrightarrow{AE}+\overrightarrow{EP}=\vec{e}+\frac{1}{2}\vec{b}$

⬅$\overrightarrow{EP}=\frac{1}{2}\vec{b}$

$\overrightarrow{AQ}=\overrightarrow{AB}+\overrightarrow{BC}+\overrightarrow{CQ}=\vec{b}+\vec{d}+\frac{1}{3}\vec{e}$

⬅$\overrightarrow{BC}=\vec{d}$, $\overrightarrow{CQ}=\frac{1}{3}\vec{e}$

よって

$\overrightarrow{PQ}=\overrightarrow{AQ}-\overrightarrow{AP}$

$=\left(\vec{b}+\vec{d}+\frac{1}{3}\vec{e}\right)-\left(\vec{e}+\frac{1}{2}\vec{b}\right)$

$=\boldsymbol{\frac{1}{2}\vec{b}+\vec{d}-\frac{2}{3}\vec{e}}$

86 P(x, y, z)とすると

$x=\frac{1\times3+2\times(-6)}{2+1}=-3$, $y=\frac{1\times(-2)+2\times1}{2+1}=0$,

$z=\frac{1\times1+2\times7}{2+1}=5$

より **P(−3, 0, 5)**

Q(s, t, u)とすると

$s=\frac{-1\times3+2\times(-6)}{2-1}=-15$, $t=\frac{-1\times(-2)+2\times1}{2-1}=4$,

$u=\frac{-1\times1+2\times7}{2-1}=13$

より **Q(−15, 4, 13)**

M(l, m, n)とすると

$l=\frac{3+(-6)}{2}=-\frac{3}{2}$, $m=\frac{(-2)+1}{2}=-\frac{1}{2}$,

$n=\frac{1+7}{2}=4$

より $\mathbf{M}\left(-\frac{3}{2},\ -\frac{1}{2},\ 4\right)$

⬅2点A(a_1, a_2, a_3), B(b_1, b_2, b_3)を結ぶ線分を$m:n$に内分する点をP, 外分する点をQとすると
$P\left(\frac{na_1+mb_1}{m+n}, \frac{na_2+mb_2}{m+n}, \frac{na_3+mb_3}{m+n}\right)$
$Q\left(\frac{-na_1+mb_1}{m-n}, \frac{-na_2+mb_2}{m-n}, \frac{-na_3+mb_3}{m-n}\right)$
とくに線分ABの中点Mは
$M\left(\frac{a_1+b_1}{2}, \frac{a_2+b_2}{2}, \frac{a_3+b_3}{2}\right)$

87 (1) $\overrightarrow{OG}=\dfrac{\vec{a}+\vec{b}}{3}$

⬅Gは△OABの重心

(2) $\overrightarrow{OP}=\dfrac{3\overrightarrow{OG}+\overrightarrow{OC}}{4}=\dfrac{3\times\dfrac{\vec{a}+\vec{b}}{3}+\vec{c}}{4}=\dfrac{\vec{a}+\vec{b}+\vec{c}}{4}$

88 P$(x,\ y,\ z)$とすると

$x=\dfrac{2\times(-1)+3\times4}{3+2}=2,\ y=\dfrac{2\times4+3\times(-1)}{3+2}=1,$

$z=\dfrac{2\times2+3\times(-3)}{3+2}=-1$

より **P(2, 1, −1)**

Q$(s,\ t,\ u)$とすると

$s=\dfrac{-2\times(-1)+3\times4}{3-2}=14,\ t=\dfrac{-2\times4+3\times(-1)}{3-2}=-11,$

$u=\dfrac{-2\times2+3\times(-3)}{3-2}=-13$

より **Q(14, −11, −13)**

M$(l,\ m,\ n)$とすると

$l=\dfrac{2+14}{2}=8,\ m=\dfrac{1+(-11)}{2}=-5,$

$n=\dfrac{-1+(-13)}{2}=-7$

より **M(8, −5, −7)**

JUMP 16

B$(x,\ y,\ z)$とすると，線分ABの中点がPであるから

$\left(\dfrac{2+x}{2},\ \dfrac{-3+y}{2},\ \dfrac{4+z}{2}\right)=(1,\ 2,\ -3)$

よって

$\dfrac{2+x}{2}=1,\ \dfrac{-3+y}{2}=2,\ \dfrac{4+z}{2}=-3$

これを解くと $x=0,\ y=7,\ z=-10$

ゆえに **B(0, 7, −10)**

考え方 A，P，Bについて Pに関してAとBが対称 ⟺ 線分ABの中点がP

17 位置ベクトルと空間の図形 (p.38)

89 (証明)

$\overrightarrow{AB}=\vec{b},\ \overrightarrow{AD}=\vec{d},\ \overrightarrow{AE}=\vec{e}$ とする。

$\overrightarrow{AI}=\overrightarrow{AB}+\overrightarrow{BC}+\overrightarrow{CI}$

$=\vec{b}+\vec{d}+2\vec{e}$ ……①

点Jは線分CEを2：1に内分するから

$\overrightarrow{AJ}=\dfrac{\overrightarrow{AC}+2\overrightarrow{AE}}{2+1}$

$=\dfrac{(\vec{b}+\vec{d})+2\vec{e}}{3}$

$=\dfrac{1}{3}(\vec{b}+\vec{d}+2\vec{e})$ ……②

①，②より $\overrightarrow{AJ}=\dfrac{1}{3}\overrightarrow{AI}$

よって，3点A，J，Iは一直線上にある。 (終)

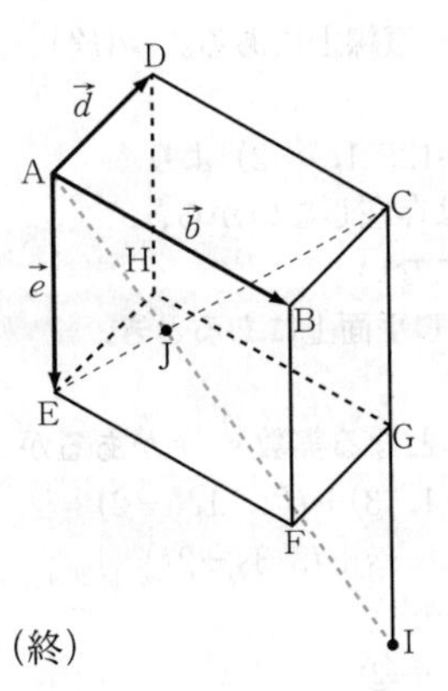

一直線上にある3点

異なる3点A，B，Cが一直線上にある。

⇕

$\overrightarrow{AC}=k\overrightarrow{AB}$ となる0でない実数 k がある。

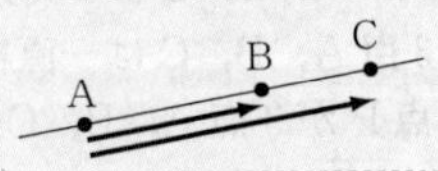

90 $\overrightarrow{OA}=(-2,\ 0,\ 1)$，$\overrightarrow{OB}=(1,\ 3,\ -1)$ より
$\overrightarrow{OB}=k\overrightarrow{OA}$ となる実数 k は存在しないから，
3点O，A，Bは一直線上にない。
点Pは3点O，A，Bと同じ平面上にあるとき
$\overrightarrow{OP}=(-4,\ 6,\ z)$
に対し，$\overrightarrow{OP}=s\overrightarrow{OA}+t\overrightarrow{OB}$ となる実数 s，t がある。

$$(-4,\ 6,\ z)=s(-2,\ 0,\ 1)+t(1,\ 3,\ -1)$$
$$=(-2s+t,\ 3t,\ s-t)$$

すなわち $\begin{cases} -2s+t=-4 & \cdots\cdots ① \\ 3t=6 & \cdots\cdots ② \\ s-t=z & \cdots\cdots ③ \end{cases}$

②より　$t=2$ ……④
④を①に代入すると　$-2s+2=-4$
よって　$s=3$ ……⑤
④，⑤を③に代入すると　$3-2=z$
ゆえに　$\boldsymbol{z=1}$

3点A，B，Cが一直線上にないとき
点Pが3点A，B，Cと同じ平面上にある
⇕
$\overrightarrow{AP}=s\overrightarrow{AB}+t\overrightarrow{AC}$
となる実数 s，t がある

91 （証明）
点Mは辺AEの中点であるから

$$\overrightarrow{AM}=\frac{1}{2}\vec{e}$$

点Kは△BDEの重心であるから

$$\overrightarrow{AK}=\frac{\vec{b}+\vec{d}+\vec{e}}{3}$$

また　$\overrightarrow{AC}=\vec{b}+\vec{d}$
よって

$$\overrightarrow{CK}=\overrightarrow{AK}-\overrightarrow{AC}$$
$$=\frac{\vec{b}+\vec{d}+\vec{e}}{3}-(\vec{b}+\vec{d})$$
$$=\frac{1}{3}\{\vec{b}+\vec{d}+\vec{e}-3(\vec{b}+\vec{d})\}$$
$$=\frac{1}{3}(-2\vec{b}-2\vec{d}+\vec{e})\ \cdots\cdots ①$$
$$\overrightarrow{CM}=\overrightarrow{AM}-\overrightarrow{AC}$$
$$=\frac{1}{2}\vec{e}-(\vec{b}+\vec{d})=\frac{1}{2}(-2\vec{b}-2\vec{d}+\vec{e})\ \cdots\cdots ②$$

①，②より　$\overrightarrow{CM}=\frac{3}{2}\overrightarrow{CK}$
ゆえに，3点C，K，Mは一直線上にある。　（終）

3点A，B，Pが一直線上にある
⇕
$\overrightarrow{AP}=k\overrightarrow{AB}$（$k$ は実数）

⬅ $\overrightarrow{CM}=\frac{1}{2}(-2\vec{b}-2\vec{d}+\vec{e})$
$=\frac{3}{2}\times\frac{1}{3}(-2\vec{b}-2\vec{d}+\vec{e})$
$=\frac{3}{2}\overrightarrow{CK}$

92 $\overrightarrow{AB}=(1,\ -1,\ 3)$，$\overrightarrow{AC}=(2,\ 1,\ -2)$ より
$\overrightarrow{AC}=k\overrightarrow{AB}$ となる実数 k は存在しないから，
3点A，B，Cは一直線上にない。
点Pが3点A，B，Cと同じ平面上にあるとき，
$\overrightarrow{AP}=(x+1,\ -4,\ 6)$
に対し，$\overrightarrow{AP}=s\overrightarrow{AB}+t\overrightarrow{AC}$ となる実数 s，t があるから

$$(x+1,\ -4,\ 6)=s(1,\ -1,\ 3)+t(2,\ 1,\ -2)$$
$$=(s+2t,\ -s+t,\ 3s-2t)$$

すなわち $\begin{cases} x+1=s+2t & \cdots\cdots ① \\ -4=-s+t & \cdots\cdots ② \\ 6=3s-2t & \cdots\cdots ③ \end{cases}$

⬅3点A，B，Cが一直線上にないとき
点Pが3点A，B，Cと同じ平面上にある
⇕
$\overrightarrow{AP}=s\overrightarrow{AB}+t\overrightarrow{AC}$ となる実数 s，t がある

②×2+③より　$-2=s$　すなわち　$s=-2$ ……④
④を②に代入すると　$-4=2+t$　より　$t=-6$ ……⑤
④，⑤を①に代入すると　$x+1=-2+2\times(-6)$
よって　$\boldsymbol{x=-15}$

JUMP 17

点Dは辺OAを1：2に内分するから

$$\overrightarrow{OD}=\frac{1}{3}\overrightarrow{OA}$$

点Eは辺BCを2：3に内分するから

$$\overrightarrow{OE}=\frac{3\overrightarrow{OB}+2\overrightarrow{OC}}{5}$$

点Fは線分DEを5：3に内分するから

$$\overrightarrow{OF}=\frac{3\overrightarrow{OD}+5\overrightarrow{OE}}{8}$$
$$=\frac{3\times\frac{1}{3}\overrightarrow{OA}+5\times\frac{3\overrightarrow{OB}+2\overrightarrow{OC}}{5}}{8}$$
$$=\frac{\overrightarrow{OA}+3\overrightarrow{OB}+2\overrightarrow{OC}}{8}$$

$$\overrightarrow{CF}=\overrightarrow{OF}-\overrightarrow{OC}$$
$$=\frac{\overrightarrow{OA}+3\overrightarrow{OB}+2\overrightarrow{OC}}{8}-\overrightarrow{OC}$$
$$=\frac{\overrightarrow{OA}+3\overrightarrow{OB}-6\overrightarrow{OC}}{8}$$

$\overrightarrow{CG}=k\overrightarrow{CF}$　より

$$\overrightarrow{OG}=\overrightarrow{OC}+k\overrightarrow{CF}$$
$$=\overrightarrow{OC}+k\times\frac{\overrightarrow{OA}+3\overrightarrow{OB}-6\overrightarrow{OC}}{8}$$
$$=\frac{k}{8}\overrightarrow{OA}+\frac{3}{8}k\overrightarrow{OB}+\left(1-\frac{3}{4}k\right)\overrightarrow{OC}$$

点Gは平面OAB上にあるから

$$1-\frac{3}{4}k=0$$

よって　$\boldsymbol{k=\frac{4}{3}}$

考え方　点Gが平面OAB上
$\iff \overrightarrow{OG}=s\overrightarrow{OA}+t\overrightarrow{OB}$
となる実数 s，t がある
を利用するため，$\overrightarrow{OG}$ を
$\overrightarrow{OA}$，$\overrightarrow{OB}$，$\overrightarrow{OC}$ で表すことを
考える。

⬅$\overrightarrow{OG}=s\overrightarrow{OA}+t\overrightarrow{OB}$ の形で表せるから，$\overrightarrow{OC}$ の係数は0になる。

18 平面・球面の方程式 (p.40)

93 (1)　$\boldsymbol{x=2}$

(2)　$(x-3)^2+\{y-(-1)\}^2+(z-2)^2=4^2$
より
$\boldsymbol{(x-3)^2+(y+1)^2+(z-2)^2=16}$

(3)　線分ABの中点をCとすると，
点Cは求める球面の中心である。

$$C\left(\frac{2+4}{2},\ \frac{-1+1}{2},\ \frac{3+(-1)}{2}\right)$$

より　C(3，0，1)
よって，半径 r は

$$r=CA=\sqrt{(2-3)^2+(-1-0)^2+(3-1)^2}=\sqrt{6}$$

ゆえに，求める球面の方程式は
$\boldsymbol{(x-3)^2+y^2+(z-1)^2=6}$

⬅点 $(a,\ 0,\ 0)$ を通り，yz 平面に平行な平面の方程式は $x=a$

⬅点 $(a,\ b,\ c)$ を中心とする半径 r の球面の方程式は $(x-a)^2+(y-b)^2+(z-c)^2=r^2$

⬅中点 $\left(\frac{a_1+b_1}{2},\ \frac{a_2+b_2}{2},\ \frac{a_3+b_3}{2}\right)$

⬅2点 $P(x_1,\ y_1,\ z_1)$，$Q(x_2,\ y_2,\ z_2)$ に対し
$PQ=\sqrt{(x_2-x_1)^2+(y_2-y_1)^2+(z_2-z_1)^2}$

94 (1) $\boldsymbol{y=-5}$

(2) xy 平面に接するから，半径は $|-2|=2$

よって $\boldsymbol{(x-4)^2+(y-3)^2+(z+2)^2=4}$

←球の中心が (a, b, c) のとき，球の半径 r は
xy 平面に接する：$r=|c|$
yz 平面に接する：$r=|a|$
zx 平面に接する：$r=|b|$

(3) 半径 r は原点と点 $(2, -2, 1)$ の距離であるから

$r=\sqrt{2^2+(-2)^2+1^2}=3$

よって，求める球面の方程式は

$\boldsymbol{x^2+y^2+z^2=9}$

(4) 線分 AB の中点を C とすると，

点 C は求める球面の中心である。

$C\left(\dfrac{5+(-3)}{2},\ \dfrac{-2+4}{2},\ \dfrac{3+7}{2}\right)$

←中点 $\left(\dfrac{a_1+b_1}{2}, \dfrac{a_2+b_2}{2}, \dfrac{a_3+b_3}{2}\right)$

より $(1, 1, 5)$

よって，半径 r は

$r=CA=\sqrt{(5-1)^2+(-2-1)^2+(3-5)^2}=\sqrt{29}$

ゆえに，求める球面の方程式は

$\boldsymbol{(x-1)^2+(y-1)^2+(z-5)^2=29}$

95 (1) 半径 r は AB であるから

$r=\sqrt{(4-2)^2+\{3-(-3)\}^2+\{5-(-1)\}^2}=\sqrt{76}$

←$PQ=\sqrt{(x_2-x_1)^2+(y_2-y_1)^2+(z_2-z_1)^2}$

よって，求める球面の方程式は

$\boldsymbol{(x-2)^2+(y+3)^2+(z+1)^2=76}$

(2) 線分 AB の中点を C とすると，

点 C は求める球面の中心である。

$C\left(\dfrac{2+4}{2},\ \dfrac{-3+3}{2},\ \dfrac{-1+5}{2}\right)$

←中点 $\left(\dfrac{a_1+b_1}{2}, \dfrac{a_2+b_2}{2}, \dfrac{a_3+b_3}{2}\right)$

より $C(3, 0, 2)$

よって，半径 r は

$r=CA=\sqrt{(2-3)^2+(-3-0)^2+(-1-2)^2}=\sqrt{19}$

←$PQ=\sqrt{(x_2-x_1)^2+(y_2-y_1)^2+(z_2-z_1)^2}$

ゆえに，求める球面の方程式は

$\boldsymbol{(x-3)^2+y^2+(z-2)^2=19}$

(3) (2)の球面の方程式に $z=0$ を代入すると

←xy 平面は $z=0$ の平面。

$(x-3)^2+y^2+2^2=19$

すなわち

$(x-3)^2+y^2=15$

←xy 平面上で
中心が $(x, y)=(3, 0)$
半径が $\sqrt{15}$
の円を表す。

よって，求める中心の座標は $\boldsymbol{(3, 0, 0)}$，半径は $\boldsymbol{\sqrt{15}}$

JUMP 18

球面 $x^2+y^2+z^2=4$ の中心は原点 O，半径 2 である。

考え方　2 つの球の中心間の距離と半径の関係を考える。

また，2 つの球の中心間の距離 d は

$d=\sqrt{4^2+(-2)^2+(-4)^2}=\sqrt{36}=6$

であるから，

2 つの球が外接するとき，

$d=r+2$ より $6=r+2$

よって $r=4$

←2 つの球 C，C′ の半径をそれぞれ r，r'，中心間の距離を d とするとき，
① 2 つの球が外接する
$\iff d=r+r'$
② 2 つの球が内接する
$\iff d=|r-r'|$

2 つの球が内接するとき，

$d=|r-2|$ より $6=|r-2|$

よって $r-2=\pm 6$

$r>0$ より $r=8$

以上より，求める r の値は $\boldsymbol{r=4,\ 8}$

まとめの問題　空間のベクトル(p.42)

1 (1) $\mathbf{I(3,\ 2,\ -4)}$

(2) $\mathbf{J(-3,\ -2,\ -4)}$

(3) $\mathrm{BH}=\sqrt{(0-3)^2+(-1-2)^2+(4-0)^2}$

$=\sqrt{9+9+16}=\sqrt{34}$

2 $2\vec{a}-\vec{b}=2(3,\ -1,\ -1)-(0,\ -8,\ 5)$

$=(6,\ -3,\ -3)-(0,\ -8,\ 5)=\mathbf{(6,\ 6,\ -7)}$

$|2\vec{a}-\vec{b}|=\sqrt{6^2+6^2+(-7)^2}$

$=\sqrt{36+36+49}=\sqrt{121}=\mathbf{11}$

←$\vec{a}=(x_1,\ y_1,\ z_1)$ の大きさ $|\vec{a}|=\sqrt{x_1{}^2+y_1{}^2+z_1{}^2}$

3 $|\vec{a}|=11$ より　$2^2+(1-x)^2+(x+2)^2=11^2$

これを整理すると　$x^2+x-56=0$

よって　$(x+8)(x-7)=0$　より　$x=\mathbf{-8,\ 7}$

4 (1) $\vec{a}=(5-3,\ -2-0,\ -1-(-2))$

$=\mathbf{(2,\ -2,\ 1)}$

$\vec{b}=(4-3,\ -4-0,\ -3-(-2))$

$=\mathbf{(1,\ -4,\ -1)}$

(2) $|\vec{a}|=\sqrt{2^2+(-2)^2+1^2}=\mathbf{3}$

$|\vec{b}|=\sqrt{1^2+(-4)^2+(-1)^2}=\mathbf{3\sqrt{2}}$

$\vec{a}\cdot\vec{b}=2\times1+(-2)\times(-4)+1\times(-1)=\mathbf{9}$

(3) $\cos\theta=\dfrac{9}{3\times3\sqrt{2}}=\dfrac{1}{\sqrt{2}}$

$0^\circ\leqq\theta\leqq180^\circ$ より　$\boldsymbol{\theta=45^\circ}$

←$\cos\theta=\dfrac{\vec{a}\cdot\vec{b}}{|\vec{a}||\vec{b}|}$

5 (1) k を実数として，求めるベクトルを $\vec{p}$ とすると

$\vec{a}\parallel\vec{p}$ より　$\vec{p}=k\vec{a}=(k,\ -4k,\ -k)$

$|\vec{p}|=6\sqrt{2}$ より　$k^2+(-4k)^2+(-k)^2=(6\sqrt{2})^2$

すなわち　$18k^2=72$

よって　$k=\pm2$

よって，求めるベクトルは

$\mathbf{(2,\ -8,\ -2),\ (-2,\ 8,\ 2)}$

←$\vec{a}\parallel\vec{b}\iff\vec{b}=k\vec{a}$ (k は実数)

(2) 求めるベクトルを $\vec{c}=(x,\ y,\ z)$ とすると

$\vec{a}\perp\vec{c}$ より　$x-4y-z=0$ ……①

$\vec{b}\perp\vec{c}$ より　$-x+6y+2z=0$ ……②

$|\vec{c}|=6$ より　$x^2+y^2+z^2=6^2$ ……③

①+②より　$z=-2y$ ……④

①×2+②より　$x=2y$ ……⑤

④，⑤を③に代入して　$(2y)^2+y^2+(-2y)^2=36$

すなわち　$9y^2=36$

よって　$y=\pm2$

$y=2$ のとき　$x=2\times2=4$，$z=-2\times2=-4$

$y=-2$ のとき　$x=2\times(-2)=-4$，$z=-2\times(-2)=4$

ゆえに，求めるベクトルは

$\mathbf{(4,\ 2,\ -4),\ (-4,\ -2,\ 4)}$

←$\vec{a}\neq\vec{0}$，$\vec{b}\neq\vec{0}$ のとき $\vec{a}\perp\vec{b}\iff\vec{a}\cdot\vec{b}=0$

←$\sqrt{x^2+y^2+z^2}=6$ の両辺を2乗

6 $\overrightarrow{AB}=(1-3,\ 1-4,\ 0-5)=(-2,\ -3,\ -5)$
$\overrightarrow{AC}=(1-3,\ 3-4,\ 6-5)=(-2,\ -1,\ 1)$
より，$\overrightarrow{AC}=k\overrightarrow{AB}$ となる実数 k は存在しないから，
3点A，B，Cは一直線上にない。
点Pは3点A，B，Cと同じ平面上にあるとき，
$\overrightarrow{AP}=(4-3,\ 5-4,\ x-5)=(1,\ 1,\ x-5)$
に対して，$\overrightarrow{AP}=s\overrightarrow{AB}+t\overrightarrow{AC}$ となる実数 s，t があるから

$$(1,\ 1,\ x-5)=s(-2,\ -3,\ -5)+t(-2,\ -1,\ 1)$$
$$=(-2s-2t,\ -3s-t,\ -5s+t)$$

すなわち
$$\begin{cases} -2s-2t=1 & \cdots\cdots① \\ -3s-t=1 & \cdots\cdots② \\ -5s+t=x-5 & \cdots\cdots③ \end{cases}$$

①−②×2 より　$4s=-1$　　よって　$s=-\dfrac{1}{4}$

②より　$t=-3s-1=-3\times\left(-\dfrac{1}{4}\right)-1=-\dfrac{1}{4}$

これらを③へ代入すると　$-5\times\left(-\dfrac{1}{4}\right)+\left(-\dfrac{1}{4}\right)=x-5$

ゆえに　$\boldsymbol{x=6}$

⬅3点A，B，Cが一直線上にないとき，
点Pが3点A，B，Cと同じ平面上にある
⇕
$\overrightarrow{AP}=s\overrightarrow{AB}+t\overrightarrow{AC}$ となる実数 s，t がある

7 (1) $\vec{a}\cdot\vec{b}=|\vec{a}||\vec{b}|\cos 60^\circ=2\times2\times\dfrac{1}{2}=\boldsymbol{2}$

⬅$\vec{a}\cdot\vec{b}=|\vec{a}||\vec{b}|\cos\theta$

(2) $\overrightarrow{MN}=\overrightarrow{ON}-\overrightarrow{OM}=\dfrac{1}{2}\vec{c}-\dfrac{\vec{a}+\vec{b}}{2}=\dfrac{-\vec{a}-\vec{b}+\vec{c}}{2}$

$\overrightarrow{BN}=\overrightarrow{ON}-\overrightarrow{OB}=\dfrac{1}{2}\vec{c}-\vec{b}=\dfrac{-2\vec{b}+\vec{c}}{2}$

であるから

$$\overrightarrow{MN}\cdot\overrightarrow{BN}=\left(\frac{-\vec{a}-\vec{b}+\vec{c}}{2}\right)\cdot\left(\frac{-2\vec{b}+\vec{c}}{2}\right)$$
$$=\frac{1}{4}(-\vec{a}-\vec{b}+\vec{c})\cdot(-2\vec{b}+\vec{c})$$
$$=\frac{1}{4}(2\vec{a}\cdot\vec{b}-\vec{a}\cdot\vec{c}-3\vec{b}\cdot\vec{c}+2|\vec{b}|^2+|\vec{c}|^2)$$

(1)より　$\vec{a}\cdot\vec{b}=2$　　同様に　$\vec{b}\cdot\vec{c}=\vec{a}\cdot\vec{c}=2$

よって　$\overrightarrow{MN}\cdot\overrightarrow{BN}=\dfrac{1}{4}(2\times2-2-3\times2+2\times2^2+2^2)=\boldsymbol{2}$

(3) $\cos\theta=\dfrac{\overrightarrow{MN}\cdot\overrightarrow{BN}}{|\overrightarrow{MN}||\overrightarrow{BN}|}$ ……①

(2)より

$$|\overrightarrow{MN}|^2=\left|\frac{-\vec{a}-\vec{b}+\vec{c}}{2}\right|^2$$
$$=\frac{1}{4}(|\vec{a}|^2+|\vec{b}|^2+|\vec{c}|^2+2\vec{a}\cdot\vec{b}-2\vec{b}\cdot\vec{c}-2\vec{a}\cdot\vec{c})$$
$$=\frac{1}{4}(2^2+2^2+2^2+2\times2-2\times2-2\times2)=2$$

⬅$\vec{a}\cdot\vec{b}=\vec{b}\cdot\vec{c}=\vec{a}\cdot\vec{c}=2$

$$|\overrightarrow{BN}|^2=\left|\frac{-2\vec{b}+\vec{c}}{2}\right|^2$$
$$=\frac{1}{4}(4|\vec{b}|^2-4\vec{b}\cdot\vec{c}+|\vec{c}|^2)$$
$$=\frac{1}{4}(4\times2^2-4\times2+2^2)=3$$

これらを①へ代入して　$\cos\theta=\dfrac{2}{\sqrt{2}\sqrt{3}}=\dfrac{2}{\sqrt{6}}=\boldsymbol{\dfrac{\sqrt{6}}{3}}$

8 (証明)

$\overrightarrow{OA}=\vec{a}$, $\overrightarrow{OB}=\vec{b}$, $\overrightarrow{OC}=\vec{c}$ とする。

$\overrightarrow{OH}=2\vec{c}$ で，点Kは△HABの重心であるから

$$\overrightarrow{OK}=\frac{\overrightarrow{OA}+\overrightarrow{OB}+\overrightarrow{OH}}{3}=\frac{\vec{a}+\vec{b}+2\vec{c}}{3}\ \cdots\cdots①$$

また，$\overrightarrow{DI}=2\vec{c}$ であるから

$$\overrightarrow{OI}=\overrightarrow{OA}+\overrightarrow{AD}+\overrightarrow{DI}=\vec{a}+\vec{b}+2\vec{c}\ \cdots\cdots②$$

①，②より　$\overrightarrow{OI}=3\overrightarrow{OK}$

よって，3点O，K，Iは一直線上にある。　(終)

⬅$\overrightarrow{OI}=k\overrightarrow{OK}$ となる実数 k がある。$(k=3)$

9 (1) $C(x,\ y,\ z)$ とすると

$$x=\frac{-1\times3+2\times1}{2-1}=-1$$

$$y=\frac{-1\times(-2)+2\times0}{2-1}=2$$

$$z=\frac{-1\times(-1)+2\times(-2)}{2-1}=-3$$

よって　**$C(-1,\ 2,\ -3)$**

(2) $AB^2=(1-3)^2+\{0-(-2)\}^2+\{-2-(-1)\}^2=9$　より

求める球面の方程式は　**$(x-1)^2+y^2+(z+2)^2=9$**

であり，その半径は **3**

(3) (2)の球面の方程式に $y=0$ を代入すると

⬅zx 平面は $y=0$ の平面。

$(x-1)^2+0^2+(z+2)^2=9$

すなわち

$(x-1)^2+(z+2)^2=9$

⬅zx 平面上で
中心が $(x,\ z)=(1,\ -2)$
半径が $\sqrt{9}=3$
の円を表す。

よって，求める中心の座標は **$(1,\ 0,\ -2)$**，半径は **3**

19 複素数平面・複素数の絶対値(p.44)

96

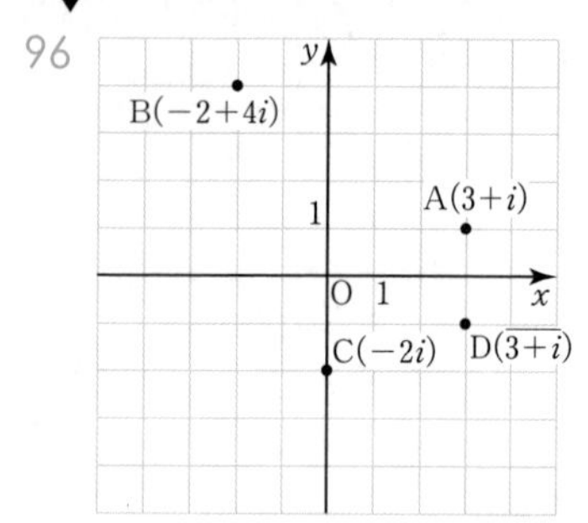

共役な複素数
$z=a+bi$ のとき
$\bar{z}=a-bi$

⬅D($\overline{3+i}$) において
$\overline{3+i}=3-i$
(A と実軸に関して対称)

97 (1) $|4+3i|=\sqrt{4^2+3^2}=\sqrt{25}=\mathbf{5}$

(2) $|1+\sqrt{3}\,i|=\sqrt{1^2+(\sqrt{3})^2}=\sqrt{4}=\mathbf{2}$

(3) $|-1|=\sqrt{(-1)^2+0^2}=\mathbf{1}$

(4) $|5i|=\sqrt{0^2+5^2}=\sqrt{25}=\mathbf{5}$

複素数の絶対値
$z=a+bi$ のとき
$|z|=|a+bi|$
$=\sqrt{a^2+b^2}$

98

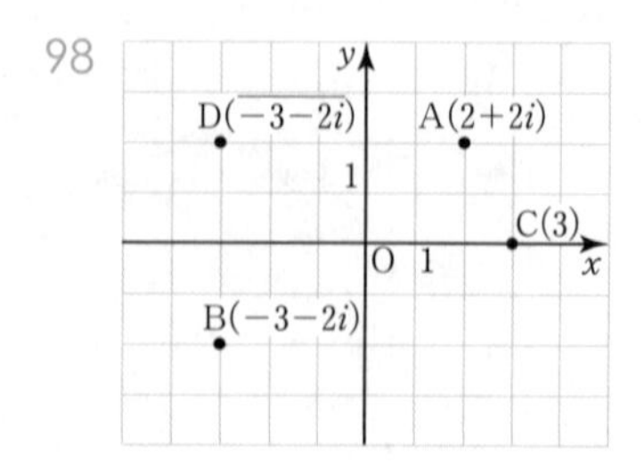

⬅D($\overline{-3-2i}$) において
$\overline{-3-2i}=-3-(-2i)$
$=-3+2i$
(B と実軸に関して対称)

99 (1) $|-4+3i|=\sqrt{(-4)^2+3^2}=\sqrt{25}=\mathbf{5}$

(2) $|-\sqrt{2}\,i|=\sqrt{0^2+(-\sqrt{2})^2}=\boldsymbol{\sqrt{2}}$

(3) $|3+3i|=\sqrt{3^2+3^2}=\sqrt{18}=\mathbf{3\sqrt{2}}$

(4) $|-2\sqrt{2}-i|=\sqrt{(-2\sqrt{2})^2+(-1)^2}=\sqrt{9}=\mathbf{3}$

⬅$-\sqrt{2}\,i=0-\sqrt{2}\,i$

100

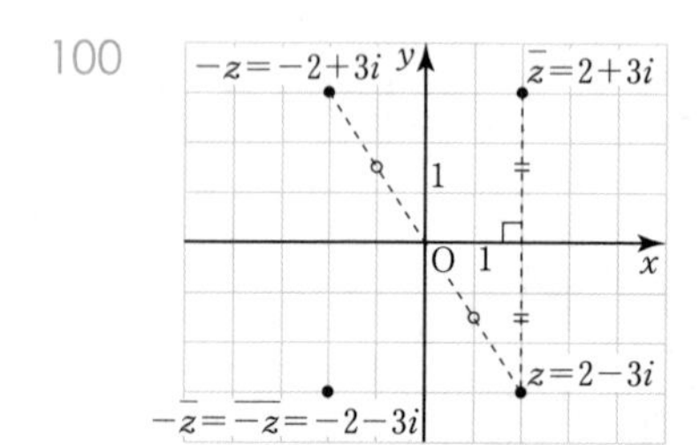

(2) $\bar{z}=\overline{2-3i}=2+3i$

(3) $-z=-(2-3i)$
$=-2+3i$

(4) $-\bar{z}=-(2+3i)$
$=-2-3i$

(5) $\overline{-z}=\overline{-2+3i}$
$=-2-3i$

⬅点 z と点 $\bar{z}$ は，実軸に関して対称

⬅点 z と点 $-z$ は，原点に関して対称

⬅$-\bar{z}$ と $\overline{-z}$ は同じ点である。

101 (1) $|z|=|1+i|=\sqrt{1^2+1^2}=\boldsymbol{\sqrt{2}}$

(2) $|w|=|-1+2i|=\sqrt{(-1)^2+2^2}=\boldsymbol{\sqrt{5}}$

(3) $zw=(1+i)(-1+2i)=-3+i$ より
$|zw|=|-3+i|=\sqrt{(-3)^2+1^2}=\boldsymbol{\sqrt{10}}$

(4) $\dfrac{z}{w}=\dfrac{1+i}{-1+2i}=\dfrac{(1+i)(-1-2i)}{(-1+2i)(-1-2i)}=\dfrac{1-3i}{5}$ より
$\left|\dfrac{z}{w}\right|=\left|\dfrac{1-3i}{5}\right|=\sqrt{\left(\dfrac{1}{5}\right)^2+\left(-\dfrac{3}{5}\right)^2}=\sqrt{\dfrac{10}{25}}=\boldsymbol{\dfrac{\sqrt{10}}{5}}$

JUMP 19

（証明）

$z=5-3i$　より　$\bar{z}=5+3i$　であるから

$z\bar{z}=(5-3i)(5+3i)$
$=5^2-(3i)^2$
$=25+9=34$

また　$|z|^2=|5-3i|^2$
$=(\sqrt{5^2+(-3)^2})^2$
$=(\sqrt{34})^2=34$

よって　$z\bar{z}=|z|^2$　（終）

考え方　次の証明法を用いる。
$A=\cdots=C$，$B=\cdots=C$
より，$A=B$

⬅ $(3i)^2=9i^2=9\cdot(-1)=-9$

複素数の和の図表示

$z=a+bi$，$w=p+qi$

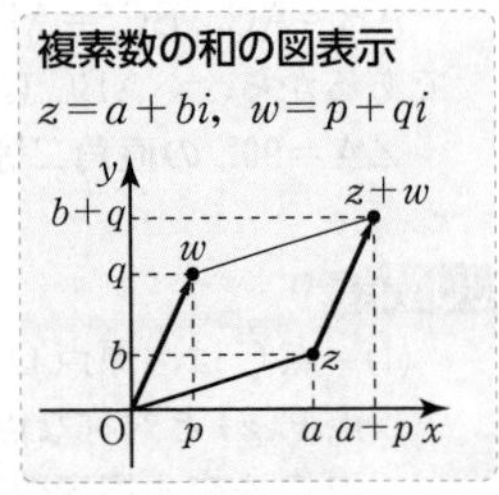

20 複素数の和・差・実数倍の図表示（p.46）

102

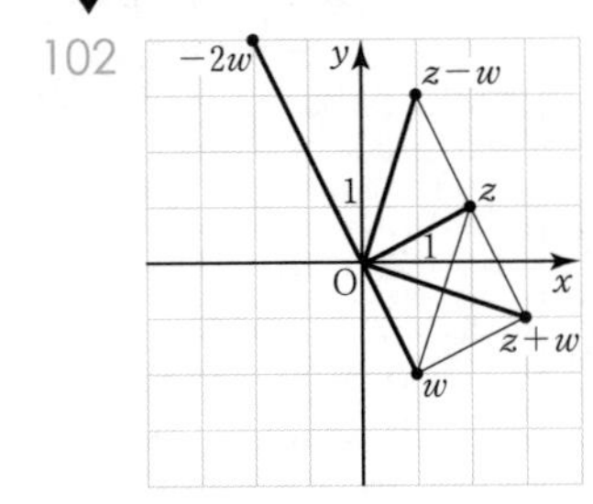

(3)　$z+w=(2+i)+(1-2i)$
$=3-i$

(4)　$z-w=(2+i)-(1-2i)$
$=1+3i$

(5)　$-2w=-2(1-2i)$
$=-2+4i$

⬅4点O，z，$z+w$，w は平行四辺形の頂点

⬅4点O，$z-w$，z，w は平行四辺形の頂点

⬅反対方向に2倍

2点間の距離

2点 z，w 間の距離は
$|z-w|$

103　$|z-w|=|(1-2i)-(3+2i)|$
$=|-2-4i|$
$=\sqrt{(-2)^2+(-4)^2}=\mathbf{2\sqrt{5}}$

⬅ $\sqrt{4+16}=\sqrt{20}=2\sqrt{5}$

104

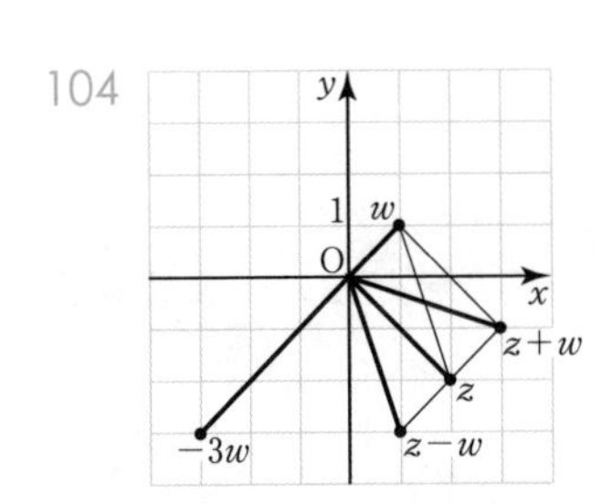

(3)　$z+w=(2-2i)+(1+i)$
$=3-i$

(4)　$z-w=(2-2i)-(1+i)$
$=1-3i$

(5)　$-3w=-3(1+i)$
$=-3-3i$

⬅4点O，z，$z+w$，w は平行四辺形の頂点

⬅4点O，$z-w$，z，w は平行四辺形の頂点

⬅反対方向に3倍

105　(1)　$|z-w|=|(7-2i)-(-5+3i)|$
$=|12-5i|$
$=\sqrt{12^2+(-5)^2}=\mathbf{13}$

⬅ $\sqrt{144+25}=\sqrt{169}=\sqrt{13^2}$

(2)　$|z-w|=|(-1-i)-(-2i)|$
$=|-1+i|$
$=\sqrt{(-1)^2+1^2}=\mathbf{\sqrt{2}}$

106　(1)　$|z-w|=|(\sqrt{3}+i)-2i|$
$=|\sqrt{3}-i|$
$=\sqrt{(\sqrt{3})^2+(-1)^2}=\sqrt{4}=\mathbf{2}$

⬅ $(\sqrt{3})^2+(-1)^2=3+1=4$

(2)　$|z-w|=|(1-\sqrt{3}i)-(\sqrt{3}+i)|$
$=|(1-\sqrt{3})-(\sqrt{3}+1)i|$
$=\sqrt{(1-\sqrt{3})^2+\{-(\sqrt{3}+1)\}^2}$
$=\sqrt{(1-2\sqrt{3}+3)+(3+2\sqrt{3}+1)}$
$=\sqrt{8}=\mathbf{2\sqrt{2}}$

107 $AB=|3-(1+i)|=|2-i|$

$=\sqrt{2^2+(-1)^2}=\sqrt{5}$

$BC=|(2+3i)-3|=|-1+3i|$

$=\sqrt{(-1)^2+3^2}=\sqrt{10}$

$AC=|(2+3i)-(1+i)|=|1+2i|$

$=\sqrt{1^2+2^2}=\sqrt{5}$

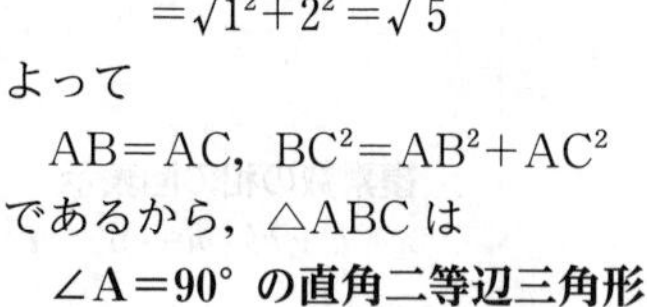

よって

$AB=AC$，$BC^2=AB^2+AC^2$

であるから，△ABC は

∠A＝90° の直角二等辺三角形

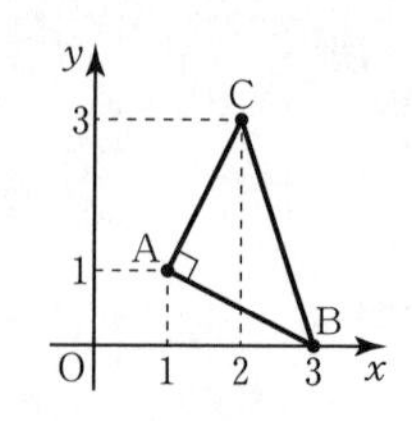

⬅3 辺の長さが a，b，c の△ABC において

$a^2+b^2=c^2$

ならば　∠C＝90°

（三平方の定理の逆）

JUMP 20

(1)　点 C は，原点 O に関して点 F($\bar{z}$) と対称な点であるから，点 C を表す複素数は　$-\bar{z}$

(2)　4 点 O，E，F($\bar{z}$)，A(z) は平行四辺形の頂点であるから，点 E を表す複素数は　$\bar{z}-z$

(3)　四角形 OAHF が平行四辺形となるように点 H をとると，点 H を表す複素数は

$z+\bar{z}$

であり　$OG=\dfrac{1}{2}OH$

よって，点 G を表す複素数は　$\dfrac{1}{2}(z+\bar{z})$

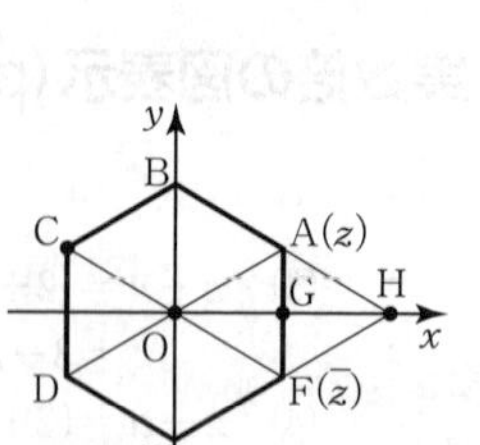

考え方　次の性質を用いて，図を利用しながら考える。

① 点 z と点 $-z$ は原点に関して対称

② 点 z と点 $\bar{z}$ は実軸に関して対称

③ 4 点 O，z，$z+w$，w は平行四辺形の頂点

④ 4 点 O，$z-w$，z，w は平行四辺形の頂点

⑤ 点 kz $(k>0)$ は，点 z を同じ方向に k 倍

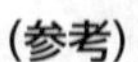

(参考)

各点を，ベクトルを用いて表すと，以下のようになる。

(1)　$\overrightarrow{OC}=\overrightarrow{AB}=\overrightarrow{OB}-\overrightarrow{OA}$

(2)　$\overrightarrow{OE}=-\overrightarrow{OB}$

(3)　点 G は線分 AB の中点であるから

$\overrightarrow{OG}=\dfrac{1}{2}(\overrightarrow{OA}+\overrightarrow{OB})$

21 複素数の極形式・積と商 (p.48)

108 (1)　$r=\sqrt{(\sqrt{3})^2+1^2}=2$

$\theta=\dfrac{\pi}{6}$

より

$\sqrt{3}+i=2\left(\cos\dfrac{\pi}{6}+i\sin\dfrac{\pi}{6}\right)$

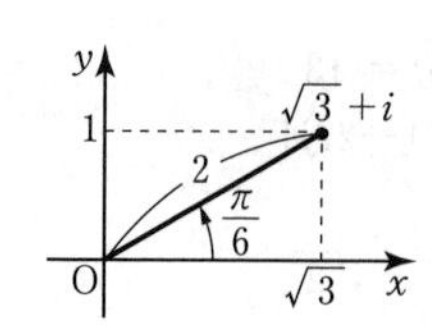

複素数の極形式

$z=r(\cos\theta+i\sin\theta)$

$r=|z|$　：絶対値

$\theta=\arg z$：偏角

(2)　$r=\sqrt{(-2)^2+(-2)^2}=2\sqrt{2}$

$\theta=\dfrac{5}{4}\pi$

より

$-2-2i=2\sqrt{2}\left(\cos\dfrac{5}{4}\pi+i\sin\dfrac{5}{4}\pi\right)$

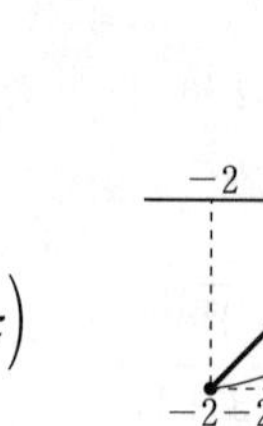

109 $z_1z_2=2\times2\left\{\cos\left(\frac{\pi}{2}+\frac{\pi}{3}\right)+i\sin\left(\frac{\pi}{2}+\frac{\pi}{3}\right)\right\}$

$$=\boldsymbol{4\left(\cos\frac{5}{6}\pi+i\sin\frac{5}{6}\pi\right)}$$

$$\frac{z_1}{z_2}=\frac{2}{2}\left\{\cos\left(\frac{\pi}{2}-\frac{\pi}{3}\right)+i\sin\left(\frac{\pi}{2}-\frac{\pi}{3}\right)\right\}$$

$$=\boldsymbol{\cos\frac{\pi}{6}+i\sin\frac{\pi}{6}}$$

極形式で表された複素数の積と商

$z_1=r_1(\cos\theta_1+i\sin\theta_1)$,
$z_2=r_2(\cos\theta_2+i\sin\theta_2)$
のとき
$z_1z_2=r_1r_2\{\cos(\theta_1+\theta_2)+i\sin(\theta_1+\theta_2)\}$
$\frac{z_1}{z_2}=\frac{r_1}{r_2}\{\cos(\theta_1-\theta_2)+i\sin(\theta_1-\theta_2)\}$

複素数の積と商の絶対値と偏角

積 $|z_1z_2|=|z_1||z_2|$,
$\arg z_1z_2=\arg z_1+\arg z_2$
商 $\left|\frac{z_1}{z_2}\right|=\frac{|z_1|}{|z_2|}$,
$\arg\frac{z_1}{z_2}=\arg z_1-\arg z_2$

110 (1) $r=|-1+\sqrt{3}i|$

$$=\sqrt{(-1)^2+(\sqrt{3})^2}=\sqrt{4}=2$$

$$\theta=\frac{2}{3}\pi$$

より

$$-1+\sqrt{3}i=\boldsymbol{2\left(\cos\frac{2}{3}\pi+i\sin\frac{2}{3}\pi\right)}$$

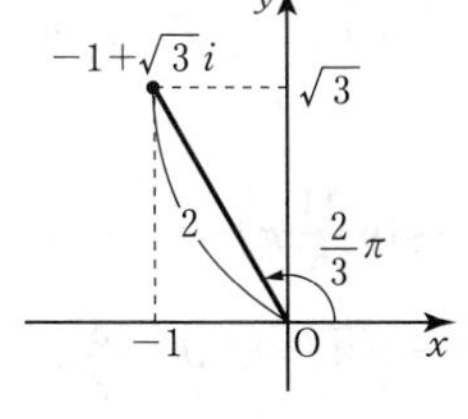

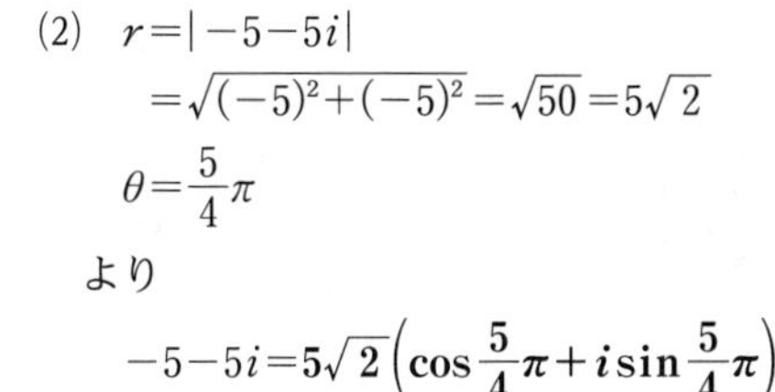

(2) $r=|-5-5i|$

$$=\sqrt{(-5)^2+(-5)^2}=\sqrt{50}=5\sqrt{2}$$

$$\theta=\frac{5}{4}\pi$$

より

$$-5-5i=\boldsymbol{5\sqrt{2}\left(\cos\frac{5}{4}\pi+i\sin\frac{5}{4}\pi\right)}$$

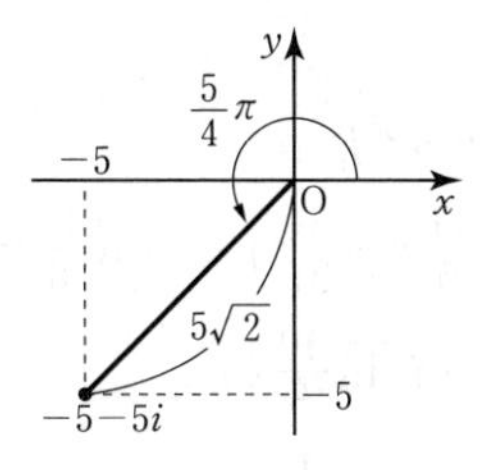

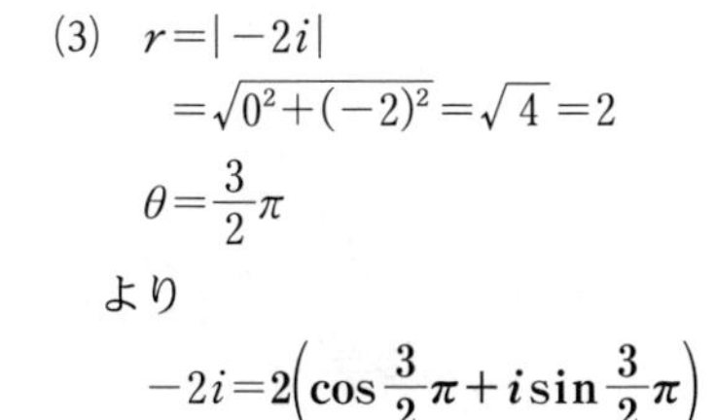

(3) $r=|-2i|$

$$=\sqrt{0^2+(-2)^2}=\sqrt{4}=2$$

$$\theta=\frac{3}{2}\pi$$

より

$$-2i=\boldsymbol{2\left(\cos\frac{3}{2}\pi+i\sin\frac{3}{2}\pi\right)}$$

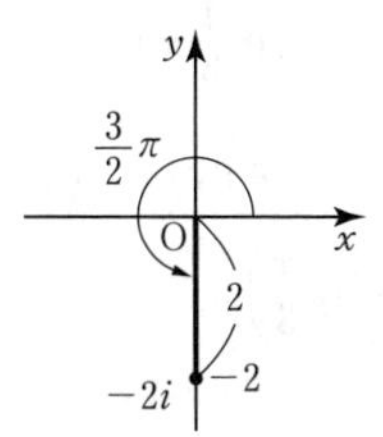

111 $z_1z_2=2\times\sqrt{2}\left\{\cos\left(\frac{7}{12}\pi+\frac{\pi}{4}\right)+i\sin\left(\frac{7}{12}\pi+\frac{\pi}{4}\right)\right\}$

$$=\boldsymbol{2\sqrt{2}\left(\cos\frac{5}{6}\pi+i\sin\frac{5}{6}\pi\right)}$$

← $|z_1z_2|=|z_1||z_2|$
$\arg z_1z_2=\arg z_1+\arg z_2$

$$\frac{z_1}{z_2}=\frac{2}{\sqrt{2}}\left\{\cos\left(\frac{7}{12}\pi-\frac{\pi}{4}\right)+i\sin\left(\frac{7}{12}\pi-\frac{\pi}{4}\right)\right\}$$

$$=\boldsymbol{\sqrt{2}\left(\cos\frac{\pi}{3}+i\sin\frac{\pi}{3}\right)}$$

← $\left|\frac{z_1}{z_2}\right|=\frac{|z_1|}{|z_2|}$
$\arg\frac{z_1}{z_2}=\arg z_1-\arg z_2$

112 (1) $r_1=|z_1|=\sqrt{1^2+(\sqrt{3})^2}=\sqrt{4}=2$, $\theta_1=\frac{\pi}{3}$

より

$$\boldsymbol{z_1=2\left(\cos\frac{\pi}{3}+i\sin\frac{\pi}{3}\right)}$$

$$r_2=|z_2|=\sqrt{2^2+2^2}=\sqrt{8}=2\sqrt{2},\quad \theta_2=\frac{\pi}{4}$$

より

$$\boldsymbol{z_2=2\sqrt{2}\left(\cos\frac{\pi}{4}+i\sin\frac{\pi}{4}\right)}$$

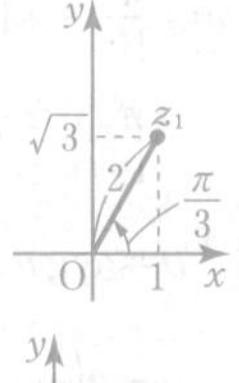

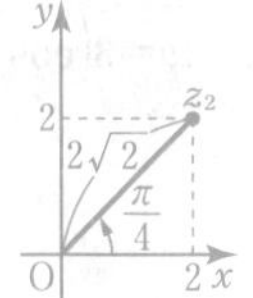

(2) $z_1z_2=2\times2\sqrt{2}\left\{\cos\left(\frac{\pi}{3}+\frac{\pi}{4}\right)+i\sin\left(\frac{\pi}{3}+\frac{\pi}{4}\right)\right\}$

$=4\sqrt{2}\left(\cos\frac{7}{12}\pi+i\sin\frac{7}{12}\pi\right)$

←$|z_1z_2|=|z_1||z_2|$
$\arg z_1z_2=\arg z_1+\arg z_2$

$\frac{z_1}{z_2}=\frac{2}{2\sqrt{2}}\left\{\cos\left(\frac{\pi}{3}-\frac{\pi}{4}\right)+i\sin\left(\frac{\pi}{3}-\frac{\pi}{4}\right)\right\}$

$=\frac{1}{\sqrt{2}}\left(\cos\frac{\pi}{12}+i\sin\frac{\pi}{12}\right)$

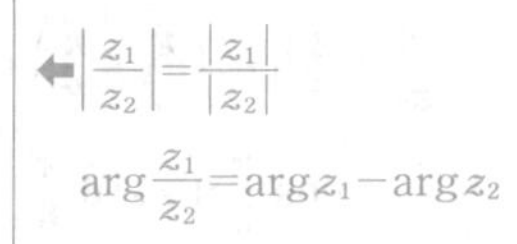

113 (1) $r_1=|z_1|=\sqrt{(\sqrt{6})^2+(-\sqrt{2})^2}=\sqrt{8}=2\sqrt{2}$, $\theta_1=\frac{11}{6}\pi$

より

$z_1=2\sqrt{2}\left(\cos\frac{11}{6}\pi+i\sin\frac{11}{6}\pi\right)$

$r_2=|z_2|=\sqrt{0^2+(-2)^2}=\sqrt{4}=2$, $\theta_2=\frac{3}{2}\pi$

より

$z_2=2\left(\cos\frac{3}{2}\pi+i\sin\frac{3}{2}\pi\right)$

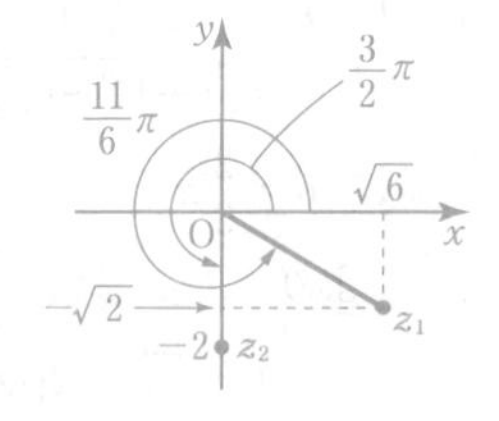

(2) $z_1z_2=2\sqrt{2}\times2\left\{\cos\left(\frac{11}{6}\pi+\frac{3}{2}\pi\right)+i\sin\left(\frac{11}{6}\pi+\frac{3}{2}\pi\right)\right\}$

$=4\sqrt{2}\left(\cos\frac{10}{3}\pi+i\sin\frac{10}{3}\pi\right)$

$=4\sqrt{2}\left(\cos\frac{4}{3}\pi+i\sin\frac{4}{3}\pi\right)$

←$|z_1z_2|=|z_1||z_2|$
$\arg z_1z_2=\arg z_1+\arg z_2$

←偏角 θ の範囲は $0\leqq\theta<2\pi$

$\frac{z_1}{z_2}=\frac{2\sqrt{2}}{2}\left\{\cos\left(\frac{11}{6}\pi-\frac{3}{2}\pi\right)+i\sin\left(\frac{11}{6}\pi-\frac{3}{2}\pi\right)\right\}$

$=\sqrt{2}\left(\cos\frac{\pi}{3}+i\sin\frac{\pi}{3}\right)$

←$\left|\frac{z_1}{z_2}\right|=\frac{|z_1|}{|z_2|}$
$\arg\frac{z_1}{z_2}=\arg z_1-\arg z_2$

JUMP 21

考え方　正五角形の頂点であることから，点B，Cを表す複素数の絶対値と偏角を求める。

(1) 点Bを表す複素数を z とすると

$r=|z|=|3i|=3$

$\theta=\arg z=\frac{\pi}{2}-\angle\mathrm{AOB}$

$=\frac{\pi}{2}-\frac{2}{5}\pi=\frac{\pi}{10}$

よって　$z=3\left(\cos\frac{\pi}{10}+i\sin\frac{\pi}{10}\right)$

←$|z|=\mathrm{OB}=\mathrm{OA}=|3i|$

←$\angle\mathrm{AOB}=\frac{1}{5}\times2\pi=\frac{2}{5}\pi$

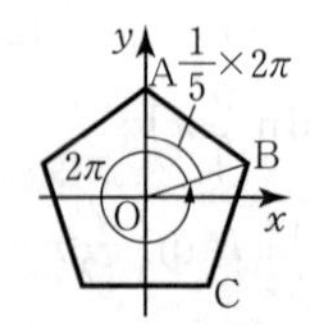

(2) 点Cを表す複素数を w とすると

$r=|w|=|3i|=3$

$\arg w=\frac{\pi}{10}-\angle\mathrm{BOC}$

$=\frac{\pi}{10}-\frac{2}{5}\pi=-\frac{3}{10}\pi$

よって　$\theta=\arg w+2\pi=\frac{17}{10}\pi$

ゆえに　$w=3\left(\cos\frac{17}{10}\pi+i\sin\frac{17}{10}\pi\right)$

←$|w|=\mathrm{OC}=\mathrm{OA}=|3i|$

←偏角 θ の範囲は $0\leqq\theta<2\pi$

22 複素数の積・商の図表示(p.50)

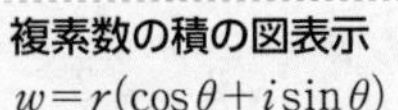

$w=r(\cos\theta+i\sin\theta)$ とするとき

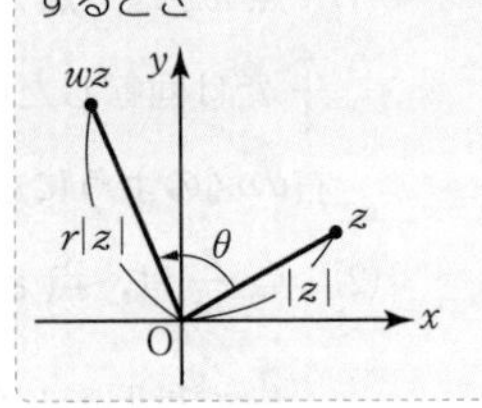

114 求める複素数は，z に

$$w=2\left(\cos\frac{\pi}{2}+i\sin\frac{\pi}{2}\right)=2i$$

を掛けた数であるから

$$wz=2i(3+4i)$$
$$=\mathbf{-8+6i}$$

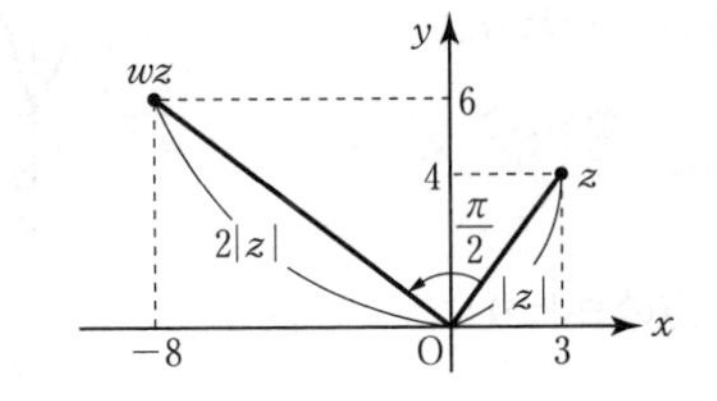

115 (1) $-1+\sqrt{3}i=2\left(\cos\frac{2}{3}\pi+i\sin\frac{2}{3}\pi\right)$ より

点 $(-1+\sqrt{3}i)z$ は，点 z を**原点のまわりに $\frac{2}{3}\pi$ だけ回転し，原点からの距離を 2 倍した点**である。

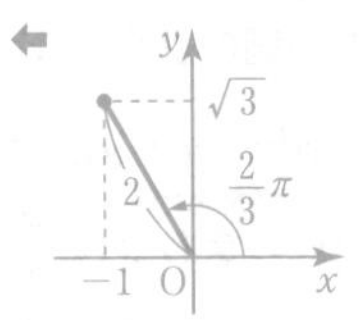

(2) $2+2i=2\sqrt{2}\left(\cos\frac{\pi}{4}+i\sin\frac{\pi}{4}\right)$ より，

点 $\frac{z}{2+2i}$ は，点 z を**原点のまわりに $-\frac{\pi}{4}$ だけ回転し，原点からの距離を $\frac{1}{2\sqrt{2}}$ 倍した点**である。

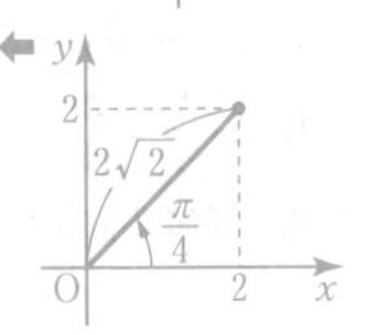

116 求める複素数は，z に

$$w=\cos\frac{\pi}{3}+i\sin\frac{\pi}{3}=\frac{1}{2}+\frac{\sqrt{3}}{2}i$$

を掛けた数であるから

$$wz=\left(\frac{1}{2}+\frac{\sqrt{3}}{2}i\right)(1+2i)$$
$$=\frac{1}{2}+i+\frac{\sqrt{3}}{2}i+\sqrt{3}i^2=\mathbf{\left(\frac{1}{2}-\sqrt{3}\right)+\left(1+\frac{\sqrt{3}}{2}\right)i}$$

←回転しただけで原点からの距離が変わらないので $|w|=1$

117 (1) $1+i=\sqrt{2}\left(\cos\frac{\pi}{4}+i\sin\frac{\pi}{4}\right)$ より，

点 $(1+i)z$ は，点 z を**原点のまわりに $\frac{\pi}{4}$ だけ回転し，原点からの距離を $\sqrt{2}$ 倍した点**である。

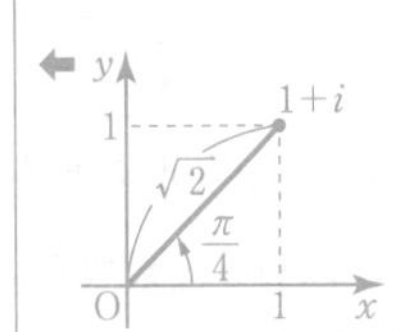

(2) $-2i=2\left(\cos\frac{3}{2}\pi+i\sin\frac{3}{2}\pi\right)$ より，

点 $-2iz$ は，点 z を**原点のまわりに $\frac{3}{2}\pi$ だけ回転し，原点からの距離を 2 倍にした点**である。

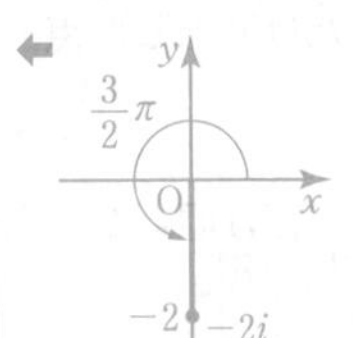

118 (1) $\sqrt{3}-i=2\left(\cos\frac{11}{6}\pi+i\sin\frac{11}{6}\pi\right)$ より，

点 $\frac{z}{\sqrt{3}-i}$ は，点 z を**原点のまわりに $-\frac{11}{6}\pi$ だけ回転し，原点からの距離を $\frac{1}{2}$ 倍した点**である。

(2) $-1+i=\sqrt{2}\left(\cos\frac{3}{4}\pi+i\sin\frac{3}{4}\pi\right)$ より，

点 $\frac{z}{-1+i}$ は，点 z を**原点のまわりに $-\frac{3}{4}\pi$ だけ回転し，原点からの距離を $\frac{1}{\sqrt{2}}$ 倍した点**である。

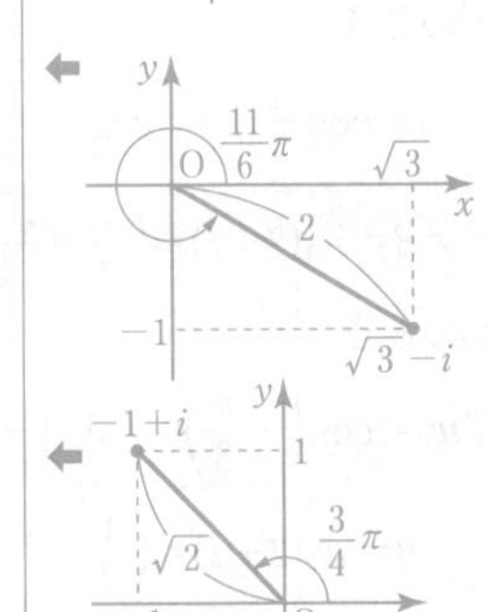

119 $w=\frac{1}{\sqrt{2}}+\frac{1}{\sqrt{2}}i=\cos\frac{\pi}{4}+i\sin\frac{\pi}{4}$

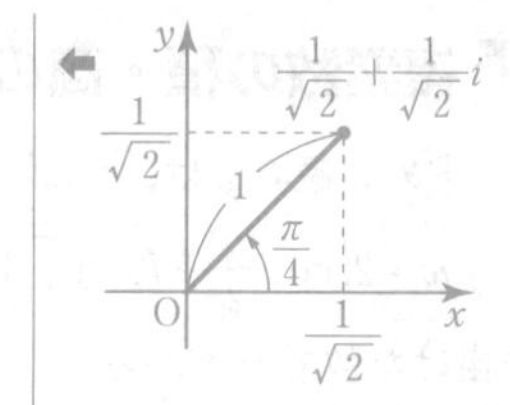

(1) 点 wz は，点 z を原点のまわりに $\frac{\pi}{4}$ だけ回転した点であるから，右の図のようになる。

(2) 点 $\frac{z}{w}$ は，点 z を原点のまわりに $-\frac{\pi}{4}$ だけ回転した点であるから，右の図のようになる。

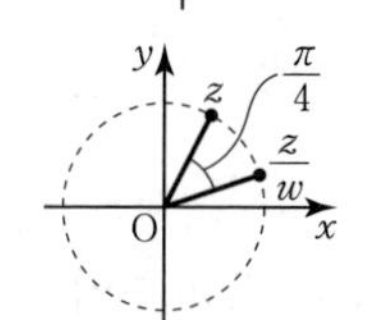

⬅ $|w|=1$ より $\left|\frac{1}{w}\right|=\frac{1}{|w|}=1$ であるから，原点からの距離は変わらず，$\frac{z}{w}$ は原点のまわりの回転だけを表す。

(3) $w^2z=w\times wz$ より，点 w^2z は，点 wz を原点のまわりに $\frac{\pi}{4}$ だけ回転した点である。これと(1)より，点 w^2z は，点 z を原点のまわりに $\frac{\pi}{4}+\frac{\pi}{4}=\frac{\pi}{2}$ だけ回転した点であるから，右の図のようになる。

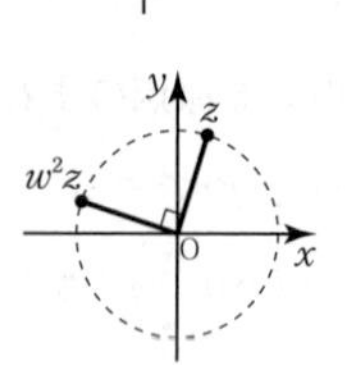

⬅ $w^2=\left(\frac{1}{\sqrt{2}}+\frac{1}{\sqrt{2}}i\right)^2$
$=\frac{1}{2}+i-\frac{1}{2}$
$=i=\cos\frac{\pi}{2}+i\cos\frac{\pi}{2}$
より，$\frac{\pi}{2}$ だけ回転した点と考えてもよい。

120 (1) $i^3=-i=\cos\frac{3}{2}\pi+i\sin\frac{3}{2}\pi$ より，

点 i^3z は，点 z を**原点のまわりに $\frac{3}{2}\pi$ だけ回転した点**である。

⬅ z に i を3回掛けたもの，すなわち $\frac{\pi}{2}$ 回転を3回くり返したものと考えてもよい。

(2) $(1+i)^2=1+2i+i^2=2i=2\left(\cos\frac{\pi}{2}+i\sin\frac{\pi}{2}\right)$ より，

点 $\frac{z}{(1+i)^2}$ は，点 z を**原点のまわりに $-\frac{\pi}{2}$ だけ回転し，原点からの距離を $\frac{1}{2}$ 倍した点**である。

⬅ z を $1+i$ で2回割ったもの，すなわち「$-\frac{\pi}{4}$ 回転と $\frac{1}{\sqrt{2}}$ 倍」を2回くり返したものと考えてもよい。

JUMP 22

考え方 △OABが正三角形となるような点Bは2つある。

△OABが正三角形であるから　OA＝OB，$\angle\mathrm{AOB}=\frac{\pi}{3}$ (60°)

よって，求める複素数 β は，点 $2+i$ を原点のまわりに

(i) $\frac{\pi}{3}$ だけ回転した点

または

(ii) $-\frac{\pi}{3}$ だけ回転した点

を表す。

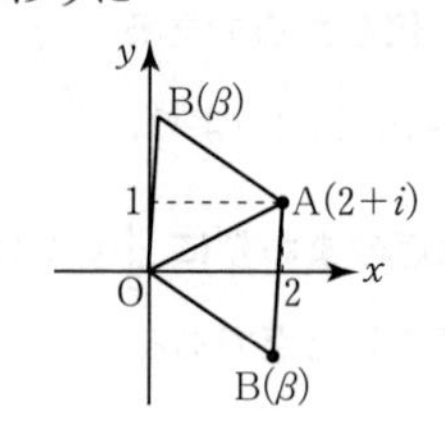

(i)のとき

$w_1=\cos\frac{\pi}{3}+i\sin\frac{\pi}{3}=\frac{1}{2}+\frac{\sqrt{3}}{2}i$　とすると

$\beta=w_1(2+i)=\left(\frac{1}{2}+\frac{\sqrt{3}}{2}i\right)(2+i)=\left(1-\frac{\sqrt{3}}{2}\right)+\left(\frac{1}{2}+\sqrt{3}\right)i$

⬅ w_1 は原点のまわりの $\frac{\pi}{3}$ 回転を表す複素数

(ii)のとき

$w_2=\cos\left(-\frac{\pi}{3}\right)+i\sin\left(-\frac{\pi}{3}\right)=\frac{1}{2}-\frac{\sqrt{3}}{2}i$　とすると

$\beta=w_2(2+i)=\left(\frac{1}{2}-\frac{\sqrt{3}}{2}i\right)(2+i)=\left(1+\frac{\sqrt{3}}{2}\right)+\left(\frac{1}{2}-\sqrt{3}\right)i$

⬅ w_2 は原点のまわりの $-\frac{\pi}{3}$ 回転を表す複素数

以上より　$\boldsymbol{\beta=\left(1-\frac{\sqrt{3}}{2}\right)+\left(\frac{1}{2}+\sqrt{3}\right)i,\ \left(1+\frac{\sqrt{3}}{2}\right)+\left(\frac{1}{2}-\sqrt{3}\right)i}$

23 ド・モアブルの定理 (p.52)

121 $z=\dfrac{\sqrt{3}}{2}+\dfrac{1}{2}i=\cos\dfrac{\pi}{6}+i\sin\dfrac{\pi}{6}$

であるから

$$z^6=\left(\cos\frac{\pi}{6}+i\sin\frac{\pi}{6}\right)^6$$
$$=\cos\left(6\times\frac{\pi}{6}\right)+i\sin\left(6\times\frac{\pi}{6}\right)$$
$$=\cos\pi+i\sin\pi$$
$$=\mathbf{-1}$$

$$z^{-3}=\left(\cos\frac{\pi}{6}+i\sin\frac{\pi}{6}\right)^{-3}$$
$$=\cos\left\{(-3)\times\frac{\pi}{6}\right\}+i\sin\left\{(-3)\times\frac{\pi}{6}\right\}$$
$$=\cos\left(-\frac{\pi}{2}\right)+i\sin\left(-\frac{\pi}{2}\right)$$
$$=\boldsymbol{-i}$$

122 (1) $-1+i=\sqrt{2}\left(\cos\dfrac{3}{4}\pi+i\sin\dfrac{3}{4}\pi\right)$

であるから

$$(-1+i)^4$$
$$=(\sqrt{2})^4\left(\cos\frac{3}{4}\pi+i\sin\frac{3}{4}\pi\right)^4$$
$$=(\sqrt{2})^4\left\{\cos\left(4\times\frac{3}{4}\pi\right)+i\sin\left(4\times\frac{3}{4}\pi\right)\right\}$$
$$=4(\cos 3\pi+i\sin 3\pi)$$
$$=4\times(-1)=\mathbf{-4}$$

(2) $-\sqrt{3}+i=2\left(\cos\dfrac{5}{6}\pi+i\sin\dfrac{5}{6}\pi\right)$

であるから

$$(-\sqrt{3}+i)^{-5}$$
$$=2^{-5}\left(\cos\frac{5}{6}\pi+i\sin\frac{5}{6}\pi\right)^{-5}$$
$$=\frac{1}{2^5}\left[\cos\left\{(-5)\times\frac{5}{6}\pi\right\}+i\sin\left\{(-5)\times\frac{5}{6}\pi\right\}\right]$$
$$=\frac{1}{32}\left\{\cos\left(-\frac{25}{6}\pi\right)+i\sin\left(-\frac{25}{6}\pi\right)\right\}$$
$$=\frac{1}{32}\left\{\cos\left(-\frac{\pi}{6}\right)+i\sin\left(-\frac{\pi}{6}\right)\right\}$$
$$=\frac{1}{32}\left(\frac{\sqrt{3}}{2}-\frac{1}{2}i\right)=\boldsymbol{\frac{\sqrt{3}}{64}-\frac{1}{64}i}$$

(注) $-\dfrac{25}{6}\pi=\dfrac{11}{6}\pi-6\pi$ として計算してもよい。

123 $z^9=2^9\left(\cos\dfrac{\pi}{18}+i\sin\dfrac{\pi}{18}\right)^9$

$$=2^9\left\{\cos\left(9\times\frac{\pi}{18}\right)+i\sin\left(9\times\frac{\pi}{18}\right)\right\}$$
$$=512\left(\cos\frac{\pi}{2}+i\sin\frac{\pi}{2}\right)$$
$$=512\times i=\mathbf{512}\boldsymbol{i}$$

ド・モアブルの定理
n を整数とするとき
$(\cos\theta+i\sin\theta)^n=\cos n\theta+i\sin n\theta$

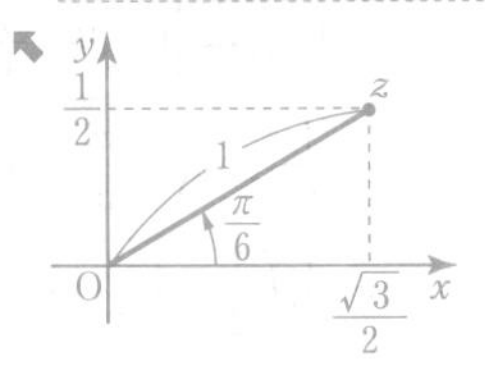

← $\cos\pi=-1$
$i\sin\pi=i\times 0=0$

← $\cos\left(-\dfrac{\pi}{2}\right)=0$
$i\sin\left(-\dfrac{\pi}{2}\right)=i\times(-1)=-i$

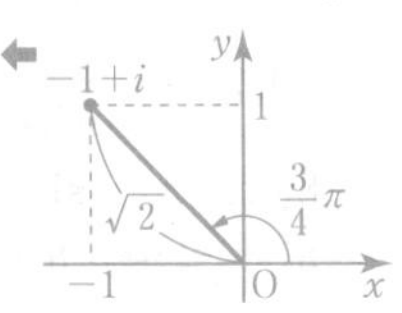

← $z=r(\cos\theta+i\sin\theta)$ のとき
$z^n=r^n(\cos\theta+i\sin\theta)^n=r^n(\cos n\theta+i\sin n\theta)$

← $\cos 3\pi=-1$
$i\sin 3\pi=i\times 0=0$

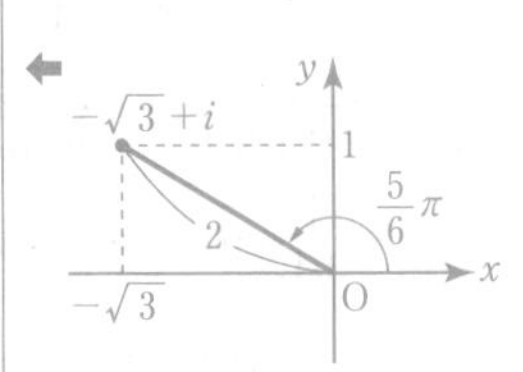

← $-\dfrac{25}{6}\pi=\dfrac{-1-24}{6}\pi=-\dfrac{\pi}{6}-4\pi$

← $\cos\left(-\dfrac{\pi}{6}\right)=\dfrac{\sqrt{3}}{2}$
$i\sin\left(-\dfrac{\pi}{6}\right)=i\times\left(-\dfrac{1}{2}\right)=-\dfrac{1}{2}i$

← $z=r(\cos\theta+i\sin\theta)$ のとき
$z^n=r^n(\cos\theta+i\sin\theta)^n=r^n(\cos n\theta+i\sin n\theta)$

← $\cos\dfrac{\pi}{2}=0$
$i\sin\dfrac{\pi}{2}=i\times 1=i$

$\frac{1}{z^6}=z^{-6}$

$=2^{-6}\left(\cos\frac{\pi}{18}+i\sin\frac{\pi}{18}\right)^{-6}$

$=2^{-6}\left[\cos\left\{(-6)\times\frac{\pi}{18}\right\}+i\sin\left\{(-6)\times\frac{\pi}{18}\right\}\right]$

$=\frac{1}{64}\left\{\cos\left(-\frac{\pi}{3}\right)+i\sin\left(-\frac{\pi}{3}\right)\right\}$

$=\frac{1}{64}\left(\frac{1}{2}-\frac{\sqrt{3}}{2}i\right)=\mathbf{\frac{1}{128}-\frac{\sqrt{3}}{128}i}$

⬅$\frac{1}{z^6}=z^{-6}$ として，ド・モアブルの定理を用いる。

⬅$\cos\left(-\frac{\pi}{3}\right)=\frac{1}{2}$
$i\sin\left(-\frac{\pi}{3}\right)=-\frac{\sqrt{3}}{2}i$

124 (1) $-\frac{\sqrt{6}}{2}+\frac{\sqrt{2}}{2}i=\sqrt{\left(-\frac{\sqrt{6}}{2}\right)^2+\left(\frac{\sqrt{2}}{2}\right)^2}\left(\cos\frac{5}{6}\pi+i\sin\frac{5}{6}\pi\right)$

$=\sqrt{2}\left(\cos\frac{5}{6}\pi+i\sin\frac{5}{6}\pi\right)$

であるから

$\left(-\frac{\sqrt{6}}{2}+\frac{\sqrt{2}}{2}i\right)^6$

$=(\sqrt{2})^6\left(\cos\frac{5}{6}\pi+i\sin\frac{5}{6}\pi\right)^6$

$=2^3\left\{\cos\left(6\times\frac{5}{6}\pi\right)+i\sin\left(6\times\frac{5}{6}\pi\right)\right\}$

$=8(\cos5\pi+i\sin5\pi)$

$=8\times(-1)=\mathbf{-8}$

⬅
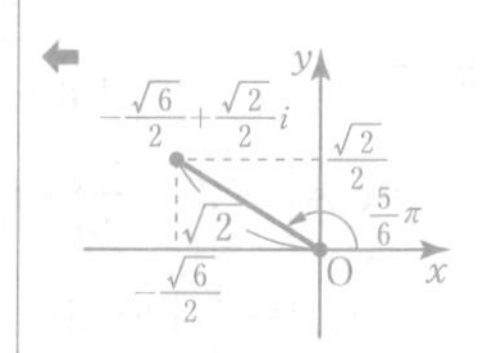

⬅$z=r(\cos\theta+i\sin\theta)$ のとき
$z^n=r^n(\cos\theta+i\sin\theta)^n$
$=r^n(\cos n\theta+i\sin n\theta)$

⬅$\cos5\pi=-1$
$i\sin5\pi=i\times0=0$

(2) $2+2i=2\sqrt{2}\left(\cos\frac{\pi}{4}+i\sin\frac{\pi}{4}\right)$

であるから

$(2+2i)^{-4}$

$=(2\sqrt{2})^{-4}\left(\cos\frac{\pi}{4}+i\sin\frac{\pi}{4}\right)^{-4}$

$=\frac{1}{(2\sqrt{2})^4}\left[\cos\left\{(-4)\times\frac{\pi}{4}\right\}+i\sin\left\{(-4)\times\frac{\pi}{4}\right\}\right]$

$=\frac{1}{64}\{\cos(-\pi)+i\sin(-\pi)\}$

$=\frac{1}{64}\times(-1)=\mathbf{-\frac{1}{64}}$

⬅
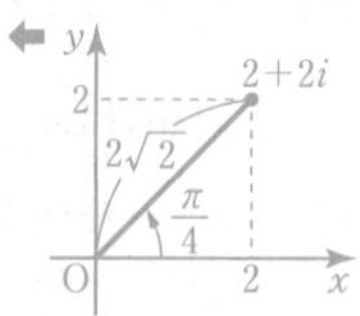

⬅$z=r(\cos\theta+i\sin\theta)$ のとき
$z^n=r^n(\cos\theta+i\sin\theta)^n$
$=r^n(\cos n\theta+i\sin n\theta)$

⬅$\cos(-\pi)=-1$
$i\sin(-\pi)=i\times0=0$

125 $z=-1+\sqrt{3}i=2\left(\cos\frac{2}{3}\pi+i\sin\frac{2}{3}\pi\right)$

であるから

$z^5=(-1+\sqrt{3}i)^5$

$=2^5\left(\cos\frac{2}{3}\pi+i\sin\frac{2}{3}\right)^5$

$=2^5\left\{\cos\left(5\times\frac{2}{3}\pi\right)+i\sin\left(5\times\frac{2}{3}\pi\right)\right\}$

$=32\left(\cos\frac{10}{3}\pi+i\sin\frac{10}{3}\pi\right)$

$=32\left(\cos\frac{4}{3}\pi+i\sin\frac{4}{3}\pi\right)$

$=32\left(-\frac{1}{2}-\frac{\sqrt{3}}{2}i\right)=\mathbf{-16-16\sqrt{3}i}$

⬅
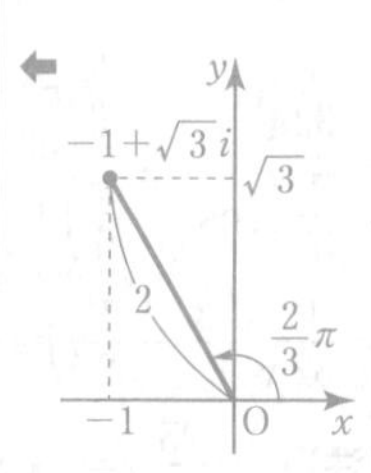

⬅$\frac{10}{3}\pi=\frac{4\pi+6\pi}{3}=\frac{4}{3}\pi+2\pi$

⬅$\cos\frac{4}{3}\pi=-\frac{1}{2}$
$i\sin\frac{4}{3}\pi=-\frac{\sqrt{3}}{2}i$

$$z^{-9}=(-1+\sqrt{3}i)^{-9}$$
$$=2^{-9}\left(\cos\frac{2}{3}\pi+i\sin\frac{2}{3}\pi\right)^{-9}$$
$$=2^{-9}\left[\cos\left\{(-9)\times\frac{2}{3}\pi\right\}+i\sin\left\{(-9)\times\frac{2}{3}\pi\right\}\right]$$
$$=2^{-9}\{\cos(-6\pi)+i\sin(-6\pi)\}$$
$$=\frac{1}{512}\times1=\mathbf{\frac{1}{512}}$$

⬅ $-6\pi=\underline{0}+(-3)\times2\pi$ より $\cos(-6\pi)=\cos\underline{0}=1$ $i\sin(-6\pi)=i\sin\underline{0}=0$

126 $1+i=\sqrt{2}\left(\cos\frac{\pi}{4}+i\sin\frac{\pi}{4}\right)$

であるから

$$(1+i)^8=(\sqrt{2})^8\left(\cos\frac{\pi}{4}+i\sin\frac{\pi}{4}\right)^8$$
$$=(\sqrt{2})^8\left\{\cos\left(8\times\frac{\pi}{4}\right)+i\sin\left(8\times\frac{\pi}{4}\right)\right\}$$
$$=16(\cos2\pi+i\sin2\pi)$$
$$=16\times1=16 \cdots\cdots①$$

⬅ $\dfrac{(1+i)^8}{(\sqrt{6}+\sqrt{2}i)^4}=(1+i)^8\times(\sqrt{6}+\sqrt{2}i)^{-4}$ と考える。

⬅ $\cos2\pi=\cos0=1$ $i\sin2\pi=i\sin0=0$

また　$\sqrt{6}+\sqrt{2}i=2\sqrt{2}\left(\cos\frac{\pi}{6}+i\sin\frac{\pi}{6}\right)$

であるから

$$\frac{1}{(\sqrt{6}+\sqrt{2}i)^4}=(\sqrt{6}+\sqrt{2}i)^{-4}$$
$$=(2\sqrt{2})^{-4}\left(\cos\frac{\pi}{6}+i\sin\frac{\pi}{6}\right)^{-4}$$
$$=\frac{1}{(2\sqrt{2})^4}\left[\cos\left\{(-4)\times\frac{\pi}{6}\right\}+i\sin\left\{(-4)\times\frac{\pi}{6}\right\}\right]$$
$$=\frac{1}{64}\left\{\cos\left(-\frac{2}{3}\pi\right)+i\sin\left(-\frac{2}{3}\pi\right)\right\}$$
$$=\frac{1}{64}\left(-\frac{1}{2}-\frac{\sqrt{3}}{2}i\right)\cdots\cdots②$$

⬅ $\cos\left(-\frac{2}{3}\pi\right)=-\frac{1}{2}$ $i\sin\left(-\frac{2}{3}\pi\right)=-\frac{\sqrt{3}}{2}i$

①，②より

$$\frac{(1+i)^8}{(\sqrt{6}+\sqrt{2}i)^4}=16\times\frac{1}{64}\left(-\frac{1}{2}-\frac{\sqrt{3}}{2}i\right)$$
$$=\mathbf{-\frac{1}{8}-\frac{\sqrt{3}}{8}i}$$

JUMP 23

考え方　z^n が実数となるのは，z^n の虚部が 0 になるとき。

$z=\sqrt{3}+i=2\left(\cos\frac{\pi}{6}+i\sin\frac{\pi}{6}\right)$

⬅

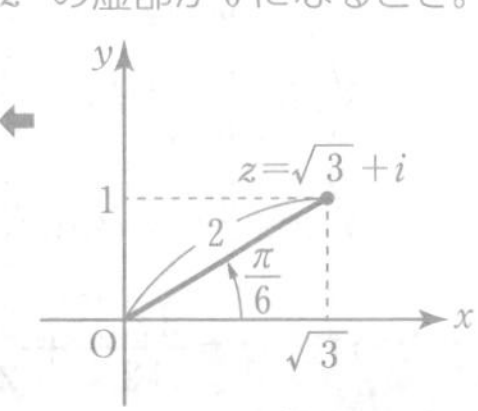

であるから

$$z^n=2^n\left(\cos\frac{\pi}{6}+i\sin\frac{\pi}{6}\right)^n$$
$$=2^n\left(\cos\frac{n}{6}\pi+i\sin\frac{n}{6}\pi\right)$$

z^n が実数となるのは

$\sin\frac{n}{6}\pi=0$　のときである。

⬅ $z=a+bi$ のとき z が実数 $\Longleftrightarrow b=0$

n は自然数であるから　$n\geqq1$

よって，求める最小の自然数 n は

$\frac{n}{6}\pi=\pi$　より　$\mathbf{n=6}$

⬅

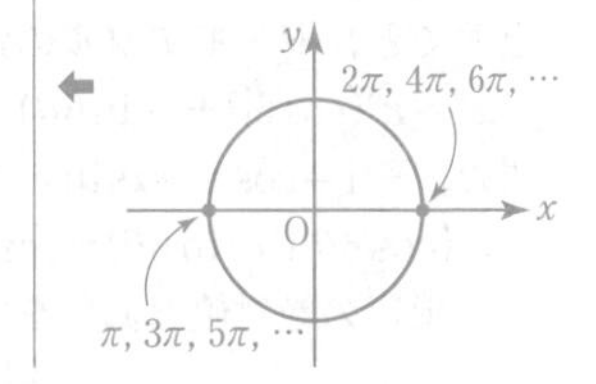

2章 複素数平面

24 複素数の n 乗根 (p.54)

127　$z=r(\cos\theta+i\sin\theta)$ ……①

とおくと，ド・モアブルの定理より

$z^2=r^2(\cos 2\theta+i\sin 2\theta)$

また，$i=\cos\dfrac{\pi}{2}+i\sin\dfrac{\pi}{2}$ であるから，$z^2=i$ のとき

$r^2(\cos 2\theta+i\sin 2\theta)=\cos\dfrac{\pi}{2}+i\sin\dfrac{\pi}{2}$ ……②

②の両辺の絶対値と偏角を比べて

$r^2=1$，$r>0$　より　$r=1$ ……③

$2\theta=\dfrac{\pi}{2}+2k\pi$　より　$\theta=\dfrac{\pi}{4}+k\pi$（$k$ は整数）

$0\leqq\theta<2\pi$ の範囲で考えると　$k=0$，1

よって　$\theta=\dfrac{\pi}{4}$，$\dfrac{5}{4}\pi$ ……④

③，④を①に代入すると，求める解は

$z=\cos\dfrac{\pi}{4}+i\sin\dfrac{\pi}{4}$，$\cos\dfrac{5}{4}\pi+i\sin\dfrac{5}{4}\pi$

すなわち　$\boldsymbol{z=\dfrac{1}{\sqrt{2}}+\dfrac{1}{\sqrt{2}}i,\ -\dfrac{1}{\sqrt{2}}-\dfrac{1}{\sqrt{2}}i}$

y　1　$\frac{1}{\sqrt{2}}+\frac{1}{\sqrt{2}}i$　O　1　x　$-\frac{1}{\sqrt{2}}-\frac{1}{\sqrt{2}}i$

1の n 乗根
一般に，1の n 乗根はちょうど n 個あり，それらの複素数について
　絶対値は1
　偏角は $\dfrac{2\pi}{n}\times k$
　　$(k=0, 1, 2, \cdots, n-1)$

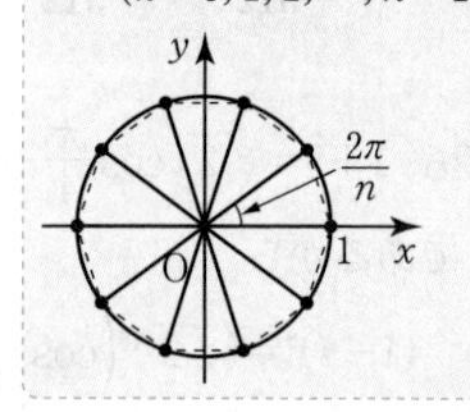

⬉θ の値を一般角で求める。

⬉θ の範囲を
$0\leqq\theta<2\pi$ とする。

⇐$\cos\dfrac{\pi}{4}+i\sin\dfrac{\pi}{4}=\dfrac{1}{\sqrt{2}}+\dfrac{1}{\sqrt{2}}i$
$\cos\dfrac{5}{4}\pi+i\sin\dfrac{5}{4}\pi=-\dfrac{1}{\sqrt{2}}-\dfrac{1}{\sqrt{2}}i$

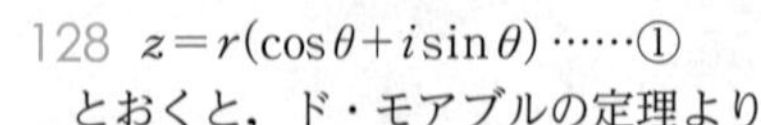

128　$z=r(\cos\theta+i\sin\theta)$ ……①

とおくと，ド・モアブルの定理より

$z^3=r^3(\cos 3\theta+i\sin 3\theta)$

また，$i=\cos\dfrac{\pi}{2}+i\sin\dfrac{\pi}{2}$ であるから，$z^3=27i$ のとき

⇐$|i|=1$，$\arg i=\dfrac{\pi}{2}$

$r^3(\cos 3\theta+i\sin 3\theta)=27\left(\cos\dfrac{\pi}{2}+i\sin\dfrac{\pi}{2}\right)$ ……②

②の両辺の絶対値と偏角を比べて

$r^3=27$，$r>0$　より　$r=3$ ……③

⇐②の両辺の絶対値を比較。

$3\theta=\dfrac{\pi}{2}+2k\pi$　より　$\theta=\dfrac{\pi}{6}+\dfrac{2}{3}k\pi$　（k は整数）

⇐②の両辺の偏角を比較。
θ の値を一般角で求める。

$0\leqq\theta<2\pi$ の範囲で考えると　$k=0$，1，2

⇐θ の範囲を
$0\leqq\theta<2\pi$ とする。

よって　$\theta=\dfrac{\pi}{6}$，$\dfrac{5}{6}\pi$，$\dfrac{3}{2}\pi$ ……④

⇐$\theta=\dfrac{\pi}{6}$，$\dfrac{\pi}{6}+\dfrac{2}{3}\pi$，$\dfrac{\pi}{6}+\dfrac{4}{3}\pi$

③，④を①に代入すると，求める解は

$z=3\left(\cos\dfrac{\pi}{6}+i\sin\dfrac{\pi}{6}\right)$，

$3\left(\cos\dfrac{5}{6}\pi+i\sin\dfrac{5}{6}\pi\right)$，

$3\left(\cos\dfrac{3}{2}\pi+i\sin\dfrac{3}{2}\pi\right)$

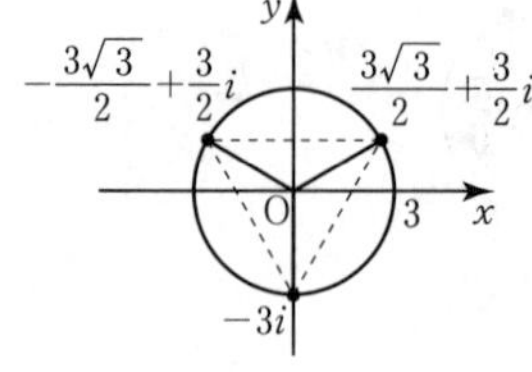

⇐$\cos\dfrac{\pi}{6}+i\sin\dfrac{\pi}{6}=\dfrac{\sqrt{3}}{2}+\dfrac{1}{2}i$
$\cos\dfrac{5}{6}\pi+i\sin\dfrac{5}{6}\pi=-\dfrac{\sqrt{3}}{2}+\dfrac{1}{2}i$
$\cos\dfrac{3}{2}\pi+i\sin\dfrac{3}{2}\pi=0-1\cdot i=-i$

すなわち　$\boldsymbol{z=\dfrac{3\sqrt{3}}{2}+\dfrac{3}{2}i,\ -\dfrac{3\sqrt{3}}{2}+\dfrac{3}{2}i,\ -3i}$

129　$z=r(\cos\theta+i\sin\theta)$ ……①

とおくと，ド・モアブルの定理より

$z^6=r^6(\cos 6\theta+i\sin 6\theta)$

また，$-1=\cos\pi+i\sin\pi$ であるから，$z^6=-1$ のとき

⇐$|-1|=1$，$\arg(-1)=\pi$

$r^6(\cos 6\theta+i\sin 6\theta)=\cos\pi+i\sin\pi$ ……②

②の両辺の絶対値と偏角を比べて

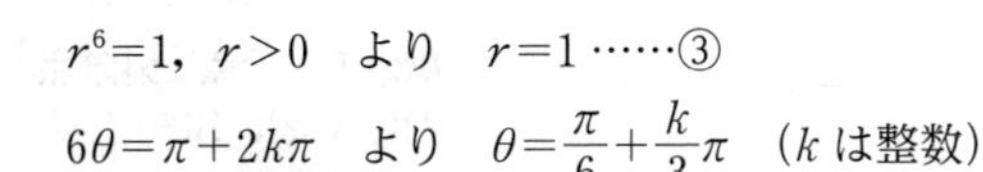

$r^6=1,\ r>0$ より $r=1$ ……③

$6\theta=\pi+2k\pi$ より $\theta=\dfrac{\pi}{6}+\dfrac{k}{3}\pi$ （k は整数）

$0\leqq\theta<2\pi$ の範囲で考えると $k=0,\ 1,\ 2,\ 3,\ 4,\ 5$

よって $\theta=\dfrac{\pi}{6},\ \dfrac{\pi}{2},\ \dfrac{5}{6}\pi,\ \dfrac{7}{6}\pi,\ \dfrac{3}{2}\pi,\ \dfrac{11}{6}\pi$ ……④

③，④を①に代入すると，求める解は

$$z=\cos\frac{\pi}{6}+i\sin\frac{\pi}{6},$$
$$\cos\frac{\pi}{2}+i\sin\frac{\pi}{2},$$
$$\cos\frac{5}{6}\pi+i\sin\frac{5}{6}\pi,$$
$$\cos\frac{7}{6}\pi+i\sin\frac{7}{6}\pi,$$
$$\cos\frac{3}{2}\pi+i\sin\frac{3}{2}\pi,$$
$$\cos\frac{11}{6}\pi+i\sin\frac{11}{6}\pi$$

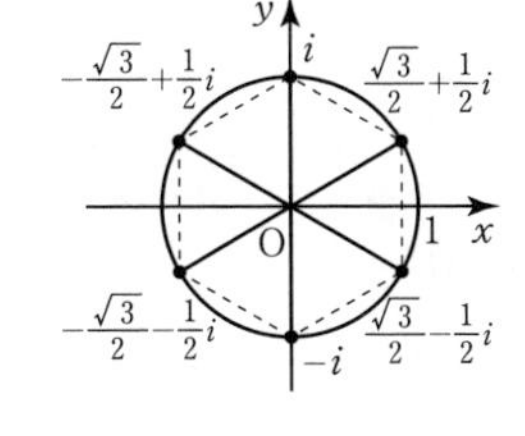

すなわち $\boldsymbol{z=\pm i,\ \dfrac{\sqrt{3}}{2}\pm\dfrac{1}{2}i,\ -\dfrac{\sqrt{3}}{2}\pm\dfrac{1}{2}i}$

⬅②の両辺の絶対値を比較。

⬅②の両辺の偏角を比較。θ の値を一般角で求める。

⬅θ の範囲を $0\leqq\theta<2\pi$ とする。

⬅$\theta=\dfrac{\pi}{6},\ \dfrac{\pi}{6}+\dfrac{\pi}{3},\ \dfrac{\pi}{6}+\dfrac{2}{3}\pi,\ \dfrac{\pi}{6}+\pi,\ \dfrac{\pi}{6}+\dfrac{4}{3}\pi,\ \dfrac{\pi}{6}+\dfrac{5}{3}\pi$

⬅$\cos\dfrac{\pi}{6}+i\sin\dfrac{\pi}{6}=\dfrac{\sqrt{3}}{2}+\dfrac{1}{2}i$

$\cos\dfrac{\pi}{2}+i\sin\dfrac{\pi}{2}=0+1\cdot i=i$

$\cos\dfrac{5}{6}\pi+i\sin\dfrac{5}{6}\pi=-\dfrac{\sqrt{3}}{2}+\dfrac{1}{2}i$

$\cos\dfrac{7}{6}\pi+i\sin\dfrac{7}{6}\pi=-\dfrac{\sqrt{3}}{2}-\dfrac{1}{2}i$

$\cos\dfrac{3}{2}\pi+i\sin\dfrac{3}{2}\pi=0-1\cdot i=-i$

$\cos\dfrac{11}{6}\pi+i\sin\dfrac{11}{6}\pi=\dfrac{\sqrt{3}}{2}-\dfrac{1}{2}i$

JUMP 24

$z=r(\cos\theta+i\sin\theta)$ ……①

とおくと，ド・モアブルの定理より

$z^6=r^6(\cos 6\theta+i\sin 6\theta)$

また，$i=\cos\dfrac{\pi}{2}+i\sin\dfrac{\pi}{2}$ であるから，$z^6=i$ のとき

$$r^6(\cos 6\theta+i\sin 6\theta)=\cos\frac{\pi}{2}+i\sin\frac{\pi}{2}\ \cdots\cdots②$$

②の両辺の絶対値と偏角を比べて

$r^6=1,\ r>0$ より $r=1$ ……③

$6\theta=\dfrac{\pi}{2}+2k\pi$ より $\theta=\dfrac{\pi}{12}+\dfrac{k}{3}\pi$ （k は整数）

$0\leqq\theta<2\pi$ の範囲で考えると $k=0,\ 1,\ 2,\ 3,\ 4,\ 5$

よって $\theta=\dfrac{\pi}{12},\ \dfrac{5}{12}\pi,\ \dfrac{3}{4}\pi,\ \dfrac{13}{12}\pi,\ \dfrac{17}{12}\pi,\ \dfrac{7}{4}\pi$ ……④

③，④を①に代入すると，求める解は

$$z=\cos\frac{\pi}{12}+i\sin\frac{\pi}{12},$$
$$\cos\frac{5}{12}\pi+i\sin\frac{5}{12}\pi,$$
$$\cos\frac{3}{4}\pi+i\sin\frac{3}{4}\pi,$$
$$\cos\frac{13}{12}\pi+i\sin\frac{13}{12}\pi,$$
$$\cos\frac{17}{12}\pi+i\sin\frac{17}{12}\pi,$$
$$\cos\frac{7}{4}\pi+i\sin\frac{7}{4}\pi$$

すなわち $\boldsymbol{z=\pm\left(\dfrac{\sqrt{6}+\sqrt{2}}{4}+\dfrac{\sqrt{6}-\sqrt{2}}{4}i\right),}$

$\boldsymbol{\pm\left(\dfrac{\sqrt{6}-\sqrt{2}}{4}+\dfrac{\sqrt{6}+\sqrt{2}}{4}i\right),\ \pm\left(\dfrac{1}{\sqrt{2}}-\dfrac{1}{\sqrt{2}}i\right)}$

考え方　ド・モアブルの定理を用いて解き進めたあとで，与えられた $\sin\dfrac{\pi}{12}$，$\cos\dfrac{\pi}{12}$ を用いる。

⬅②の両辺の絶対値を比較。

⬅②の両辺の偏角を比較。θ の値を一般角で求める。

⬅θ の範囲を $0\leqq\theta<2\pi$ とする。

⬋$\dfrac{5}{12}\pi=\dfrac{\pi}{2}-\dfrac{\pi}{12}$ より

$\cos\dfrac{5}{12}\pi=\sin\dfrac{\pi}{12},$

$\sin\dfrac{5}{12}\pi=\cos\dfrac{\pi}{12}$

⬅$\dfrac{13}{12}\pi=\pi+\dfrac{\pi}{12}$ より

$\cos\dfrac{13}{12}\pi=-\cos\dfrac{\pi}{12},$

$\sin\dfrac{13}{12}\pi=-\sin\dfrac{\pi}{12}$

⬉$\dfrac{17}{12}\pi=\pi+\dfrac{5}{12}\pi$ より

$\cos\dfrac{17}{12}\pi=-\cos\dfrac{5}{12}\pi=-\sin\dfrac{\pi}{12},$

$\sin\dfrac{17}{12}\pi=-\sin\dfrac{5}{12}\pi=-\cos\dfrac{\pi}{12}$

25 複素数と図形(1) (p.56)

130 $z_1=\dfrac{2(-1+i)+1(5+4i)}{1+2}$

$=\dfrac{3+6i}{3}=\mathbf{1+2i}$

$z_2=\dfrac{(-2)(-1+i)+1(5+4i)}{1-2}$

$=\dfrac{7+2i}{-1}=\mathbf{-7-2i}$

> **線分の内分点・外分点**
> 2点 $\mathrm{A}(\alpha)$, $\mathrm{B}(\beta)$ を結ぶ線分ABを
> $m:n$ に内分する点は
> $\dfrac{n\alpha+m\beta}{m+n}$
> $m:n$ に外分する点は
> $\dfrac{-n\alpha+m\beta}{m-n}$

131 (1) $|z+3-i|=|z-(-3+i)|$
であるから
$|z-(-3+i)|=3$
よって，点 $-3+i$ を中心とする，半径3の円

(2) $|z-1+2i|=|z-(1-2i)|$
であるから
$|z-3|=|z-(1-2i)|$
よって，2点3，$1-2i$ を結ぶ線分の垂直二等分線

(3) $|z|=|z-0|$
$|z+2i|=|z-(-2i)|$
であるから
$|z-0|=|z-(-2i)|$
よって，原点と点 $-2i$ を結ぶ線分の垂直二等分線

> 点 α を中心とする半径 r の円を表す方程式は
> $|z-\alpha|=r$

> 2点 α, β を結ぶ線分の垂直二等分線を表す方程式は
> $|z-\alpha|=|z-\beta|$

132 (1) $z_1=\dfrac{(2-3i)+(-4+9i)}{2}$

$=\dfrac{-2+6i}{2}=\mathbf{-1+3i}$

(2) $z_2=\dfrac{1(2-3i)+2(-4+9i)}{2+1}$

$=\dfrac{-6+15i}{3}=\mathbf{-2+5i}$

(3) $z_3=\dfrac{(-1)(2-3i)+2(-4+9i)}{2-1}$

$=\dfrac{-10+21i}{1}=\mathbf{-10+21i}$

(4) $z_4=\dfrac{(-2)(2-3i)+1(-4+9i)}{1-2}$

$=\dfrac{-8+15i}{-1}=\mathbf{8-15i}$

> **線分の中点**
> 2点 $\mathrm{A}(\alpha)$, $\mathrm{B}(\beta)$ を結ぶ線分の中点は $\dfrac{\alpha+\beta}{2}$

133 (1) $|z-2+i|=|z-(2-i)|$
であるから
$|z-(2-i)|=2$
よって，点 $2-i$ を中心とする，半径2の円

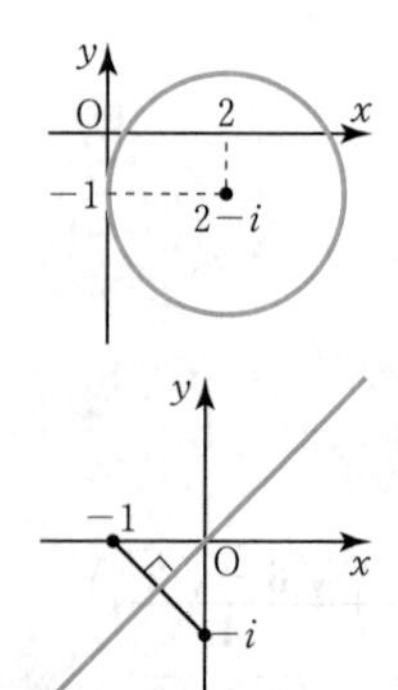

⬅ $|z-\alpha|=r$ は，点 α を中心とする半径 r の円

(2) $|z+1|=|z-(-1)|$
$|z+i|=|z-(-i)|$
であるから
$|z-(-1)|=|z-(-i)|$
よって，2点 -1，$-i$ を結ぶ線分の垂直二等分線

⬅ $|z-\alpha|=|z-\beta|$ は，2点 α, β を結ぶ線分の垂直二等分線

134 $z=\dfrac{(4+7i)+(-1+3i)+(6-4i)}{3}$

$=\dfrac{(4-1+6)+(7+3-4)i}{3}=\dfrac{9+6i}{3}=\mathbf{3+2i}$

⬅3 点 A(α), B(β), C(γ) を頂点とする △ABC の重心を G(z) とすると
$z=\dfrac{\alpha+\beta+\gamma}{3}$

135 (1) $|z+1-i|=|z-(-1+i)|$
$|z-3-3i|=|z-(3+3i)|$
であるから
$|z-(-1+i)|=|z-(3+3i)|$
よって，2 点 $-1+i$, $3+3i$ を結ぶ線分の垂直二等分線であるから，右の図のような直線となる。

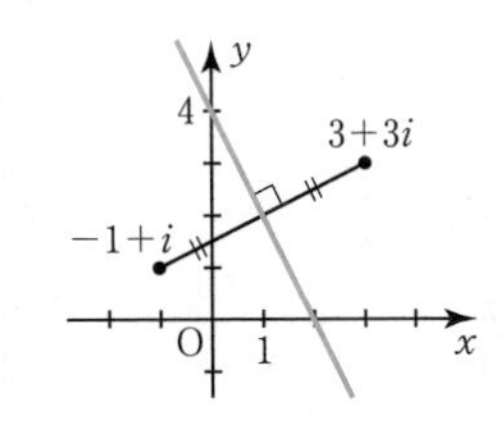

⬅$|z-\alpha|=|z-\beta|$ は，2 点 α, β を結ぶ線分の垂直二等分線

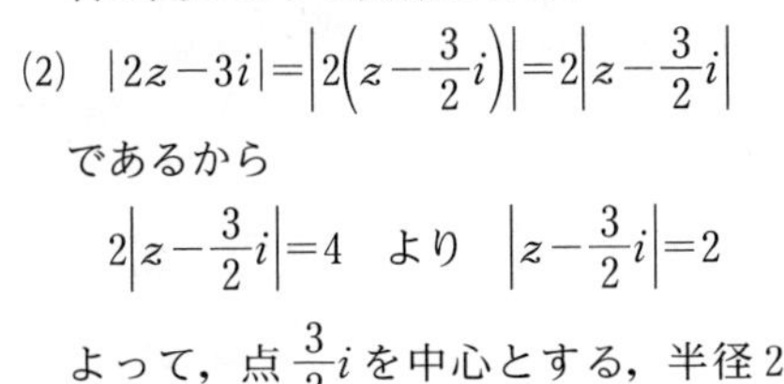
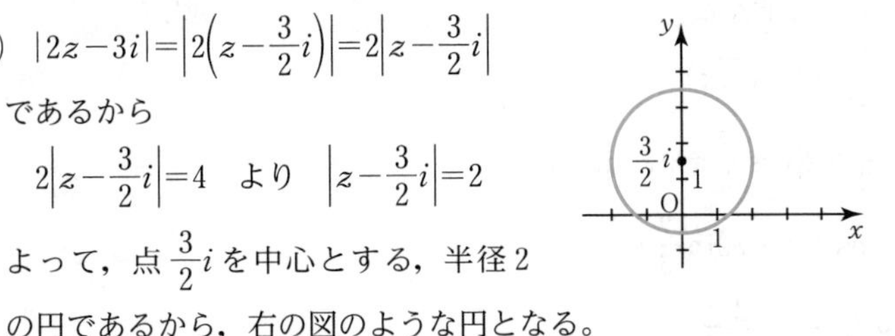

(2) $|2z-3i|=\left|2\left(z-\dfrac{3}{2}i\right)\right|=2\left|z-\dfrac{3}{2}i\right|$
であるから
$2\left|z-\dfrac{3}{2}i\right|=4$ より $\left|z-\dfrac{3}{2}i\right|=2$
よって，点 $\dfrac{3}{2}i$ を中心とする，半径 2 の円であるから，右の図のような円となる。

⬅$|\alpha\beta|=|\alpha||\beta|$ より
$\left|2\left(z-\dfrac{3}{2}i\right)\right|=|2|\left|z-\dfrac{3}{2}i\right|$

⬅$|z-\alpha|=r$ は，点 α を中心とする半径 r の円

JUMP 25

点 z は，中心が原点，半径 1 の円周上の点であるから，$|z|=1$ を満たしている。

考え方 z を w の式で表し，z が単位円周上の点であることを利用する。
⬅単位円は原点を中心とする半径 1 の円。

(1) $w=2iz+1$ より $z=\dfrac{w-1}{2i}$

よって $\left|\dfrac{w-1}{2i}\right|=1$

ここで
$\left|\dfrac{w-1}{2i}\right|=\dfrac{|w-1|}{|2i|}=\dfrac{|w-1|}{2}$

であるから $|w-1|=2$

ゆえに，点 w は，**点 1 を中心とする半径 2 の円**を描く。

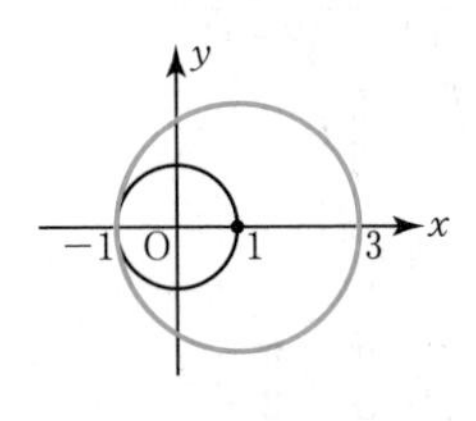

⬅$\left|\dfrac{z_1}{z_2}\right|=\dfrac{|z_1|}{|z_2|}$, $|2i|=2$

(2) $w=\dfrac{z-1}{z-i}$ より $(z-i)w=z-1$
整理すると $(w-1)z=i(w+i)$ ……①
$w=1$ は①を満たさないから
$z=\dfrac{i(w+i)}{w-1}$ よって $\left|\dfrac{i(w+i)}{w-1}\right|=1$
ここで
$\left|\dfrac{i(w+i)}{w-1}\right|=\dfrac{|i||w+i|}{|w-1|}=\dfrac{|w+i|}{|w-1|}$
であるから $|w+i|=|w-1|$
ゆえに，点 w は，**2 点 $-i$, 1 を結ぶ線分の垂直二等分線**を描く。

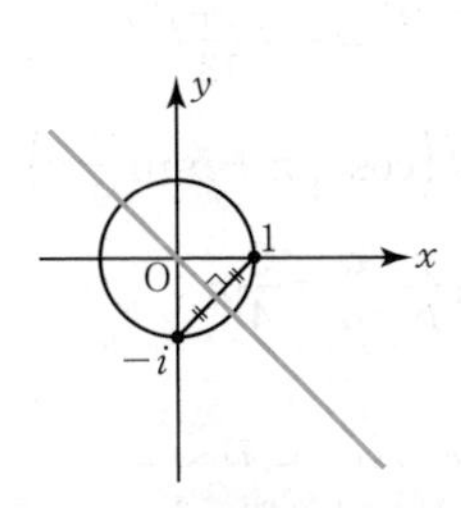

⬅$w=1$ のとき
(左辺)$=0$
(右辺)$=i(1+i)=-1+i$
より，$w\neq1$ であるから，①の両辺は $w-1$ で割れる。

⬅$|z_1z_2|=|z_1||z_2|$,
$\left|\dfrac{z_1}{z_2}\right|=\dfrac{|z_1|}{|z_2|}$, $|i|=1$

(3) $w\overline{w}=|w|^2$, $z\overline{z}=|z|^2$ であるから
$|w|^2=4|z|^2$
ここで，$|z|=1$ より $|w|^2=4$
よって $|w|=2$
ゆえに，点 w は，**原点を中心とする半径 2 の円**を描く。

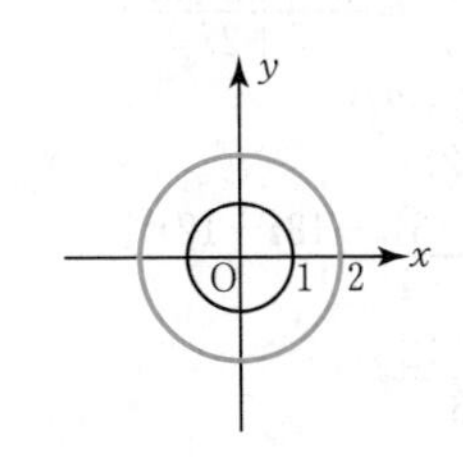

⬅$z\overline{z}=|z|^2$
(複素数とその共役複素数との積は絶対値の 2 乗)

26 複素数と図形 (2) (p.58)

136 $\alpha=2-i,\ \beta=3+i$ とおくと

$$\frac{\beta}{\alpha}=\frac{3+i}{2-i}=\frac{(3+i)(2+i)}{(2-i)(2+i)}$$

$$=\frac{6+5i+i^2}{4+1}=\frac{5+5i}{5}$$

$$=1+i=\sqrt{2}\left(\cos\frac{\pi}{4}+i\sin\frac{\pi}{4}\right)$$

よって　$\angle AOB=\arg\frac{\beta}{\alpha}=\boldsymbol{\frac{\pi}{4}}$

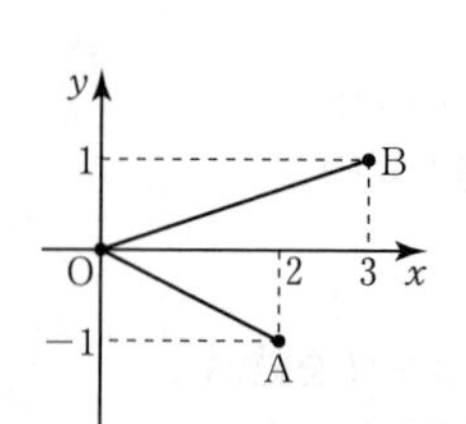

複素数平面上の原点Oと異なる2点 $A(\alpha)$, $B(\beta)$ に対して
$\angle AOB=\arg\beta-\arg\alpha$
$=\arg\frac{\beta}{\alpha}$

137 (1) $\alpha=1,\ \beta=3,\ \gamma=\sqrt{3}i$ とおくと

$$\frac{\gamma-\alpha}{\beta-\alpha}=\frac{\sqrt{3}i-1}{3-1}=\frac{1}{2}(-1+\sqrt{3}i)$$

$$=\frac{1}{2}\times2\left(\cos\frac{2}{3}\pi+i\sin\frac{2}{3}\pi\right)$$

$$=\cos\frac{2}{3}\pi+i\sin\frac{2}{3}\pi$$

よって　$\angle BAC=\arg\frac{\gamma-\alpha}{\beta-\alpha}=\boldsymbol{\frac{2}{3}\pi}$

線分のなす角
複素数平面上の異なる3点 $A(\alpha)$, $B(\beta)$, $C(\gamma)$ に対して
$\angle BAC=\arg\frac{\gamma-\alpha}{\beta-\alpha}$

⬅ $\frac{\sqrt{3}i-1}{3-1}=\frac{1}{2}(-1+\sqrt{3}i)$ として，$-1+\sqrt{3}i$ を極形式で表す。

(2) $\alpha=1+i,\ \beta=3+2i,\ \gamma=3i$ とおくと

$$\frac{\gamma-\alpha}{\beta-\alpha}=\frac{3i-(1+i)}{(3+2i)-(1+i)}$$

$$=\frac{-1+2i}{2+i}=\frac{(-1+2i)(2-i)}{(2+i)(2-i)}$$

$$=\frac{-2+5i-2i^2}{4+1}=\frac{5}{5}i$$

$$=i=\cos\frac{\pi}{2}+i\sin\frac{\pi}{2}$$

よって　$\angle BAC=\arg\frac{\gamma-\alpha}{\beta-\alpha}=\boldsymbol{\frac{\pi}{2}}$

⬅ $-1+2i=i(2+i)$ と変形してもよい。

⬅ $-2+5i-2i^2$
$=-2+5i-(-2)$
$=-2+5i+2$
$=5i$

(3) $\alpha=2+i,\ \beta=5+3i,\ \gamma=-3+2i$ とおくと

$$\frac{\gamma-\alpha}{\beta-\alpha}=\frac{(-3+2i)-(2+i)}{(5+3i)-(2+i)}$$

$$=\frac{-5+i}{3+2i}=\frac{(-5+i)(3-2i)}{(3+2i)(3-2i)}$$

$$=\frac{-15+13i-2i^2}{9+4}=\frac{-13+13i}{13}$$

$$=-1+i=\sqrt{2}\left(\cos\frac{3}{4}\pi+i\sin\frac{3}{4}\pi\right)$$

よって　$\angle BAC=\arg\frac{\gamma-\alpha}{\beta-\alpha}=\boldsymbol{\frac{3}{4}\pi}$

⬅ $-15+13i-2i^2$
$=-15+13i-(-2)$
$=-15+13i+2$
$=-13+13i$

138 $\alpha=3-i,\ \beta=6+i,\ \gamma=k-7i$ とおくと

$$\frac{\gamma-\alpha}{\beta-\alpha}=\frac{(k-7i)-(3-i)}{(6+i)-(3-i)}=\frac{(k-3)-6i}{3+2i}$$

$$=\frac{\{(k-3)-6i\}(3-2i)}{(3+2i)(3-2i)}$$

$$=\frac{3(k-3)-2(k-3)i-18i+12i^2}{9+4}$$

$$=\frac{3k-21}{13}-\frac{2k+12}{13}i$$

3点の位置関係
複素数平面上の異なる3点 $A(\alpha)$, $B(\beta)$, $C(\gamma)$ について，
A，B，Cが一直線上にある $\Longleftrightarrow$ $\frac{\gamma-\alpha}{\beta-\alpha}$ が実数
$AB\perp AC \Longleftrightarrow \frac{\gamma-\alpha}{\beta-\alpha}$ が純虚数

(1) 3 点 A，B，C が一直線上にあるのは，

$\dfrac{\gamma-\alpha}{\beta-\alpha}$ が実数のときで

$\dfrac{2k+12}{13}=0$ より $\boldsymbol{k=-6}$

(2) AB⊥AC であるのは，

$\dfrac{\gamma-\alpha}{\beta-\alpha}$ が純虚数のときで

$\dfrac{3k-21}{13}=0$，$\dfrac{2k+12}{13}\neq 0$ より $\boldsymbol{k=7}$

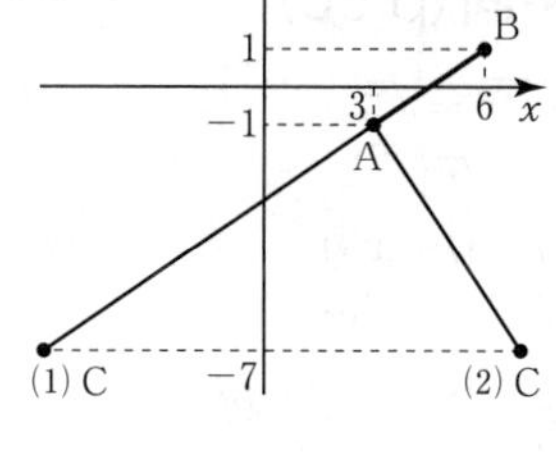

⬅$\arg\dfrac{\gamma-\alpha}{\beta-\alpha}=0$ または π

⬅$a+bi$ が実数 $\iff b=0$

⬅$\arg\dfrac{\gamma-\alpha}{\beta-\alpha}=\dfrac{\pi}{2}$ または $\dfrac{3}{2}\pi$

⬅$a+bi$ が純虚数 $\iff a=0$ かつ $b\neq 0$

139 $\dfrac{\gamma-\alpha}{\beta-\alpha}=\dfrac{1+i}{2}=\dfrac{1}{\sqrt{2}}\left(\cos\dfrac{\pi}{4}+i\sin\dfrac{\pi}{4}\right)$

であるから

$\left|\dfrac{\gamma-\alpha}{\beta-\alpha}\right|=\dfrac{1}{\sqrt{2}}$ より $\dfrac{|\gamma-\alpha|}{|\beta-\alpha|}=\dfrac{\mathrm{AC}}{\mathrm{AB}}=\dfrac{1}{\sqrt{2}}$

よって AB：AC$=\sqrt{2}$：1

また $\arg\dfrac{\gamma-\alpha}{\beta-\alpha}=\dfrac{\pi}{4}$ より $\angle\mathrm{BAC}=\dfrac{\pi}{4}$

ゆえに，△ABC は

AB：AC$=\sqrt{2}$：1，$\angle\mathrm{A}=\dfrac{\pi}{4}$ の三角形

すなわち，**∠C＝90°，AC＝BC の直角二等辺三角形**

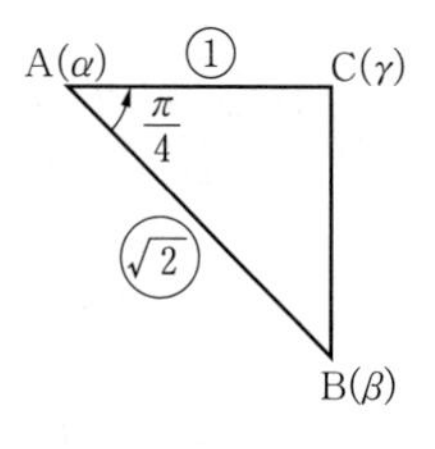

⬅$1+i=\sqrt{2}\left(\cos\dfrac{\pi}{4}+i\sin\dfrac{\pi}{4}\right)$

⬅$\left|\dfrac{z_1}{z_2}\right|=\dfrac{|z_1|}{|z_2|}$

JUMP 26

$|z|=2|z-3|$

の両辺を 2 乗すると

$|z|^2=4|z-3|^2$

よって $z\overline{z}=4(z-3)\overline{(z-3)}$

より $z\overline{z}=4(z-3)(\overline{z}-3)$

展開して整理すると

$z\overline{z}=4z\overline{z}-12z-12\overline{z}+36$

$3z\overline{z}-12z-12\overline{z}+36=0$

$z\overline{z}-4z-4\overline{z}+12=0$

$z(\overline{z}-4)-4(\overline{z}-4)=4$

$(z-4)(\overline{z}-4)=4$

$(z-4)\overline{(z-4)}=4$

$|z-4|^2=4$

ゆえに $|z-4|=2$

したがって，**点 4 を中心とする半径 2 の円**

(参考)

$|z|=2|z-3|$ について，

$|z|$ は 2 点 A(0) と P(z) の距離

$|z-3|$ は 2 点 B(3) と P(z) の距離

を表す。

よって，この式は，2 点 A(0)，B(3) からの距離の比が 2：1 である点 P(z) が描く図形を表す。

一般に，2 点 A(α)，B(β) からの距離の比が m：n ($m\neq n$) である点 P(z) が描く図形は円になる。

この円は，線分 AB を m：n に内分する点と外分する点を直径の両端とする。

考え方 両辺を 2 乗して，$|z|^2=z\overline{z}$ を用いて変形する。

⬅$|z|^2=z\overline{z}$

⬅$\overline{z-3}=\overline{z}-\overline{3}=\overline{z}-3$

⬅$z\overline{z}-4z+4\overline{z}+16=4$

⬅$\overline{z}-4$ をくくり出す。

⬅$\overline{z}-4=\overline{z}-\overline{4}=\overline{z-4}$

⬅$|z-\alpha|=r$ は，点 α を中心とする半径 r の円

⬅$|z|=2|z-3|$ より $|z|:|z-3|=2:1$ AP：BP＝2：1

⬅このような円をアポロニウスの円という。

2 章 複素数平面

まとめの問題　複素数平面 (p.60)

1 (1) $|z|=|1-2i|=\sqrt{1^2+(-2)^2}=\sqrt{\mathbf{5}}$

(2) $|w|=|3+2i|=\sqrt{3^2+2^2}=\sqrt{\mathbf{13}}$

(3) $zw=(1-2i)(3+2i)=7-4i$　より

$|zw|=|7-4i|=\sqrt{7^2+(-4)^2}=\sqrt{\mathbf{65}}$

⬅$|zw|=|z|\cdot|w|$
$=\sqrt{5}\cdot\sqrt{13}=\sqrt{65}$
という計算もできる。

(4) $\dfrac{z}{w}=\dfrac{1-2i}{3+2i}=\dfrac{(1-2i)(3-2i)}{(3+2i)(3-2i)}=\dfrac{-1-8i}{13}$　より

$\left|\dfrac{z}{w}\right|=\left|\dfrac{-1-8i}{13}\right|=\sqrt{\left(-\dfrac{1}{13}\right)^2+\left(-\dfrac{8}{13}\right)^2}=\dfrac{\sqrt{\mathbf{65}}}{\mathbf{13}}$

⬅$\left|\dfrac{z}{w}\right|=\dfrac{|z|}{|w|}=\dfrac{\sqrt{5}}{\sqrt{13}}=\dfrac{\sqrt{65}}{13}$
という計算もできる。

2

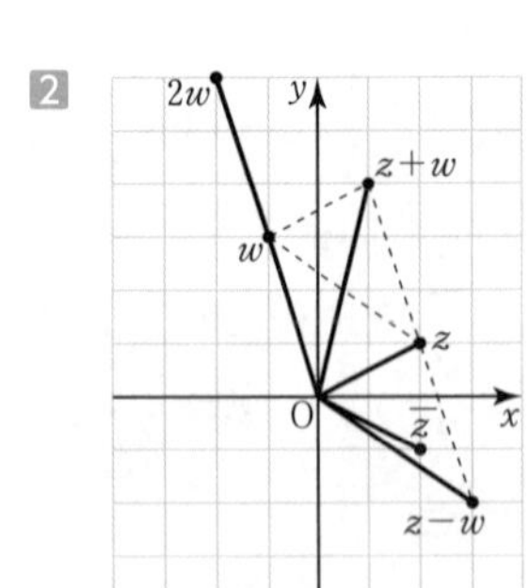

(1) $\overline{z}=\overline{2+i}=2-i$

(2) $2w=2(-1+3i)=-2+6i$

(3) $z+w=(2+i)+(-1+3i)$
$=1+4i$

(4) $z-w=(2+i)-(-1+3i)$
$=3-2i$

3 $|z-w|=|(-2+i)-(1-3i)|$
$=|-3+4i|$
$=\sqrt{(-3)^2+4^2}=\mathbf{5}$

⬅2点 z, w 間の距離は
$|z-w|$

4 (1) $r=\sqrt{(\sqrt{3})^2+(-1)^2}=2$

$\theta=\dfrac{11}{6}\pi$

より　$\sqrt{3}-i=\mathbf{2\left(\cos\dfrac{11}{6}\pi+i\sin\dfrac{11}{6}\pi\right)}$

(2) $r=\sqrt{(-2)^2+2^2}=2\sqrt{2}$

$\theta=\dfrac{3}{4}\pi$

より　$-2+2i=\mathbf{2\sqrt{2}\left(\cos\dfrac{3}{4}\pi+i\sin\dfrac{3}{4}\pi\right)}$

(3) $r=\sqrt{0^2+(-3)^2}=3$

$\theta=\dfrac{3}{2}\pi$

より　$-3i=\mathbf{3\left(\cos\dfrac{3}{2}\pi+i\sin\dfrac{3}{2}\pi\right)}$

5 求める複素数は, z に

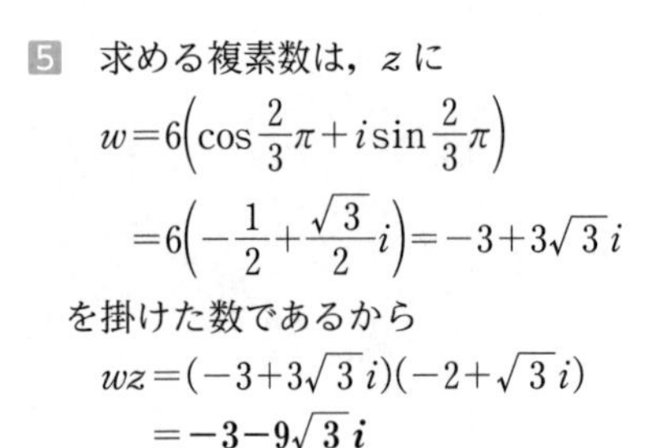

$w=6\left(\cos\dfrac{2}{3}\pi+i\sin\dfrac{2}{3}\pi\right)$

$=6\left(-\dfrac{1}{2}+\dfrac{\sqrt{3}}{2}i\right)=-3+3\sqrt{3}\,i$

を掛けた数であるから

$wz=(-3+3\sqrt{3}\,i)(-2+\sqrt{3}\,i)$

$=\mathbf{-3-9\sqrt{3}\,i}$

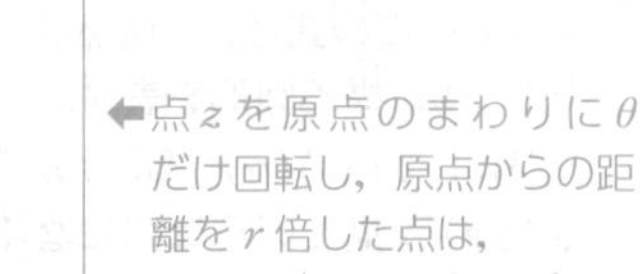

⬅点 z を原点のまわりに θ だけ回転し, 原点からの距離を r 倍した点は,
$w=r(\cos\theta+i\sin\theta)$
とすると, 点 wz となる。

6 $1-\sqrt{3}i=2\left(\cos\frac{5}{3}\pi+i\sin\frac{5}{3}\pi\right)$

であるから

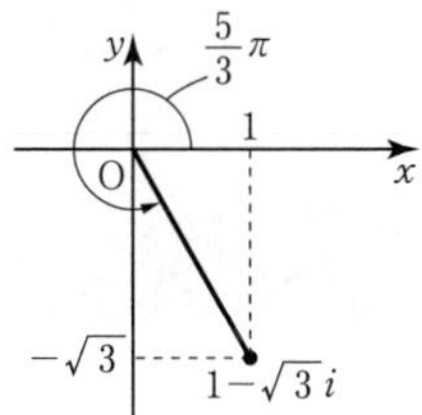

$$(1-\sqrt{3}i)^5=2^5\left(\cos\frac{5}{3}\pi+i\sin\frac{5}{3}\pi\right)^5$$

← ド・モアブルの定理 $(\cos\theta+i\sin\theta)^n=\cos n\theta+i\sin n\theta$ （n は整数）

$$=2^5\left(\cos\frac{25}{3}\pi+i\sin\frac{25}{3}\pi\right)$$

← $\frac{25}{3}\pi=8\pi+\frac{\pi}{3}$ より

$$=32\left(\cos\frac{\pi}{3}+i\sin\frac{\pi}{3}\right)$$

$$=32\left(\frac{1}{2}+\frac{\sqrt{3}}{2}i\right)=\mathbf{16+16\sqrt{3}\,i}$$

(注) $1-\sqrt{3}i=2\left\{\cos\left(-\frac{\pi}{3}\right)+i\sin\left(-\frac{\pi}{3}\right)\right\}$ として計算してもよい。

7 $z=r(\cos\theta+i\sin\theta)$ ……①

とおくと，ド・モアブルの定理より

$z^3=r^3(\cos3\theta+i\sin3\theta)$

また，$-8=8(\cos\pi+i\sin\pi)$ であるから，$z^3=-8$ のとき

← $|-8|=8$，$\arg(-8)=\pi$

$r^3(\cos3\theta+i\sin3\theta)=8(\cos\pi+i\sin\pi)$ ……②

②の両辺の絶対値と偏角を比べて

$r^3=8$，$r>0$ より $r=2$ ……③

← ②の両辺の絶対値を比較。

$3\theta=\pi+2k\pi$ より $\theta=\frac{\pi}{3}+\frac{2}{3}k\pi$ （k は整数）

← ②の両辺の偏角を比較。θ の値を一般角で求める。

$0\leqq\theta<2\pi$ の範囲で考えると $k=0,\ 1,\ 2$

← θ の範囲を $0\leqq\theta<2\pi$ とする。

よって $\theta=\frac{\pi}{3},\ \pi,\ \frac{5}{3}\pi$ ……④

③，④を①に代入すると，求める解は

$z=2\left(\cos\frac{\pi}{3}+i\sin\frac{\pi}{3}\right)$，

← $\cos\frac{\pi}{3}+i\sin\frac{\pi}{3}=\frac{1}{2}+\frac{\sqrt{3}}{2}i$

$2(\cos\pi+i\sin\pi)$，

← $\cos\pi+i\sin\pi=-1+0$

$2\left(\cos\frac{5}{3}\pi+i\sin\frac{5}{3}\pi\right)$

← $\cos\frac{5}{3}\pi+i\sin\frac{5}{3}\pi=\frac{1}{2}-\frac{\sqrt{3}}{2}i$

すなわち $\boldsymbol{z=-2,\ 1\pm\sqrt{3}\,i}$

8 (1) $\frac{\gamma-\beta}{\alpha-\beta}=\frac{(-1+2i)-(1+i)}{(2+3i)-(1+i)}=\frac{-2+i}{1+2i}$

← $-2+i=i(1+2i)$ と変形してもよい。

$$=\frac{(-2+i)(1-2i)}{(1+2i)(1-2i)}=\frac{5i}{5}=\boldsymbol{i}$$

(2) (1)より $\left|\frac{\gamma-\beta}{\alpha-\beta}\right|=|i|=1$

← $|i|=1$

よって $\frac{|\gamma-\beta|}{|\alpha-\beta|}=\frac{\mathrm{BC}}{\mathrm{BA}}=1$

← $\mathrm{BA}=|\alpha-\beta|$，$\mathrm{BC}=|\gamma-\beta|$

ゆえに **BA：BC＝1：1**

(3) $\arg\frac{\gamma-\beta}{\alpha-\beta}=\arg i=\frac{\pi}{2}$ より $\boldsymbol{\angle\mathrm{ABC}=\frac{\pi}{2}}$

(4) (2)より BA＝BC

(3)より $\angle\mathrm{ABC}=\frac{\pi}{2}$

であるから，△ABC は

∠B＝90°，BA＝BC の直角二等辺三角形

27 放物線(p.62)

> **放物線** $y^2=4px$
> 焦点 $(p,\ 0)$
> 準線 $x=-p$

140 (1)　$y^2=12x$ は

$y^2=4\times3\times x$

と変形できるから,

焦点の座標は　$\boldsymbol{(3,\ 0)}$

準線の方程式は　$\boldsymbol{x=-3}$

また, 概形は右の図のようになる。

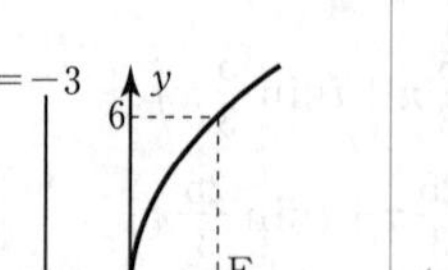

⬅$y^2=4px$ の形にしたときの p の値が焦点の x 座標。

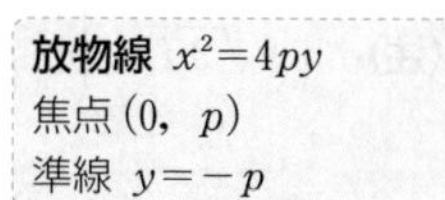

(2)　$x^2=4y$ は

$x^2=4\times1\times y$

と変形できるから,

焦点の座標は　$\boldsymbol{(0,\ 1)}$

準線の方程式は　$\boldsymbol{y=-1}$

また, 概形は右の図のようになる。

⬅$x^2=4py$ の形にしたときの p の値が焦点の y 座標。

141 (1)　$y^2=16x$ は

$y^2=4\times4\times x$

と変形できるから,

焦点の座標は　$\boldsymbol{(4,\ 0)}$

準線の方程式は　$\boldsymbol{x=-4}$

また, 概形は右の図のようになる。

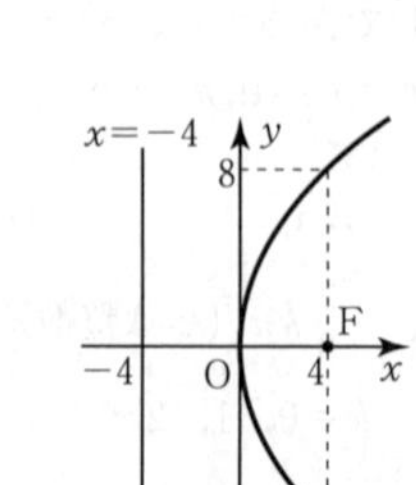

⬅$y^2=4px$ の形にしたときの p の値が焦点の x 座標。

(2)　$y^2=-x$ は

$y^2=4\times\left(-\frac{1}{4}\right)\times x$

と変形できるから,

焦点の座標は　$\boldsymbol{\left(-\frac{1}{4},\ 0\right)}$

準線の方程式は　$\boldsymbol{x=\frac{1}{4}}$

また, 概形は右の図のようになる。

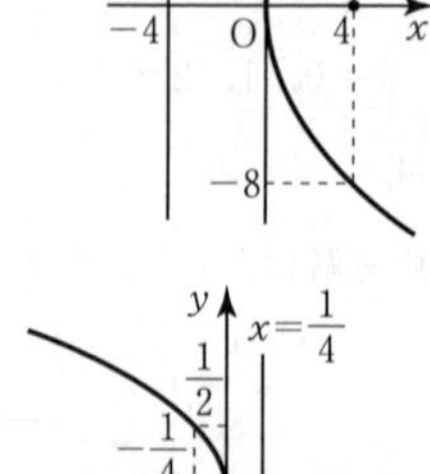

⬅$y^2=4px$ の形にしたときの p の値が焦点の x 座標。

(3)　$x^2+12y=0$ は

$x^2=-12y$　より

$x^2=4\times(-3)\times y$

と変形できるから,

焦点の座標は　$\boldsymbol{(0,\ -3)}$

準線の方程式は　$\boldsymbol{y=3}$

また, 概形は右の図のようになる。

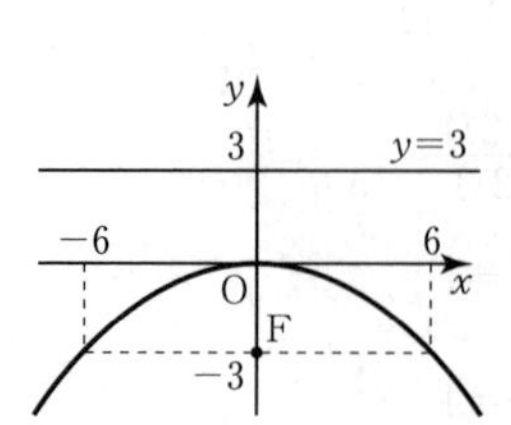

⬅$x^2=4py$ の形にしたときの p の値が焦点の y 座標。

142 (1)　$y^2=4\times\frac{3}{2}\times x$　より

$\boldsymbol{y^2=6x}$

⬅$y^2=4px$ の p に $\frac{3}{2}$ を代入。

(2)　$x^2=4\times\frac{5}{4}\times y$　より

$\boldsymbol{x^2=5y}$

⬅$x^2=4py$ の p に $\frac{5}{4}$ を代入。

143 (1) 求める放物線の方程式を $y^2=4px$ とおくと，
点 $(1,\ 4)$ を通るから
$4^2=4\times p\times 1$
すなわち　$p=4$
よって　$\boldsymbol{y^2=16x}$
(2) 求める放物線の方程式を $x^2=4py$ とおくと，
点 $(-5,\ 5)$ を通るから
$(-5)^2=4\times p\times 5$
すなわち　$p=\dfrac{5}{4}$
よって　$\boldsymbol{x^2=5y}$

JUMP 27

考え方　円が直線と接するとき，円の中心と直線との距離は，円の半径に等しい。

点 $(2,\ 0)$ を A，直線 $x=-2$ を l，
円の中心を P とする。
P と l との距離は半径 AP に等しいから，
P は A を焦点，l を準線とする放物線を描く。
よって，P の軌跡は放物線であり，
その方程式は
$y^2=4\times 2\times x$　より
$\boldsymbol{y^2=8x}$

←$y^2=4px$ の p に 2 を代入。

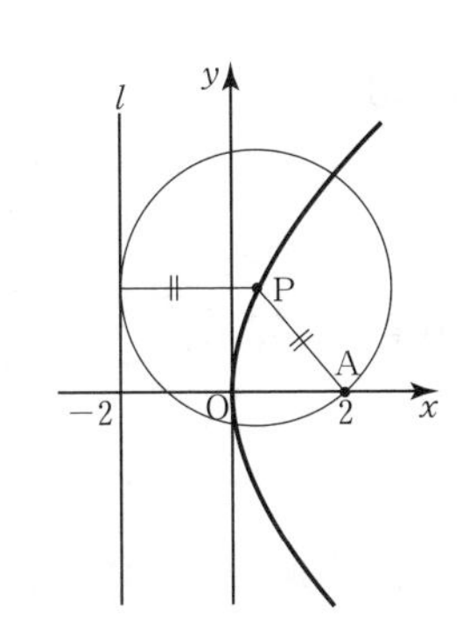

28 楕円(1) (p.64)

144 $\sqrt{36-25}=\sqrt{11}$ より，
焦点の座標は
$(\sqrt{11},\ 0)$，$(-\sqrt{11},\ 0)$
頂点の座標は
$(6,\ 0)$，$(-6,\ 0)$，
$(0,\ 5)$，$(0,\ -5)$
概形は右の図のようになる。
また，長軸の長さは **12**
　　　短軸の長さは **10**

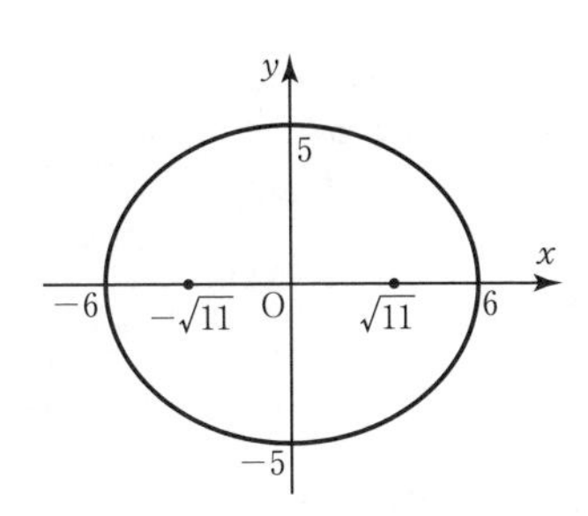

楕円 $\dfrac{x^2}{a^2}+\dfrac{y^2}{b^2}=1$
$(a>b>0)$
焦点 $(\sqrt{a^2-b^2},\ 0)$
$(-\sqrt{a^2-b^2},\ 0)$
頂点
$(a,\ 0)$，$(-a,\ 0)$
$(0,\ b)$，$(0,\ -b)$
長軸の長さ　$2a$
短軸の長さ　$2b$

145 求める楕円の方程式を
$\dfrac{x^2}{a^2}+\dfrac{y^2}{b^2}=1$　$(a>b>0)$
とおく。
焦点からの距離の和が 10 であるから
$2a=10$
すなわち　$a=5$
また，焦点が $(3,\ 0)$，$(-3,\ 0)$ であるから
$3=\sqrt{5^2-b^2}$
よって　$b^2=25-9=16$
ゆえに，この楕円の方程式は
$\boldsymbol{\dfrac{x^2}{25}+\dfrac{y^2}{16}=1}$

←焦点からの距離の和は長軸の長さに等しい。
すなわち　$PF+PF'=2a$

←$\dfrac{x^2}{25}+\dfrac{y^2}{b^2}=1$ に代入するから，$b=\pm 4$ と解く必要はない。

146 (1) $\sqrt{25-4}=\sqrt{21}$ より，

焦点の座標は

$(\sqrt{21},\ 0),\ (-\sqrt{21},\ 0)$

頂点の座標は

$(5,\ 0),\ (-5,\ 0),$

$(0,\ 2),\ (0,\ -2)$

概形は右の図のようになる。

また，長軸の長さは **10**

短軸の長さは **4**

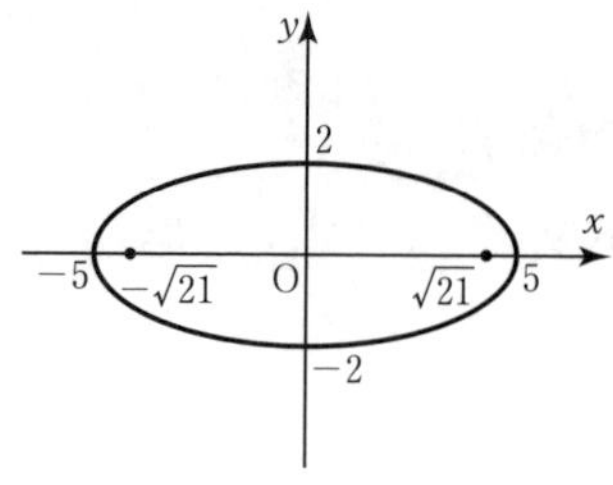

⬅焦点の座標は
$(\sqrt{a^2-b^2},\ 0)$
$(-\sqrt{a^2-b^2},\ 0)$

(2) $x^2+9y^2=9$ より $\dfrac{x^2}{9}+y^2=1$

⬅$\dfrac{x^2}{a^2}+\dfrac{y^2}{b^2}=1$ の形にする。

ここで，$\sqrt{9-1}=2\sqrt{2}$ より，

焦点の座標は

$(2\sqrt{2},\ 0),\ (-2\sqrt{2},\ 0)$

頂点の座標は

$(3,\ 0),\ (-3,\ 0),$

$(0,\ 1),\ (0,\ -1)$

概形は右の図のようになる。

また，長軸の長さは **6**

短軸の長さは **2**

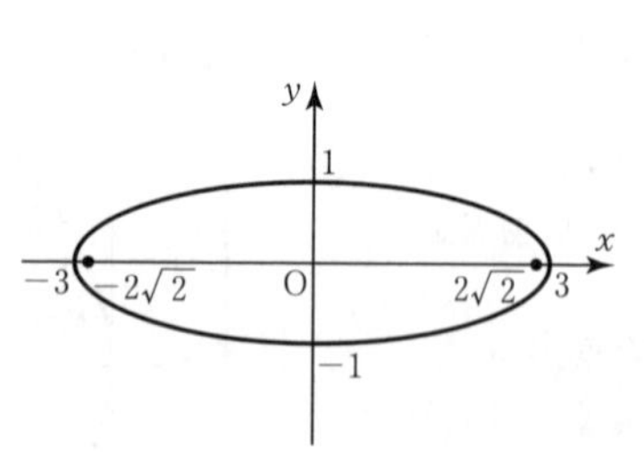

⬅焦点の座標は
$(\sqrt{a^2-b^2},\ 0)$
$(-\sqrt{a^2-b^2},\ 0)$

147 求める楕円の方程式を

$$\frac{x^2}{a^2}+\frac{y^2}{b^2}=1 \quad (a>b>0)$$

とおく。焦点からの距離の和が 6 であるから

$2a=6$

すなわち　$a=3$

また，焦点が $(2,\ 0)$，$(-2,\ 0)$ であるから

$2=\sqrt{9-b^2}$

よって　$b^2=5$

ゆえに，この楕円の方程式は

$$\boldsymbol{\frac{x^2}{9}+\frac{y^2}{5}=1}$$

⬅焦点からの距離の和は長軸の長さに等しい。
すなわち　$\mathrm{PF}+\mathrm{PF}'=2a$

148 $4x^2+9y^2=36$ より $\dfrac{x^2}{9}+\dfrac{y^2}{4}=1$

⬅$\dfrac{x^2}{a^2}+\dfrac{y^2}{b^2}=1$ の形にする。

ここで，$\sqrt{9-4}=\sqrt{5}$ より，

焦点の座標は

$(\sqrt{5},\ 0),\ (-\sqrt{5},\ 0)$

頂点の座標は

$(3,\ 0),\ (-3,\ 0),$

$(0,\ 2),\ (0,\ -2)$

概形は右の図のようになる。

また，長軸の長さは **6**

短軸の長さは **4**

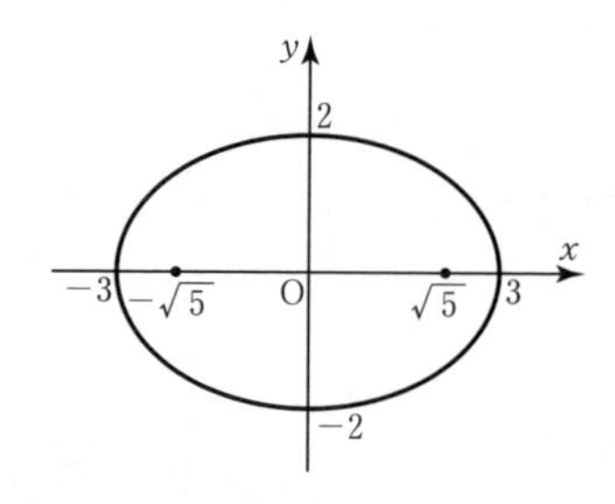

⬅焦点の座標は
$(\sqrt{a^2-b^2},\ 0)$
$(-\sqrt{a^2-b^2},\ 0)$

149 (1) 中心が原点で，長軸の長さが $2\sqrt{3}$ であるから，

x 軸上の頂点は　$(\sqrt{3},\ 0)$，$(-\sqrt{3},\ 0)$

短軸の長さが 2 であるから，

y 軸上の頂点は　$(0,\ 1)$，$(0,\ -1)$

⬅$2a=2\sqrt{3}$

⬅$2b=2$

よって，求める楕円の方程式は

$$\frac{x^2}{3}+y^2=1$$

(2) 求める楕円の方程式を

$$\frac{x^2}{a^2}+\frac{y^2}{b^2}=1 \quad (a>b>0)$$

とおく。

中心が原点で，x 軸上にある長軸の長さが $2\sqrt{5}$ であるから，

x 軸上の頂点は　$(\sqrt{5},\ 0)$，$(-\sqrt{5},\ 0)$

焦点間の距離が 2 であるから，焦点は　$(1,\ 0)$，$(-1,\ 0)$

よって　$1=\sqrt{5-b^2}$

ゆえに　$b^2=4$

したがって，求める楕円の方程式は

$$\frac{x^2}{5}+\frac{y^2}{4}=1$$

⬅$2a=2\sqrt{5}$

⬅焦点の座標は $(\sqrt{a^2-b^2},\ 0)$ $(-\sqrt{a^2-b^2},\ 0)$

JUMP 28

考え方　楕円が通る 2 点の座標を用いて連立方程式を立てる。

求める楕円の方程式を

$$\frac{x^2}{a^2}+\frac{y^2}{b^2}=1 \ (a>b>0)$$

とおく。

2 点 $(-6,\ 4)$，$(8,\ 3)$ を通るから

$$\frac{36}{a^2}+\frac{16}{b^2}=1 \cdots\cdots①$$

⬅$(-6,\ 4)$ を代入。

$$\frac{64}{a^2}+\frac{9}{b^2}=1 \cdots\cdots②$$

⬅$(8,\ 3)$ を代入。

②×16−①×9 より

$$\frac{700}{a^2}=7$$

$$7a^2=700$$

$$a^2=100$$

これを②に代入して

$$\frac{64}{100}+\frac{9}{b^2}=1$$

$$\frac{9}{b^2}=\frac{36}{100}$$

$$36b^2=900$$

$$b^2=25$$

よって，求める楕円の方程式は　$\frac{x^2}{100}+\frac{y^2}{25}=1$

29 楕円 (2) (p.66)

150　$\sqrt{25-4}=\sqrt{21}$　より，

焦点の座標は

$(0,\ \sqrt{21})$，$(0,\ -\sqrt{21})$

頂点の座標は

$(2,\ 0)$，$(-2,\ 0)$，$(0,\ 5)$，$(0,\ -5)$

概形は右の図のようになる。

また，長軸の長さは **10**

短軸の長さは **4**

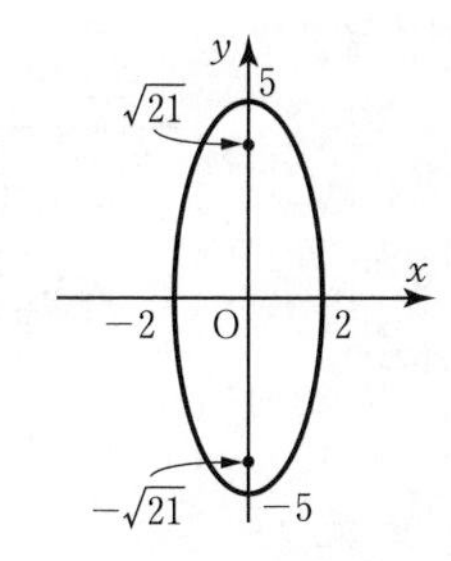

楕円 $\frac{x^2}{a^2}+\frac{y^2}{b^2}=1$ $(b>a>0)$

焦点 $(0,\ \sqrt{b^2-a^2})$ $(0,\ -\sqrt{b^2-a^2})$

頂点 $(a,\ 0)$，$(-a,\ 0)$ $(0,\ b)$，$(0,\ -b)$

長軸の長さ　$2b$

短軸の長さ　$2a$

151 円周上の点 Q$(s,\ t)$ の y 座標を $\dfrac{1}{2}$ 倍して得られる点を

P$(x,\ y)$ とすると

$x=s,\quad y=\dfrac{t}{2}$

すなわち　$s=x,\quad t=2y$

ここで，点 Q は円周上にあるから

$s^2+t^2=16$

よって　$x^2+(2y)^2=16$

すなわち　$\dfrac{x^2}{16}+\dfrac{y^2}{4}=1$

ゆえに，求める曲線は

楕円 $\boldsymbol{\dfrac{x^2}{16}+\dfrac{y^2}{4}=1}$

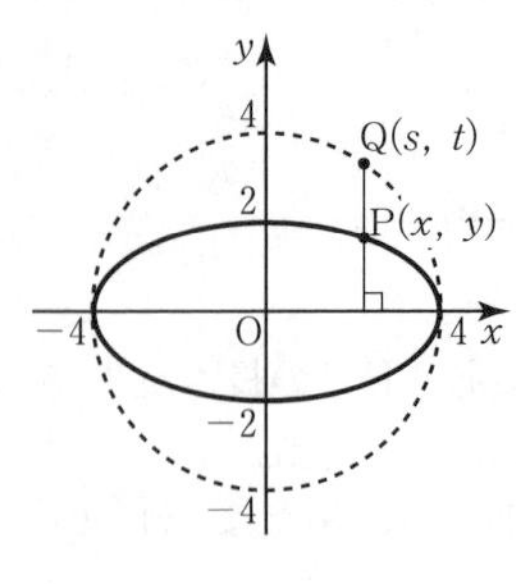

⬅長軸の長さが 8，短軸の長さが 4 の楕円になる。

152 (1) $\sqrt{16-4}=2\sqrt{3}$ より，

焦点の座標は

$(0,\ 2\sqrt{3})$，$(0,\ -2\sqrt{3})$

頂点の座標は

$(2,\ 0)$，$(-2,\ 0)$，

$(0,\ 4)$，$(0,\ -4)$

概形は右の図のようになる。

また，長軸の長さは **8**

短軸の長さは **4**

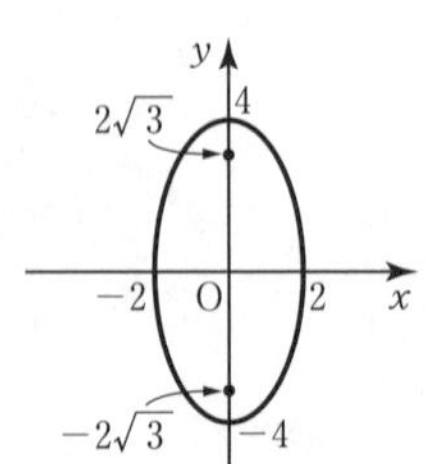

⬅焦点の座標は $(0,\ \sqrt{b^2-a^2})$ $(0,\ -\sqrt{b^2-a^2})$

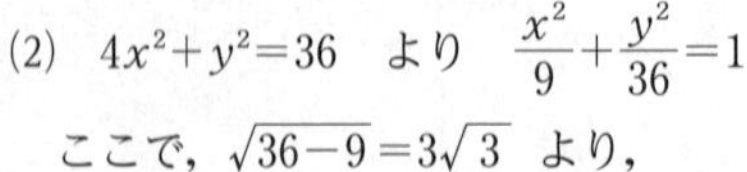

(2) $4x^2+y^2=36$　より　$\dfrac{x^2}{9}+\dfrac{y^2}{36}=1$

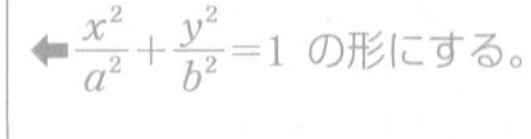

⬅$\dfrac{x^2}{a^2}+\dfrac{y^2}{b^2}=1$ の形にする。

ここで，$\sqrt{36-9}=3\sqrt{3}$ より，

焦点の座標は

$(0,\ 3\sqrt{3})$，$(0,\ -3\sqrt{3})$

頂点の座標は

$(3,\ 0)$，$(-3,\ 0)$，

$(0,\ 6)$，$(0,\ -6)$

概形は右の図のようになる。

また，長軸の長さは **12**

短軸の長さは **6**

⬅焦点の座標は $(0,\ \sqrt{b^2-a^2})$ $(0,\ -\sqrt{b^2-a^2})$

153 円周上の点 Q$(s,\ t)$ の x 座標を $\dfrac{1}{4}$ 倍して得られる点を

P$(x,\ y)$ とすると

$x=\dfrac{1}{4}s,\quad y=t$

すなわち　$s=4x,\quad t=y$

ここで，点 Q は円周上にあるから

$s^2+t^2=36$

よって　$(4x)^2+y^2=36$

すなわち　$\dfrac{4x^2}{9}+\dfrac{y^2}{36}=1$

ゆえに，求める曲線は

楕円 $\boldsymbol{\dfrac{4x^2}{9}+\dfrac{y^2}{36}=1}$

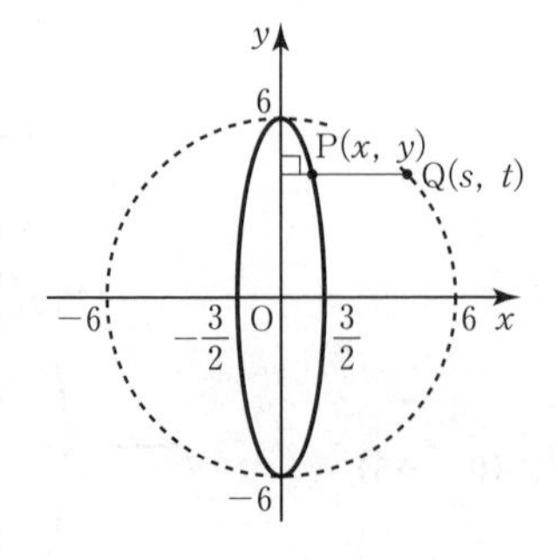

⬅長軸の長さが 12，短軸の長さが 3 の楕円になる。

154　円周上の点 Q$(s,\ t)$ の x 座標を 3 倍，

y 座標を $\frac{1}{2}$ 倍して得られる点を

P$(x,\ y)$ とすると

$x=3s,\quad y=\frac{1}{2}t$

すなわち　$s=\frac{x}{3},\quad t=2y$

ここで，点 Q は円周上にあるから

$s^2+t^2=4$

よって　$\left(\frac{x}{3}\right)^2+(2y)^2=4$

すなわち　$\frac{x^2}{36}+y^2=1$

ゆえに，求める曲線は

楕円 $\frac{x^2}{36}+y^2=1$

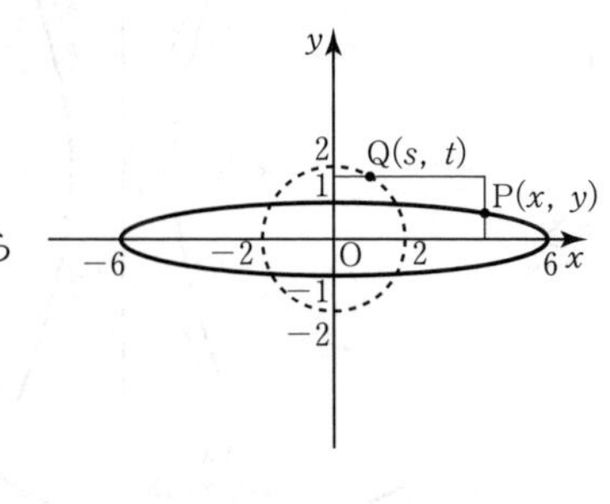

⬅長軸の長さが 12，短軸の長さが 2 の楕円になる。

155　求める楕円の方程式を

$\frac{x^2}{a^2}+\frac{y^2}{b^2}=1\quad (b>a>0)$

とおく。

長軸の長さが 14 であるから

$2b=14$

すなわち　$b=7$

焦点間の距離が 10 であるから，

焦点は　$(0,\ 5)$，$(0,\ -5)$

よって　$5=\sqrt{7^2-a^2}$

ゆえに　$a^2=24$

ゆえに，求める楕円の方程式は

$$\frac{x^2}{24}+\frac{y^2}{49}=1$$

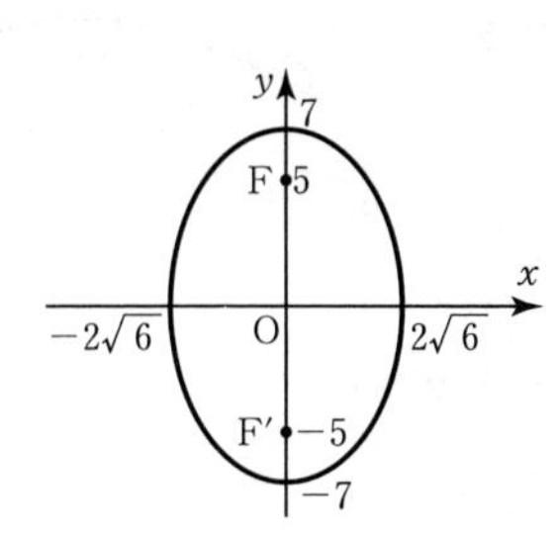

⬅焦点の座標は $(0,\ \sqrt{b^2-a^2})$ $(0,\ -\sqrt{b^2-a^2})$

JUMP 29

考え方　まず，点 A の x 座標，点 B の y 座標を文字でおく。

点 A は x 軸上，点 B は y 軸上の点であるから，それぞれ A$(s,\ 0)$，B$(0,\ t)$ とおける。

AB$=4$ であるから

$s^2+t^2=4^2$ ……①

線分 AB を 1：3 に内分する点 P の座標を $(x,\ y)$ とすると

⬅P の座標を $(x,\ y)$ とし，x，y が満たす方程式を求める。

$x=\frac{3}{4}s,\quad y=\frac{1}{4}t$

よって　$s=\frac{4}{3}x,\quad t=4y$

これを①に代入すると

$\left(\frac{4}{3}x\right)^2+(4y)^2=4^2$

すなわち　$\frac{x^2}{9}+y^2=1$

ゆえに，点 P の軌跡は

楕円 $\frac{x^2}{9}+y^2=1$

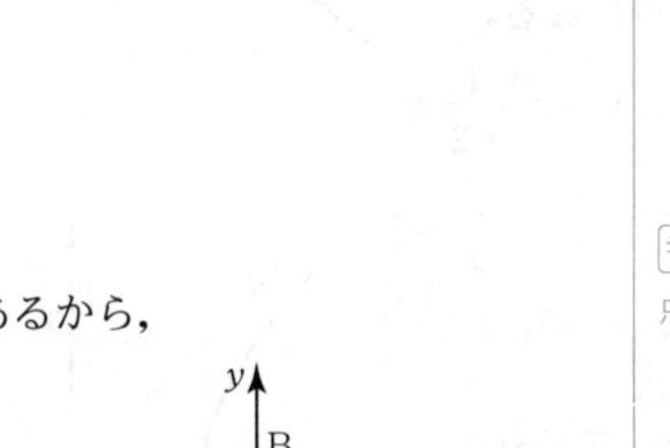

30 双曲線(p.68)

156 (1) $\sqrt{4+25}=\sqrt{29}$ より，

焦点の座標は

$(\sqrt{29},\ 0)$，$(-\sqrt{29},\ 0)$

頂点の座標は

$(2,\ 0)$，$(-2,\ 0)$

概形は右の図のようになる。

漸近線の方程式は

$$\boldsymbol{y=\pm\frac{5}{2}x}$$

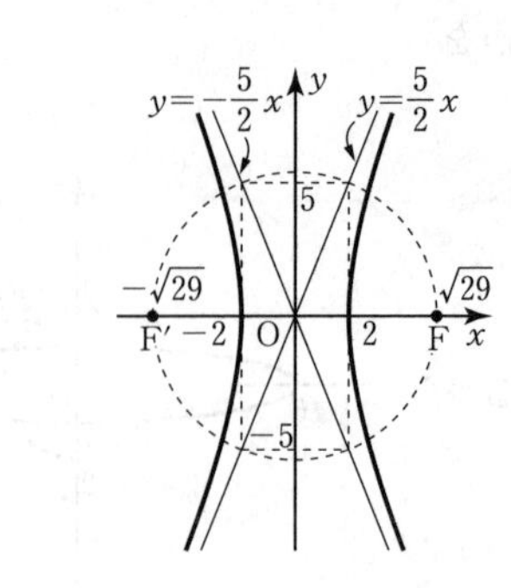

双曲線 $\dfrac{x^2}{a^2}-\dfrac{y^2}{b^2}=1$

焦点 $(\sqrt{a^2+b^2},\ 0)$

$(-\sqrt{a^2+b^2},\ 0)$

頂点 $(a,\ 0)$

$(-a,\ 0)$

漸近線

$y=\pm\dfrac{b}{a}x$

(2) $\sqrt{9+4}=\sqrt{13}$ より，

焦点の座標は

$(0,\ \sqrt{13})$，$(0,\ -\sqrt{13})$

頂点の座標は

$(0,\ 2)$，$(0,\ -2)$

概形は右の図のようになる。

漸近線の方程式は

$$\boldsymbol{y=\pm\frac{2}{3}x}$$

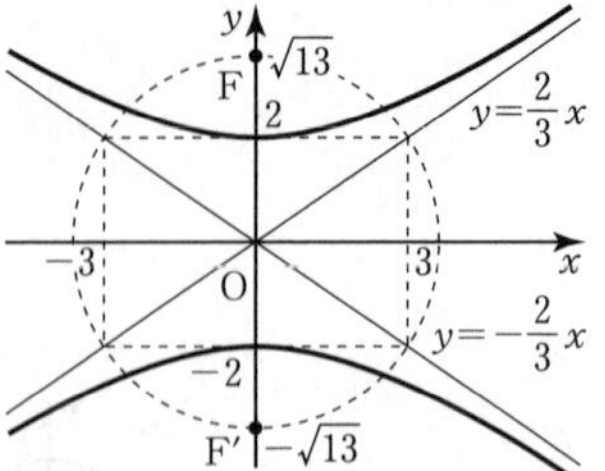

双曲線 $\dfrac{x^2}{a^2}-\dfrac{y^2}{b^2}=-1$

焦点 $(0,\ \sqrt{a^2+b^2})$

$(0,\ -\sqrt{a^2+b^2})$

頂点 $(0,\ b)$

$(0,\ -b)$

漸近線

$y=\pm\dfrac{b}{a}x$

157 (1) $x^2-2y^2=2$ より $\dfrac{x^2}{2}-y^2=1$

⬅ $\dfrac{x^2}{a^2}-\dfrac{y^2}{b^2}=1$ の形にする。

ここで，$\sqrt{2+1}=\sqrt{3}$ より，

焦点の座標は

$(\sqrt{3},\ 0)$，$(-\sqrt{3},\ 0)$

頂点の座標は

$(\sqrt{2},\ 0)$，$(-\sqrt{2},\ 0)$

概形は右の図のようになる。

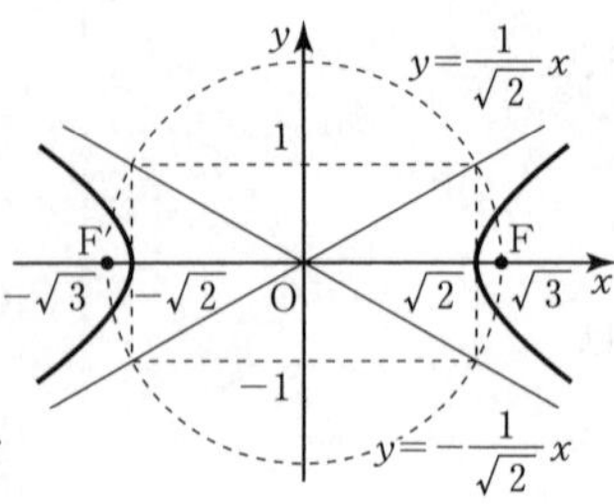

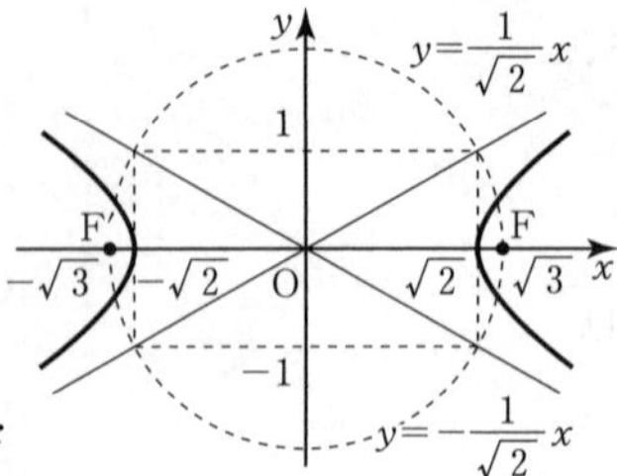

漸近線の方程式は $\boldsymbol{y=\pm\dfrac{1}{\sqrt{2}}x}$

(2) $x^2-y^2=9$ より $\dfrac{x^2}{9}-\dfrac{y^2}{9}=1$

⬅ $\dfrac{x^2}{a^2}-\dfrac{y^2}{b^2}=1$ の形にする。

ここで，$\sqrt{9+9}=\sqrt{18}=3\sqrt{2}$

より，焦点の座標は

$(3\sqrt{2},\ 0)$，$(-3\sqrt{2},\ 0)$

頂点の座標は

$(3,\ 0)$，$(-3,\ 0)$

概形は右の図のようになる。

漸近線の方程式は $\boldsymbol{y=\pm x}$

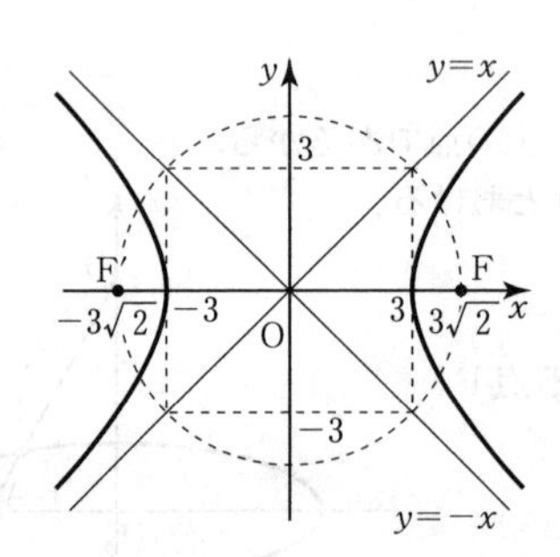

⬅漸近線が直交する双曲線を直角双曲線という。

(3) $9x^2-4y^2+36=0$ より

$\dfrac{x^2}{4}-\dfrac{y^2}{9}=-1$

⬅ $\dfrac{x^2}{a^2}-\dfrac{y^2}{b^2}=-1$ の形にする。

ここで，$\sqrt{4+9}=\sqrt{13}$ より，

焦点の座標は

$(0,\ \sqrt{13})$，$(0,\ -\sqrt{13})$

頂点の座標は

$(0,\ 3)$，$(0,\ -3)$

概形は右の図のようになる。

漸近線の方程式は $\boldsymbol{y=\pm\dfrac{3}{2}x}$

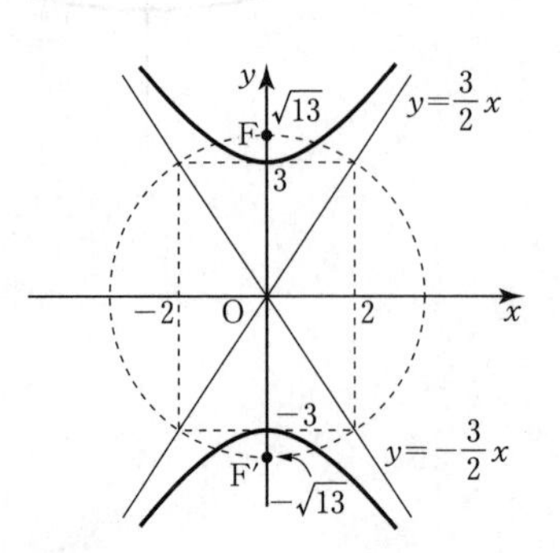

158 求める双曲線の方程式を

$\frac{x^2}{a^2}-\frac{y^2}{b^2}=1$ $(a>0,\ b>0)$

とおく。

焦点からの距離の差が 6 であるから

$2a=6$

すなわち　$a=3$

また，焦点が $(4,\ 0)$，$(-4,\ 0)$ であるから

$\sqrt{a^2+b^2}=4$

よって　$a^2+b^2=16$

$a=3$ より

$b^2=16-9=7$

ゆえに，求める双曲線の方程式は　$\boldsymbol{\frac{x^2}{9}-\frac{y^2}{7}=1}$

⬅2 つの焦点が x 軸上にあり，その中点が原点であるから，双曲線の方程式は，$\frac{x^2}{a^2}-\frac{y^2}{b^2}=1$ の形になる。

159 求める双曲線の方程式を

$\frac{x^2}{a^2}-\frac{y^2}{b^2}=1$　$(a>0,\ b>0)$

とおく。

焦点が $(8,\ 0)$，$(-8,\ 0)$ であるから

$\sqrt{a^2+b^2}=8$

よって　$a^2+b^2=64$ ……①

求める双曲線は直角双曲線であるから，

漸近線の方程式は　$y=\pm x$

ゆえに　$\frac{b}{a}=1$　　すなわち　$b=a$ ……②

②を①に代入して　$a^2+a^2=64$　　すなわち　$a^2=32$

②より　$b^2=32$

したがって，求める双曲線の方程式は　$\boldsymbol{\frac{x^2}{32}-\frac{y^2}{32}=1}$

⬅2 つの焦点が x 軸上にあり，その中点が原点であるから，双曲線の方程式は，$\frac{x^2}{a^2}-\frac{y^2}{b^2}=1$ の形になる。

⬅漸近線が直交する双曲線を直角双曲線という。

JUMP 30

求める双曲線の方程式を

$\frac{x^2}{a^2}-\frac{y^2}{b^2}=-1$　$(a>0,\ b>0)$

とおく。

頂点が $(0,\ 2)$，$(0,\ -2)$ であるから　$b=2$

点 $(3,\ \sqrt{5})$ を通るから

$\frac{9}{a^2}-\frac{5}{b^2}=-1$

$b=2$ より

$\frac{9}{a^2}-\frac{5}{4}=-1$

よって　$\frac{9}{a^2}=\frac{1}{4}$

すなわち　$a^2=36$

ゆえに，双曲線の方程式は　$\boldsymbol{\frac{x^2}{36}-\frac{y^2}{4}=-1}$

$\sqrt{36+4}=2\sqrt{10}$ より，焦点の座標は　$\boldsymbol{(0,\ 2\sqrt{10}),\ (0,\ -2\sqrt{10})}$

漸近線の方程式は　$\boldsymbol{y=\pm\frac{1}{3}x}$

考え方　2 つの頂点が y 軸上にあり，その中点が原点であることを用いる。

⬅
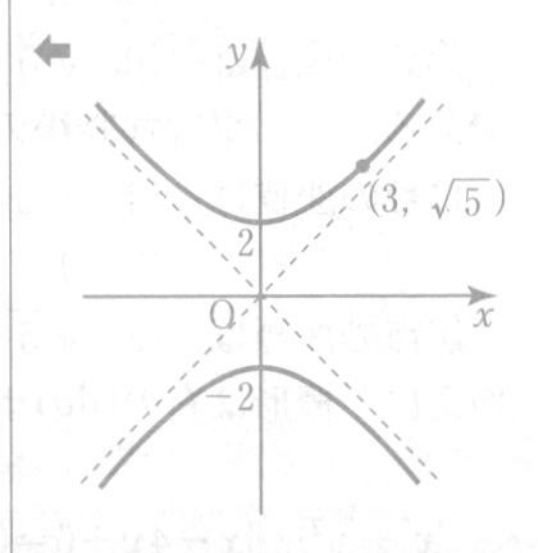

31 2次曲線の平行移動(p.70)

曲線の平行移動
方程式 $f(x, y)=0$ で表される図形を
$\begin{cases} x \text{ 軸方向に } p \\ y \text{ 軸方向に } q \end{cases}$
だけ平行移動して得られる図形の方程式は
$f(x-p,\ y-q)=0$

160 平行移動後の楕円の方程式は $\boldsymbol{\dfrac{(x-4)^2}{4}+(y+3)^2=1}$

楕円 $\dfrac{x^2}{4}+y^2=1$ について，$\sqrt{4-1}=\sqrt{3}$ より

焦点の座標は $(\sqrt{3},\ 0)$，$(-\sqrt{3},\ 0)$

頂点の座標は $(2,\ 0)$，$(-2,\ 0)$，$(0,\ 1)$，$(0,\ -1)$

であるから，平行移動後の楕円の

焦点の座標は $\boldsymbol{(\sqrt{3}+4,\ -3)}$，$\boldsymbol{(-\sqrt{3}+4,\ -3)}$

頂点の座標は $\boldsymbol{(6,\ -3)}$，$\boldsymbol{(2,\ -3)}$，$\boldsymbol{(4,\ -2)}$，$\boldsymbol{(4,\ -4)}$

161 平行移動した放物線の方程式は $\boldsymbol{(y-3)^2=8(x+2)}$

放物線 $y^2=8x$ について，$y^2=4\times2\times x$ より

頂点の座標は $(0,\ 0)$

焦点の座標は $(2,\ 0)$

準線の方程式は $x=-2$

であるから，平行移動後の放物線の

頂点の座標は $\boldsymbol{(-2,\ 3)}$

焦点の座標は $\boldsymbol{(0,\ 3)}$

準線の方程式は $\boldsymbol{x=-4}$

162 $9x^2+4y^2-36x+24y+36=0$ を変形すると

$9(x^2-4x)+4(y^2+6y)+36=0$

$9(x-2)^2+4(y+3)^2=-36+36+36$

$\dfrac{(x-2)^2}{4}+\dfrac{(y+3)^2}{9}=1$

←点 $(2,\ -3)$ を中心とする楕円

よって，求める図形は

楕円 $\boldsymbol{\dfrac{x^2}{4}+\dfrac{y^2}{9}=1}$ を $\boldsymbol{x}$ 軸方向に 2，$\boldsymbol{y}$ 軸方向に $\boldsymbol{-3}$

だけ平行移動した楕円である。

楕円 $\dfrac{x^2}{4}+\dfrac{y^2}{9}=1$ の

頂点の座標は $(2,\ 0)$，$(-2,\ 0)$，
$(0,\ 3)$，$(0,\ -3)$

焦点の座標は $(0,\ \sqrt{5})$，$(0,\ -\sqrt{5})$

であるから，平行移動後の楕円の

頂点の座標は $(4,\ -3)$，$(0,\ -3)$，
$(2,\ 0)$，$(2,\ -6)$

焦点の座標は $(2,\ \sqrt{5}-3)$，$(2,\ -\sqrt{5}-3)$

ゆえに，概形は右の図のようになる。

163 $x^2-y^2+6x+4y+6=0$ を変形すると

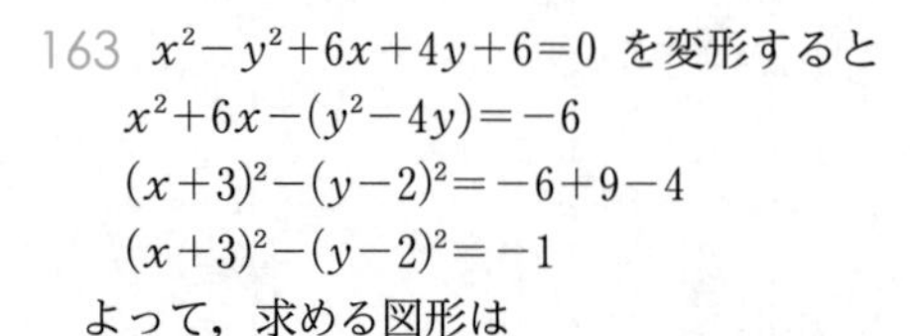

$x^2+6x-(y^2-4y)=-6$

$(x+3)^2-(y-2)^2=-6+9-4$

$(x+3)^2-(y-2)^2=-1$

←点 $(-3,\ 2)$ を中心とする双曲線

よって，求める図形は

直角双曲線 $\boldsymbol{x^2-y^2=-1}$ を $\boldsymbol{x}$ 軸方向に $\boldsymbol{-3}$，$\boldsymbol{y}$ 軸方向に 2

だけ平行移動した直角双曲線である。

双曲線 $x^2-y^2=-1$ の

頂点の座標は

$(0,\ 1),\ (0,\ -1)$

焦点の座標は

$(0,\ \sqrt{2}),\ (0,\ -\sqrt{2})$

漸近線の方程式は

$y=\pm x$

であるから，平行移動後の直角双曲線の

頂点の座標は

$(-3,\ 3),\ (-3,\ 1)$

焦点の座標は

$(-3,\ \sqrt{2}+2),\ (-3,\ -\sqrt{2}+2)$

漸近線の方程式は

$y=x+5,\ y=-x-1$

ゆえに，概形は右上の図のようになる。

⬅$y-2=x+3$
$y-2=-(x+3)$

164　2つの焦点を結ぶ線分の中点は $(2,\ 3)$ であるから，求める楕円は

$\dfrac{x^2}{a^2}+\dfrac{y^2}{b^2}=1\ (b>a>0)$ ……①

を x 軸方向に2，y 軸方向に3だけ平行移動した楕円と考えられる。

2点 $(2,\ 7),\ (2,\ -1)$ を逆向きに平行移動，

すなわち x 軸方向に -2，y 軸方向に -3 だけ平行移動すると，

それぞれ $(0,\ 4),\ (0,\ -4)$ となる。

⬅焦点の座標が
$(0,\ \sqrt{b^2-a^2})$,
$(0,\ -\sqrt{b^2-a^2})$
であるから，それらの中点は
$(0,\ 0)$

これが①の焦点であるから

$\sqrt{b^2-a^2}=4$　　よって　$b^2-a^2=16$ ……②

短軸の長さが4だから　$2a=4$

すなわち　$a=2$

これを②へ代入すると　$b^2=20$

ゆえに，求める楕円の方程式は

$$\boldsymbol{\frac{(x-2)^2}{4}+\frac{(y-3)^2}{20}=1}$$

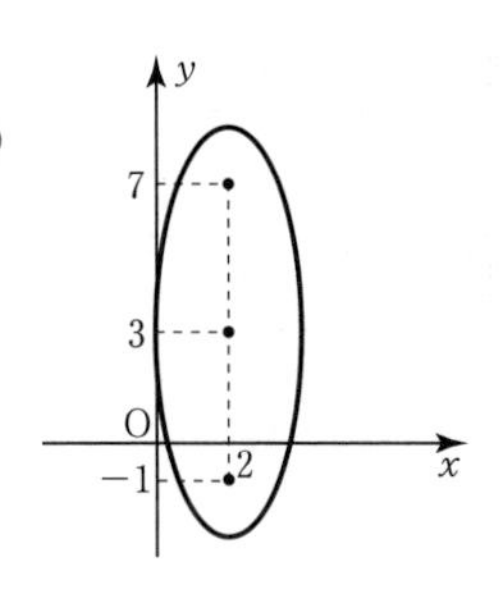

JUMP 31

考え方　求める放物線は軸が x 軸に平行であるから，軸が x 軸である放物線 $y^2=4px$ を平行移動したものだと考えられる。

点Aと点Bの x 座標が等しいから，

放物線の軸は線分ABの中点 $M(1,\ 3)$ を通る。

よって，軸の方程式は　$y=3$

ゆえに，求める放物線は，放物線 $y^2=4px$ を

x 軸方向に a，y 軸方向に3

だけ平行移動したものだと考えられる。その方程式は

$(y-3)^2=4p(x-a)$ ……①

これが点 $(1,\ 1),\ (9,\ -3)$ を通るから，

①に代入して

$4=4p(1-a)$

すなわち　$p(1-a)=1$ ……②

$36=4p(9-a)$

すなわち　$p(9-a)=9$ ……③

②，③を解くと　$p=1,\ a=0$

よって，求める放物線の方程式は

$\boldsymbol{(y-3)^2=4x}$

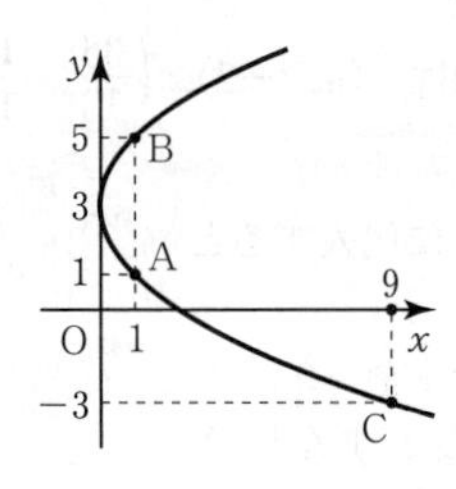

32 2次曲線と直線(p.72)

165 (1) $\begin{cases} y^2=4x & \cdots\cdots① \\ x+2y-5=0 & \cdots\cdots② \end{cases}$

②より　$x=-2y+5$

①に代入すると

$y^2=4(-2y+5)$

$y^2+8y-20=0$

$(y+10)(y-2)=0$

よって　$y=2,\ -10$

$y=2$ のとき　$x=-2\times2+5=1$

$y=-10$ のとき　$x=-2\times(-10)+5=25$

ゆえに，共有点の座標は　**(1, 2), (25, −10)**

(2) $\begin{cases} x^2-4y^2=4 & \cdots\cdots① \\ x+2y-1=0 & \cdots\cdots② \end{cases}$

②より　$x=-2y+1$

①に代入すると

$(-2y+1)^2-4y^2=4$

$4y^2-4y+1-4y^2=4$

よって　$y=-\dfrac{3}{4}$

このとき　$x=-2\times\left(-\dfrac{3}{4}\right)+1=\dfrac{5}{2}$

ゆえに，共有点の座標は　$\left(\dfrac{5}{2},\ -\dfrac{3}{4}\right)$

(3) $\begin{cases} \dfrac{x^2}{9}+\dfrac{y^2}{4}=1 & \cdots\cdots① \\ x-y-2=0 & \cdots\cdots② \end{cases}$

②より　$y=x-2$

①に代入すると

$\dfrac{x^2}{9}+\dfrac{(x-2)^2}{4}=1$

$4x^2+9(x-2)^2=36$

$4x^2+9(x^2-4x+4)=36$

$13x^2-36x=0$

$x(13x-36)=0$

よって　$x=0,\ \dfrac{36}{13}$

$x=0$ のとき　$y=0-2=-2$

$x=\dfrac{36}{13}$ のとき　$y=\dfrac{36}{13}-2=\dfrac{10}{13}$

ゆえに，共有点の座標は　$(0,\ -2),\ \left(\dfrac{36}{13},\ \dfrac{10}{13}\right)$

166 $y=2x+k$ を $y^2=-4x$ に代入すると

$(2x+k)^2=-4x$

整理すると　$4x^2+4(k+1)x+k^2=0$

この2次方程式の判別式を D とすると

$D=16(k+1)^2-4\times4k^2$

$=32k+16$

$=16(2k+1)$

←2次曲線と直線の共有点の座標は，2次曲線の方程式と直線の方程式の連立方程式を解くことにより求められる。

←y を消去してもよい。

←両辺に36を掛ける。

←2次曲線と直線の共有点の個数は，2次曲線の方程式と直線の方程式の連立方程式から y を消去して得られる x の2次方程式の判別式を D とすると

$\begin{cases} D>0 \cdots 2\text{個} \\ D=0 \cdots 1\text{個} \\ D<0 \cdots 0\text{個} \end{cases}$

$D>0$ すなわち $\boldsymbol{k>-\frac{1}{2}}$ **のとき，共有点は 2 個**

$D=0$ すなわち $\boldsymbol{k=-\frac{1}{2}}$ **のとき，共有点は 1 個**

$D<0$ すなわち $\boldsymbol{k<-\frac{1}{2}}$ **のとき，共有点は 0 個**

167 求める接線の傾きを m とすると，接線は点 $(1,\ 1)$ を通るから

$y-1=m(x-1)$

すなわち　$y=mx-m+1$ ……①

とおける。これを $y^2=x$ に代入すると

$\{mx-(m-1)\}^2=x$

$m^2x^2-(2m^2-2m+1)x+(m-1)^2=0$

この 2 次方程式の判別式を D とすると

$D=(2m^2-2m+1)^2-4m^2(m-1)^2$

$=\{(2m^2-2m+1)+2m(m-1)\}\{(2m^2-2m+1)-2m(m-1)\}$

$=(4m^2-4m+1)\times 1=(2m-1)^2$

直線①が放物線と接するのは $D=0$ のときであるから

$(2m-1)^2=0$　すなわち　$m=\frac{1}{2}$

よって，求める接線の方程式は　$\boldsymbol{y=\frac{1}{2}x+\frac{1}{2}}$

JUMP 32

求める接線の傾きを m とすると，接線は $(3,\ 0)$ を通るから

$y=m(x-3)$ ……①

とおける。これを $x^2+4y^2=4$ に代入して

$x^2+4m^2(x-3)^2=4$

$(4m^2+1)x^2-24m^2x+36m^2-4=0$

この 2 次方程式の判別式を D とすると

$D=(24m^2)^2-4(4m^2+1)(36m^2-4)$

$=(4\times 6)^2m^4-4^2(4m^2+1)(9m^2-1)$

$=4^2(-5m^2+1)=-16(\sqrt{5}\,m+1)(\sqrt{5}\,m-1)$

直線①が楕円と接するのは $D=0$ のときであるから

$m=\pm\frac{\sqrt{5}}{5}$

よって，求める接線の方程式は

$\boldsymbol{y=\frac{\sqrt{5}}{5}(x-3),\ y=-\frac{\sqrt{5}}{5}(x-3)}$

別解　接点を $(x_1,\ y_1)$ とすると，求める接線の方程式は

$x_1x+4y_1y=4$ ……①

これが点 $(3,\ 0)$ を通るから

$3x_1=4$　すなわち　$x_1=\frac{4}{3}$ ……②

また，点 $(x_1,\ y_1)$ は楕円 $x^2+4y^2=4$ 上の点であるから

$x_1{}^2+4y_1{}^2=4$ ……③

②，③より　$y_1=\pm\frac{\sqrt{5}}{3}$ ……④

②，④を①に代入すると　$\frac{4}{3}x\pm\frac{4\sqrt{5}}{3}y=4$

すなわち　$\boldsymbol{x+\sqrt{5}\,y=3,\ x-\sqrt{5}\,y=3}$

考え方　まず求める接線の傾きを m として，通る点の条件から，接線の方程式をおく。

⬅ $(4m^2+1)x^2-2\times 12m^2x+36m^2-4=0$ と変形して $\frac{D}{4}=(12m^2)^2-(4m^2+1)(36m^2-4)$ を考えてもよい。

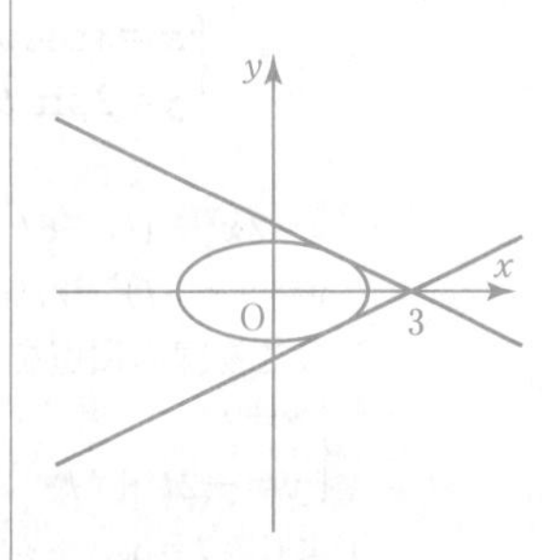

⬅②を③に代入すると

$\left(\frac{4}{3}\right)^2+4y_1{}^2=4$

$y_1{}^2=\frac{5}{9}$

よって　$y_1=\pm\frac{\sqrt{5}}{3}$

33 媒介変数表示(p.74)

168 $y=x^2-2tx+t$ を変形すると

$y=(x-t)^2-t^2+t$

この放物線の頂点を $\mathrm{P}(x, y)$ とすると

$\begin{cases} x=t & \cdots\cdots① \\ y=-t^2+t & \cdots\cdots② \end{cases}$

①より　$t=x$

これを②に代入すると

$y=-x^2+x$

よって，頂点が描く図形は　**放物線 $\boldsymbol{y=-x^2+x}$**

⬅ t を消去して，x，y が満たす方程式を求める。

169 (1) $\begin{cases} x=2t & \cdots\cdots① \\ y=4t^2-6t & \cdots\cdots② \end{cases}$

①より　$t=\dfrac{x}{2}$

これを②に代入すると

$y=4\left(\dfrac{x}{2}\right)^2-6\left(\dfrac{x}{2}\right)$

すなわち　$y=x^2-3x$

よって，**放物線 $\boldsymbol{y=x^2-3x}$**

⬅ t を消去して，x，y が満たす方程式を求める。

(2) $\begin{cases} x=-t^2+4t & \cdots\cdots① \\ y=3-t & \cdots\cdots② \end{cases}$

②より　$t=3-y$

これを①に代入すると

$x=-(3-y)^2+4(3-y)$

すなわち　$x=-y^2+2y+3$

よって，**放物線 $\boldsymbol{x=-y^2+2y+3}$**

⬅ t を消去して，x，y が満たす方程式を求める。

170 (1) $\begin{cases} \boldsymbol{x=2\cos\theta} \\ \boldsymbol{y=2\sin\theta} \end{cases}$

(2) $\begin{cases} \boldsymbol{x=4\cos\theta} \\ \boldsymbol{y=3\sin\theta} \end{cases}$

(3) $4x^2+9y^2=36$ を変形すると　$\dfrac{x^2}{9}+\dfrac{y^2}{4}=1$

よって　$\begin{cases} \boldsymbol{x=3\cos\theta} \\ \boldsymbol{y=2\sin\theta} \end{cases}$

⬅円 $x^2+y^2=r^2$ の媒介変数表示は $\begin{cases} x=r\cos\theta \\ y=r\sin\theta \end{cases}$

楕円 $\dfrac{x^2}{a^2}+\dfrac{y^2}{b^2}=1$ の媒介変数表示は $\begin{cases} x=a\cos\theta \\ y=b\sin\theta \end{cases}$

171 (1) $y=2x^2-4tx+6t$ を変形すると

$y=2(x-t)^2-2t^2+6t$

この放物線の頂点を $\mathrm{P}(x, y)$ とすると

$\begin{cases} x=t & \cdots\cdots① \\ y=-2t^2+6t & \cdots\cdots② \end{cases}$

①より　$t=x$

これを②に代入すると

$y=-2x^2+6x$

よって，頂点が描く図形は　**放物線 $\boldsymbol{y=-2x^2+6x}$**

⬅頂点が描く図形の媒介変数表示

⬅ t を消去して，x，y が満たす方程式を求める。

(2) $y=-2x^2+2tx+1$ を変形すると

$y=-2\left(x-\dfrac{t}{2}\right)^2+\dfrac{t^2}{2}+1$

媒介変数表示

曲線 C 上の点 (x, y) の座標が変数 t を用いて

$\begin{cases} x=f(t) \\ y=g(t) \end{cases}$

と表されるとき，これを曲線 C の媒介変数表示という。また，この変数 t を媒介変数という。

この放物線の頂点を $P(x,\ y)$ とすると

$$\begin{cases} x=\dfrac{t}{2} & \cdots\cdots① \\ y=\dfrac{t^2}{2}+1 & \cdots\cdots② \end{cases}$$

←頂点が描く図形の媒介変数表示

①より　$t=2x$

これを②に代入すると　$y=\dfrac{(2x)^2}{2}+1$

←t を消去して，x，y が満たす方程式を求める。

すなわち　$y=2x^2+1$

よって，頂点が描く図形は　**放物線 $\boldsymbol{y=2x^2+1}$**

172　$x^2+y^2-2t^2x+4ty=4$ を変形すると

$(x-t^2)^2+(y+2t)^2=t^4+4t^2+4$

←点 $(t^2,\ -2t)$ を中心とする半径 t^2+2 の円

この円の中心を $P(x,\ y)$ とすると

$$\begin{cases} x=t^2 & \cdots\cdots① \\ y=-2t & \cdots\cdots② \end{cases}$$

←頂点が描く図形の媒介変数表示

②より　$t=-\dfrac{y}{2}$

これを①に代入して　$x=\left(-\dfrac{y}{2}\right)^2$

←t を消去して，x，y が満たす方程式を求める。

すなわち　$y^2=4x$

よって，中心が描く図形は　**放物線 $\boldsymbol{y^2=4x}$**

また，概形は右の図のようになる。

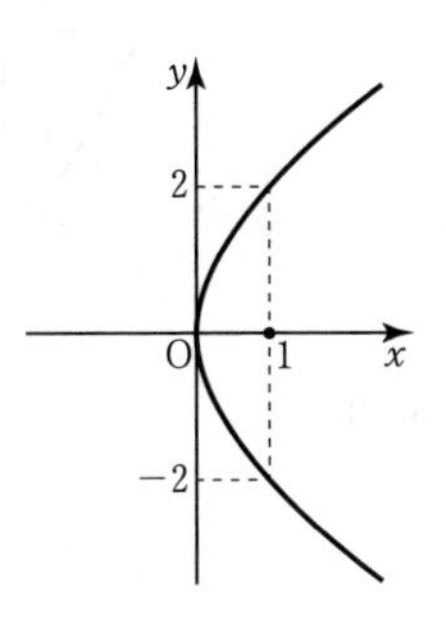

JUMP 33

考え方　$\cos 2\theta$ を $\sin\theta$ で表す。

$$\begin{cases} x=\sin\theta & \cdots\cdots① \\ y=\cos 2\theta & \cdots\cdots② \end{cases}$$

2 倍角の公式を用いて②を変形すると

$y=\cos 2\theta$

$\quad =1-2\sin^2\theta \cdots\cdots②'$

←2 倍角の公式
$\cos 2\theta=\cos^2\theta-\sin^2\theta$
$\qquad =2\cos^2\theta-1$
$\qquad =1-2\sin^2\theta$

また，①より　$\sin\theta=x$

これを②′に代入すると

$y=1-2x^2$

$-1\leqq\sin\theta\leqq1$ であるから，

←$\sin\theta$ の範囲に注意する。

x のとり得る値の範囲は

$-1\leqq x\leqq1$

よって，曲線を表す x，y の方程式は

$\boldsymbol{y=1-2x^2\quad(-1\leqq x\leqq1)}$

また，概形は右の図のようになる。

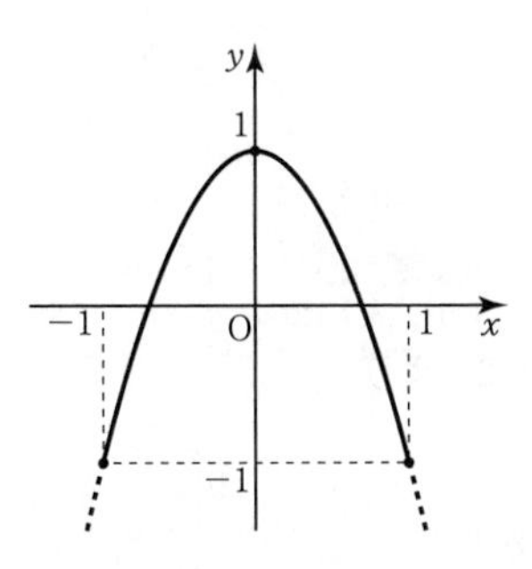

34 極座標 (p.76)

173

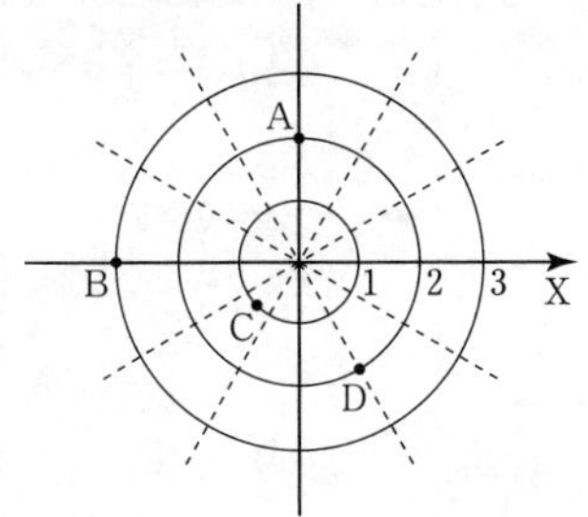

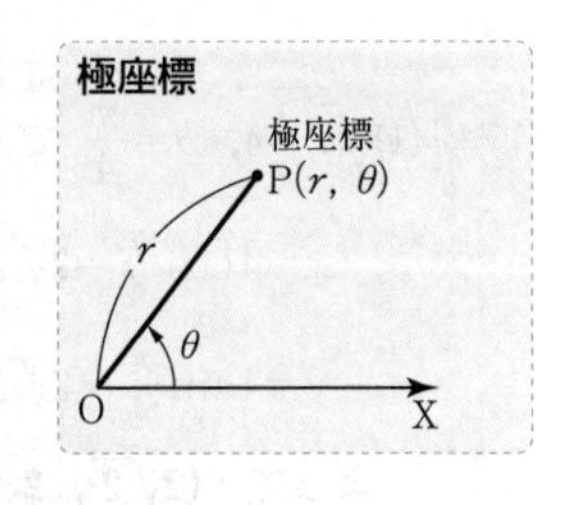

174　$r=\sqrt{(\sqrt{3})^2+(-1)^2}=2$

また，$\cos\theta=\dfrac{\sqrt{3}}{2}$

$\sin\theta=-\dfrac{1}{2}$

$0\leqq\theta<2\pi$ より　$\theta=\dfrac{11}{6}\pi$

よって　$\left(\mathbf{2},\ \dfrac{\mathbf{11}}{\mathbf{6}}\boldsymbol{\pi}\right)$

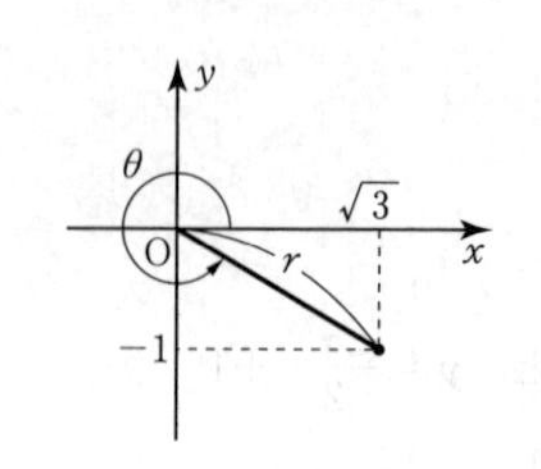

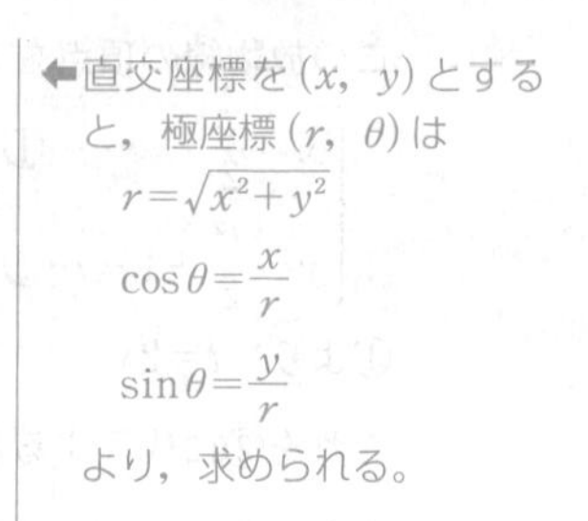
⬅直交座標を$(x,\ y)$とすると，極座標$(r,\ \theta)$は
$r=\sqrt{x^2+y^2}$
$\cos\theta=\dfrac{x}{r}$
$\sin\theta=\dfrac{y}{r}$
より，求められる。

175　(1)　$r=\mathrm{OC}=3$

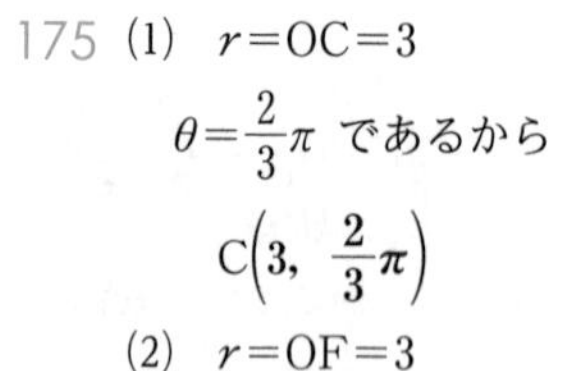
$\theta=\dfrac{2}{3}\pi$ であるから

$\mathrm{C}\left(\mathbf{3},\ \dfrac{\mathbf{2}}{\mathbf{3}}\boldsymbol{\pi}\right)$

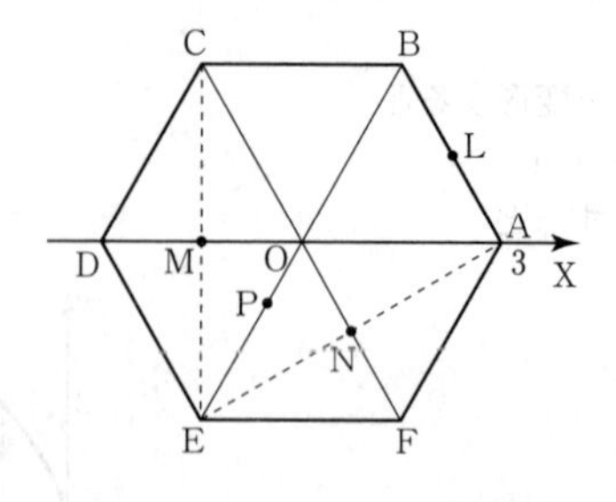

⬅$\angle\mathrm{AOC}=\dfrac{2}{3}\pi$

(2)　$r=\mathrm{OF}=3$

$\theta=\dfrac{5}{3}\pi$ であるから

$\mathrm{F}\left(\mathbf{3},\ \dfrac{\mathbf{5}}{\mathbf{3}}\boldsymbol{\pi}\right)$

(3)　$r=\mathrm{OL}=\dfrac{\sqrt{3}}{2}\mathrm{OA}=\dfrac{3\sqrt{3}}{2}$

⬅$\mathrm{OA}:\mathrm{OL}=2:\sqrt{3}$

$\theta=\dfrac{\pi}{6}$ であるから

⬅$\angle\mathrm{AOL}=\dfrac{1}{2}\angle\mathrm{AOB}$

$\mathrm{L}\left(\dfrac{\mathbf{3}\sqrt{\mathbf{3}}}{\mathbf{2}},\ \dfrac{\boldsymbol{\pi}}{\mathbf{6}}\right)$

(4)　$r=\mathrm{OM}=\dfrac{1}{2}\mathrm{OD}=\dfrac{3}{2}$

⬅Mは線分ODの中点

$\theta=\pi$ であるから

$\mathrm{M}\left(\dfrac{\mathbf{3}}{\mathbf{2}},\ \boldsymbol{\pi}\right)$

(5)　$r=\mathrm{ON}=\dfrac{1}{2}\mathrm{OF}=\dfrac{3}{2}$

⬅Nは線分OFの中点

$\theta=\dfrac{5}{3}\pi$ であるから

$\mathrm{N}\left(\dfrac{\mathbf{3}}{\mathbf{2}},\ \dfrac{\mathbf{5}}{\mathbf{3}}\boldsymbol{\pi}\right)$

(6)　$\mathrm{EP}=\dfrac{1}{3}\mathrm{BE}=\dfrac{1}{3}\times6=2$　より

$r=\mathrm{OP}=\mathrm{OE}-\mathrm{EP}=1$

また，$\theta=\dfrac{4}{3}\pi$ であるから

$\mathrm{P}\left(\mathbf{1},\ \dfrac{\mathbf{4}}{\mathbf{3}}\boldsymbol{\pi}\right)$

⬅$\mathrm{BP}=\dfrac{2}{3}\mathrm{BE}=4$
$r=\mathrm{OP}=\mathrm{BP}-\mathrm{BO}=1$
と考えてもよい。

176　(1)　$r=4,\ \theta=\dfrac{\pi}{4}$ であるから

$x=4\cos\dfrac{\pi}{4}=2\sqrt{2}$

$y=4\sin\dfrac{\pi}{4}=2\sqrt{2}$

よって　$(\mathbf{2}\sqrt{\mathbf{2}},\ \mathbf{2}\sqrt{\mathbf{2}})$

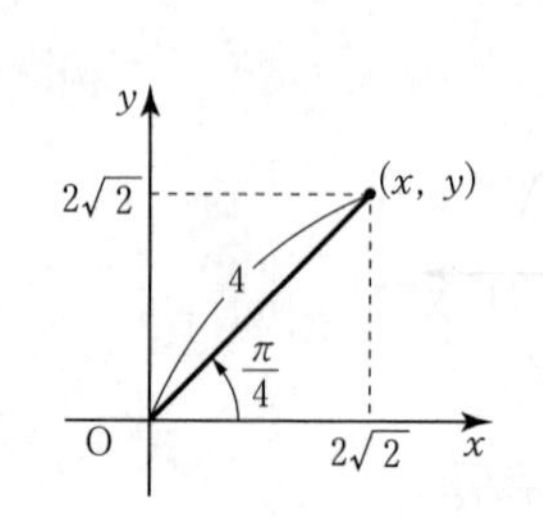

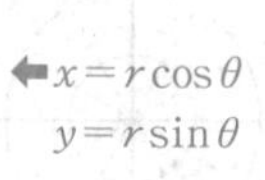
⬅$x=r\cos\theta$
$y=r\sin\theta$

(2)　$r=2\sqrt{3}$，$\theta=\dfrac{2}{3}\pi$ であるから

$x=2\sqrt{3}\cos\dfrac{2}{3}\pi=-\sqrt{3}$

$y=2\sqrt{3}\sin\dfrac{2}{3}\pi=3$

よって　$\mathbf{(-\sqrt{3},\ 3)}$

⬅$x=r\cos\theta$
$y=r\sin\theta$

(3)　$r=3$，$\theta=\dfrac{3}{2}\pi$ であるから

$x=3\cos\dfrac{3}{2}\pi=0$，$y=3\sin\dfrac{3}{2}\pi=-3$

よって　$\mathbf{(0,\ -3)}$

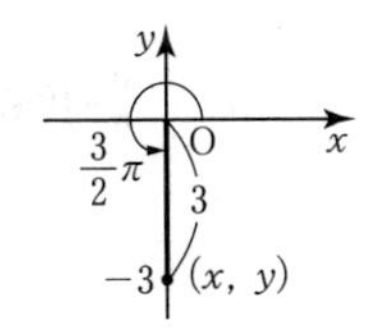

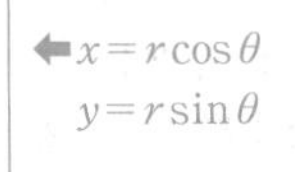

⬅$x=r\cos\theta$
$y=r\sin\theta$

(4)　$r=\sqrt{6}$，$\theta=\dfrac{11}{6}\pi$ であるから

$x=\sqrt{6}\cos\dfrac{11}{6}\pi=\dfrac{3\sqrt{2}}{2}$

$y=\sqrt{6}\sin\dfrac{11}{6}\pi=-\dfrac{\sqrt{6}}{2}$

よって　$\mathbf{\left(\dfrac{3\sqrt{2}}{2},\ -\dfrac{\sqrt{6}}{2}\right)}$

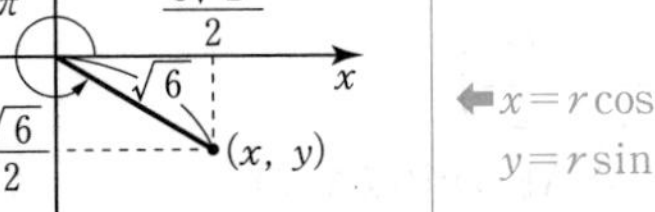

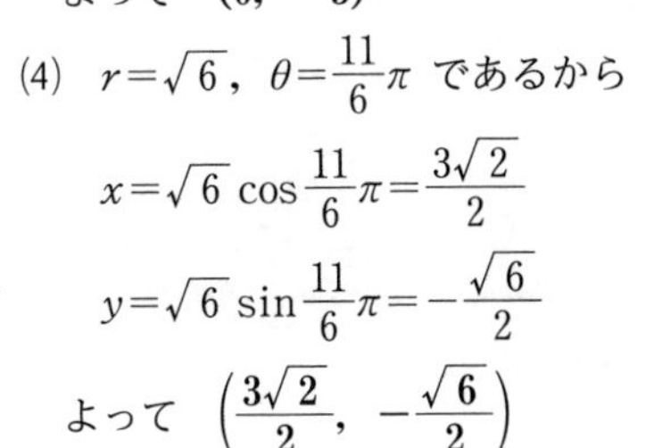

⬅$x=r\cos\theta$
$y=r\sin\theta$

177　(1)　$r=\sqrt{(\sqrt{2})^2+(\sqrt{6})^2}=2\sqrt{2}$

また，$\cos\theta=\dfrac{\sqrt{2}}{2\sqrt{2}}=\dfrac{1}{2}$

$\sin\theta=\dfrac{\sqrt{6}}{2\sqrt{2}}=\dfrac{\sqrt{3}}{2}$

$0\leqq\theta<2\pi$ より　$\theta=\dfrac{\pi}{3}$

よって　$\mathbf{\left(2\sqrt{2},\ \dfrac{\pi}{3}\right)}$

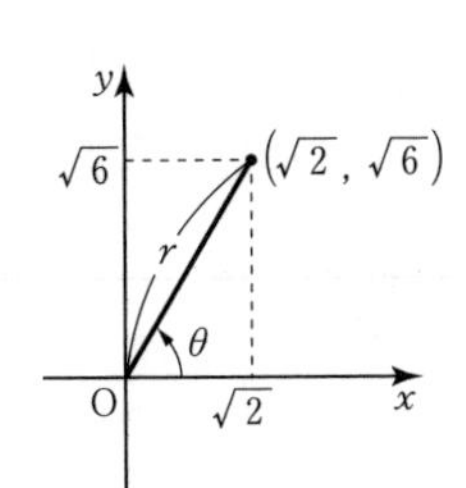

⬅$r=\sqrt{x^2+y^2}$
$\cos\theta=\dfrac{x}{r}$
$\sin\theta=\dfrac{y}{r}$

(2)　$r=\sqrt{(-2\sqrt{3})^2+2^2}=\sqrt{16}=4$

また，$\cos\theta=\dfrac{-2\sqrt{3}}{4}=-\dfrac{\sqrt{3}}{2}$

$\sin\theta=\dfrac{2}{4}=\dfrac{1}{2}$

$0\leqq\theta<2\pi$ より　$\theta=\dfrac{5}{6}\pi$

よって　$\mathbf{\left(4,\ \dfrac{5}{6}\pi\right)}$

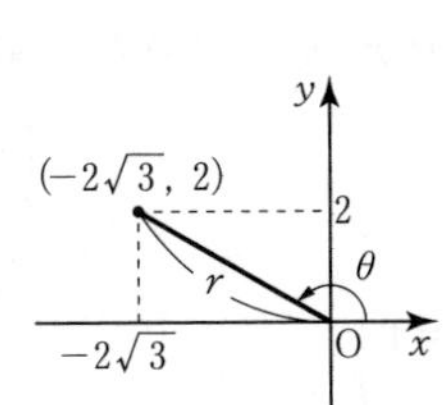

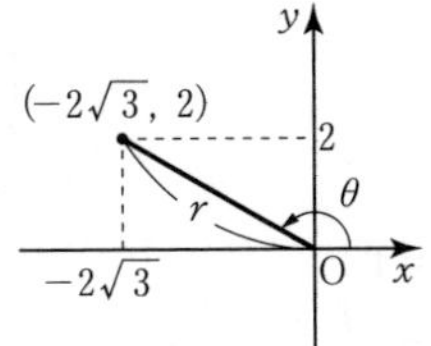

⬅$r=\sqrt{x^2+y^2}$
$\cos\theta=\dfrac{x}{r}$
$\sin\theta=\dfrac{y}{r}$

(3)　$r=\sqrt{(-1)^2+(-1)^2}=\sqrt{2}$

また，$\cos\theta=-\dfrac{1}{\sqrt{2}}$，$\sin\theta=-\dfrac{1}{\sqrt{2}}$

$0\leqq\theta<2\pi$ より　$\theta=\dfrac{5}{4}\pi$

よって　$\mathbf{\left(\sqrt{2},\ \dfrac{5}{4}\pi\right)}$

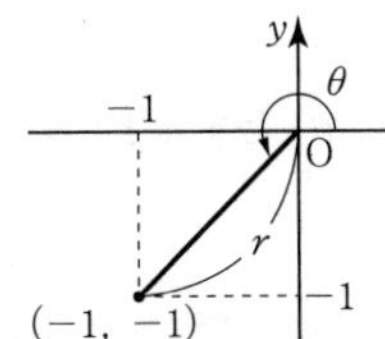

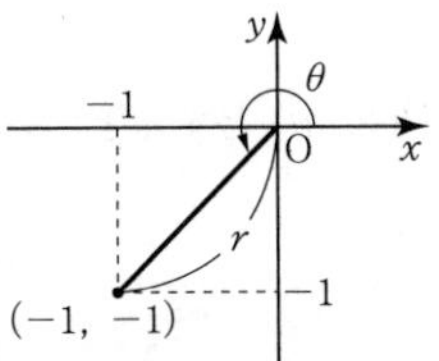

⬅$r=\sqrt{x^2+y^2}$
$\cos\theta=\dfrac{x}{r}$
$\sin\theta=\dfrac{y}{r}$

(4)　$r=\sqrt{0^2+(-2)^2}=2$

また，$\cos\theta=\dfrac{0}{2}=0$，$\sin\theta=\dfrac{-2}{2}=-1$

$0\leqq\theta<2\pi$ より　$\theta=\dfrac{3}{2}\pi$

よって　$\mathbf{\left(2,\ \dfrac{3}{2}\pi\right)}$

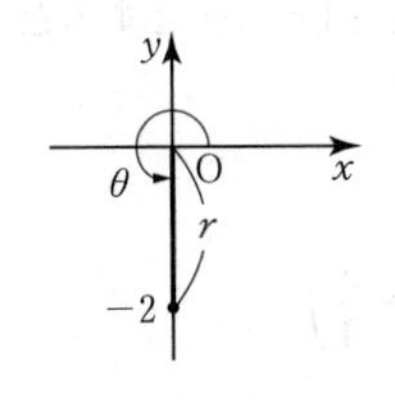

⬅$r=\sqrt{x^2+y^2}$
$\cos\theta=\dfrac{x}{r}$
$\sin\theta=\dfrac{y}{r}$

JUMP 34

$\angle \mathbf{AOB} = \frac{5}{6}\pi - \frac{\pi}{3} = \boldsymbol{\frac{\pi}{2}}$

OA＝2，OB＝$\sqrt{3}$ より，
△AOB において，三平方の定理から

$\mathbf{AB} = \sqrt{2^2 + (\sqrt{3})^2} = \boldsymbol{\sqrt{7}}$

また，点 A を直交座標で表すと

$\left(2\cos\frac{\pi}{3},\ 2\sin\frac{\pi}{3}\right)$

すなわち　$(1,\ \sqrt{3})$

点 B を直交座標で表すと

$\left(\sqrt{3}\cos\frac{5}{6}\pi,\ \sqrt{3}\sin\frac{5}{6}\pi\right)$

すなわち　$\left(-\frac{3}{2},\ \frac{\sqrt{3}}{2}\right)$

であるから，線分 AB の中点 M の

x 座標は　$\frac{1}{2}\left\{1 + \left(-\frac{3}{2}\right)\right\} = -\frac{1}{4}$

y 座標は　$\frac{1}{2}\left(\sqrt{3} + \frac{\sqrt{3}}{2}\right) = \frac{3\sqrt{3}}{4}$

よって　$\mathrm{M}\left(\boldsymbol{-\frac{1}{4},\ \frac{3\sqrt{3}}{4}}\right)$

考え方　△AOB の形状に着目する。

35 極方程式 (p.78)

178 (1)　$\boldsymbol{r = 5}$

(2)　$\boldsymbol{\theta = \frac{\pi}{6}}$

179 (1)　直線上の任意の点を $\mathrm{P}(r,\ \theta)$ とすると
OP＝r，OA＝4 より

$\cos\left(\theta - \frac{\pi}{3}\right) = \frac{4}{r}$

よって　$\boldsymbol{r\cos\left(\theta - \frac{\pi}{3}\right) = 4}$

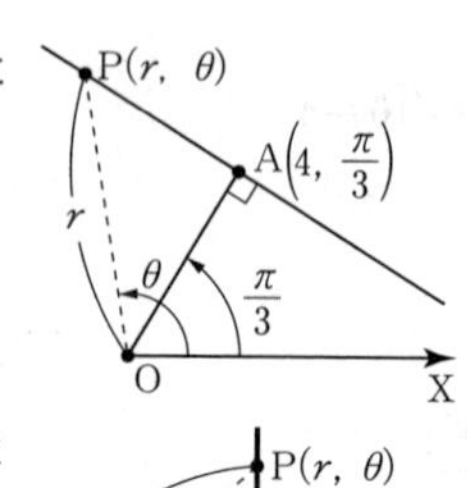

(2)　直線上の任意の点を $\mathrm{P}(r,\ \theta)$ とすると
OP＝r，OA＝4 より

$\cos\theta = \frac{4}{r}$

よって　$\boldsymbol{r\cos\theta = 4}$

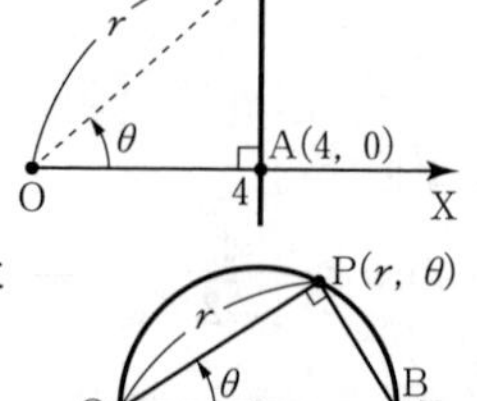

(3)　円周上の任意の点を $\mathrm{P}(r,\ \theta)$ とすると
OP＝r，OA＝5 より

$\cos\theta = \frac{r}{10}$

よって　$\boldsymbol{r = 10\cos\theta}$

(4)　円周上の任意の点を $\mathrm{P}(r,\ \theta)$ とすると
OP＝r，OA＝2 より

$\cos\left(\theta - \frac{\pi}{4}\right) = \frac{r}{4}$

よって　$\boldsymbol{r = 4\cos\left(\theta - \frac{\pi}{4}\right)}$

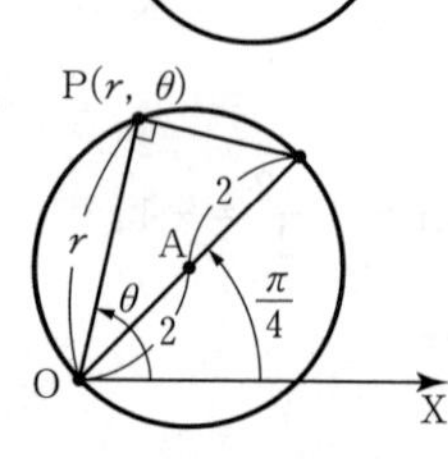

極方程式
平面上の曲線が
極座標 $(r,\ \theta)$ の方程式
$r = f(\theta)$ または　…①
$f(r,\ \theta) = 0$
で表されるとき，①をその曲線の極方程式という。

直線と円の極方程式
$a > 0$ として，点 $\mathrm{A}(a,\ \theta_1)$ を通り，OA に垂直な直線の極方程式は，直線上の任意の点を $\mathrm{P}(r,\ \theta)$ とすると
$r\cos(\theta - \theta_1) = a$
中心 A の極座標が $(a,\ 0)$，半径が a の円の極方程式は，円周上の任意の点を $\mathrm{P}(r,\ \theta)$ とすると　$r = 2a\cos\theta$

180 (1) 両辺にrを掛けると

$r^2=4r\cos\theta-2r\sin\theta$

$r^2=x^2+y^2$，$r\cos\theta=x$，$r\sin\theta=y$ より

$x^2+y^2=4x-2y$

よって　$\boldsymbol{(x-2)^2+(y+1)^2=5}$

⬅点$(2,\ -1)$を中心とする半径$\sqrt{5}$の円

(2) 両辺に$\sin\theta+\cos\theta$を掛けると

$r(\sin\theta+\cos\theta)=1$

$r\sin\theta+r\cos\theta=1$

$r\sin\theta=y$，$r\cos\theta=x$ より

$\boldsymbol{y+x=1}$

⬅傾き-1，y切片1の直線

(3) 三角関数の加法定理より

⬅ $\cos(\alpha-\beta)=\cos\alpha\cos\beta+\sin\alpha\sin\beta$

$$\cos\left(\theta-\frac{\pi}{3}\right)=\cos\theta\cos\frac{\pi}{3}+\sin\theta\sin\frac{\pi}{3}$$

$$=\frac{1}{2}\cos\theta+\frac{\sqrt{3}}{2}\sin\theta$$

であるから，与えられた極方程式は

$$2r\left(\frac{1}{2}\cos\theta+\frac{\sqrt{3}}{2}\sin\theta\right)=1$$

すなわち　$r\cos\theta+\sqrt{3}r\sin\theta=1$

と変形できる。

$r\cos\theta=x$，$r\sin\theta=y$ より

$\boldsymbol{x+\sqrt{3}y=1}$

⬅傾き$-\frac{1}{\sqrt{3}}$，y切片$\frac{1}{\sqrt{3}}$の直線

181 $x^2+(y-1)^2=1$ を変形すると

$x^2+y^2-2y=0$

$x^2+y^2=r^2$，$y=r\sin\theta$ より

$r^2-2r\sin\theta=0$

$r(r-2\sin\theta)=0$

よって　$r=0$ または $r=2\sin\theta$

ゆえに　$\boldsymbol{r=2\sin\theta}$

⬅$r=2\sin\theta$ は，$\theta=0$ のとき $r=0$ となるから，$r=0$ は $r=2\sin\theta$ に含まれる。

JUMP 35

考え方　$\cos2\theta$を$\sin\theta$，$\cos\theta$で表す。

$r^2\cos2\theta-1=0$ より

$r^2(\cos^2\theta-\sin^2\theta)-1=0$

⬅$\cos2\theta=\cos^2\theta-\sin^2\theta$

$(r\cos\theta)^2-(r\sin\theta)^2-1=0$

$r\cos\theta=x$，$r\sin\theta=y$ より

$x^2-y^2-1=0$

よって　$\boldsymbol{x^2-y^2=1}$

⬅双曲線

まとめの問題　平面上の曲線(p.80)

1 $y^2=-4x$ は

$y^2=4\times(-1)\times x$

と変形できるから，

焦点の座標は　$\boldsymbol{(-1,\ 0)}$

準線の方程式は　$\boldsymbol{x=1}$

また，概形は右の図のようになる。

⬅放物線 $y^2=4px$
焦点$(p,\ 0)$
準線 $x=-p$

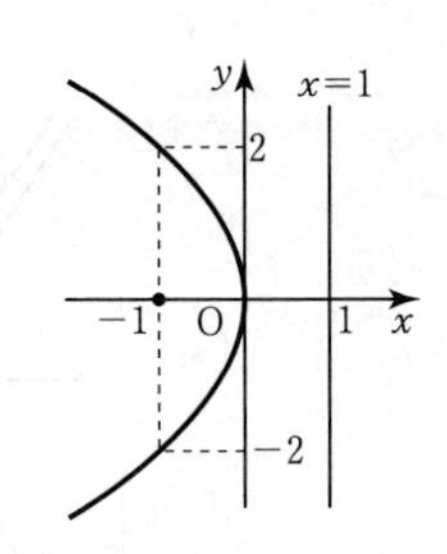

3章　平面上の曲線

2 $x^2=4\times\frac{3}{4}\times y$ より

$\boldsymbol{x^2=3y}$

←放物線 $x^2=4py$
焦点 $(0,\ p)$
準線 $y=-p$

3 $\sqrt{9-1}=2\sqrt{2}$ より，
焦点の座標は
$(2\sqrt{2},\ 0)$，$(-2\sqrt{2},\ 0)$
頂点の座標は
$(3,\ 0)$，$(-3,\ 0)$，
$(0,\ 1)$，$(0,\ -1)$
概形は右の図のようになる。
また，長軸の長さは **6**
短軸の長さは **2**

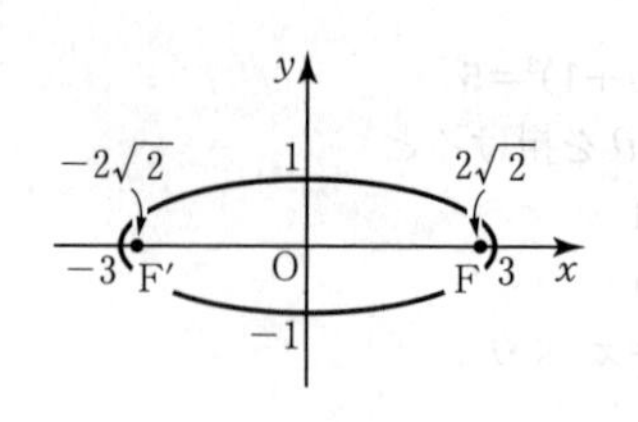

←楕円 $\frac{x^2}{a^2}+\frac{y^2}{b^2}=1$ $(a>b>0)$
焦点 $(\sqrt{a^2-b^2},\ 0)$
$(-\sqrt{a^2-b^2},\ 0)$
頂点 $(a,\ 0)$，$(-a,\ 0)$
$(0,\ b)$，$(0,\ -b)$
長軸の長さ $2a$
短軸の長さ $2b$

4 求める楕円の方程式を
$\frac{x^2}{a^2}+\frac{y^2}{b^2}=1$ $(b>a>0)$
とおく。
焦点からの距離の和が 10 であるから
$2b=10$
すなわち $b=5$
また，焦点が $(0,\ 4)$，$(0,\ -4)$ であるから
$4=\sqrt{5^2-a^2}$
よって $a^2=9$
ゆえに，この楕円の方程式は $\boldsymbol{\frac{x^2}{9}+\frac{y^2}{25}=1}$

←焦点が y 軸上にある。

←焦点からの距離の和は長軸の長さに等しい。
すなわち $PF+PF'=2b$

5 円周上の点 $Q(s,\ t)$ の y 座標を $\frac{b}{a}$ 倍して得られる点を
$P(x,\ y)$ とすると
$x=s$，$y=\frac{b}{a}t$
すなわち $s=x$，$t=\frac{a}{b}y$
ここで，点 Q は円周上にあるから
$s^2+t^2=a^2$
よって $x^2+\frac{a^2}{b^2}y^2=a^2$
すなわち $\frac{x^2}{a^2}+\frac{y^2}{b^2}=1$
ゆえに，求める曲線は **楕円 $\boldsymbol{\frac{x^2}{a^2}+\frac{y^2}{b^2}=1}$**

6 $\sqrt{4+9}=\sqrt{13}$ より，
焦点の座標は
$(0,\ \sqrt{13})$，$(0,\ -\sqrt{13})$
頂点の座標は
$(0,\ 3)$，$(0,\ -3)$
概形は右の図のようになる。
漸近線の方程式は $\boldsymbol{y=\pm\frac{3}{2}x}$

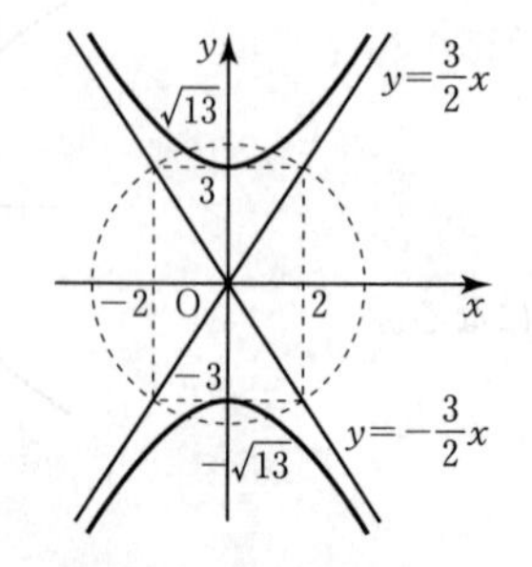

←双曲線 $\frac{x^2}{a^2}-\frac{y^2}{b^2}=-1$
焦点 $(0,\ \sqrt{a^2+b^2})$
$(0,\ -\sqrt{a^2+b^2})$
頂点 $(0,\ b)$，$(0,\ -b)$
漸近線 $y=\pm\frac{b}{a}x$

7 $4x^2+y^2=4$ を変形すると

$x^2+\dfrac{y^2}{4}=1$

であるから，平行移動した楕円の方程式は

$$(x-3)^2+\frac{(y+2)^2}{4}=1$$

楕円 $4x^2+y^2=4$ について，$\sqrt{4-1}=\sqrt{3}$　より

焦点の座標は　$(0,\ \sqrt{3})$，$(0,\ -\sqrt{3})$

頂点の座標は　$(1,\ 0)$，$(-1,\ 0)$，$(0,\ 2)$，$(0,\ -2)$

であるから，平行移動後の楕円の

焦点の座標は　$(3,\ \sqrt{3}-2)$，$(3,\ -\sqrt{3}-2)$

頂点の座標は　$(4,\ -2)$，$(2,\ -2)$，$(3,\ 0)$，$(3,\ -4)$

←曲線 $f(x,\ y)=0$ を $\begin{cases} x\text{ 軸方向に } p \\ y\text{ 軸方向に } q \end{cases}$ だけ平行移動して得られる図形の方程式は
$f(x-p,\ y-q)=0$

8 $x^2-6x-(y^2+2y)=0$ を変形すると

$(x-3)^2-(y+1)^2=8$

$\dfrac{(x-3)^2}{8}-\dfrac{(y+1)^2}{8}=1$

よって，求める図形は，

直角双曲線 $\dfrac{x^2}{8}-\dfrac{y^2}{8}=1$ を x 軸方向に 3，y 軸方向に -1 だけ平行移動した直角双曲線である。

ここで，$\sqrt{8+8}=4$　より，

双曲線 $\dfrac{x^2}{8}-\dfrac{y^2}{8}=1$ の

焦点の座標は

$(4,\ 0)$，$(-4,\ 0)$

頂点の座標は

$(2\sqrt{2},\ 0)$，$(-2\sqrt{2},\ 0)$

であるから，平行移動後の双曲線の

焦点の座標は

$(7,\ -1)$，$(-1,\ -1)$

頂点の座標は

$(2\sqrt{2}+3,\ -1)$，$(-2\sqrt{2}+3,\ -1)$

ゆえに，概形は右上の図のようになる。

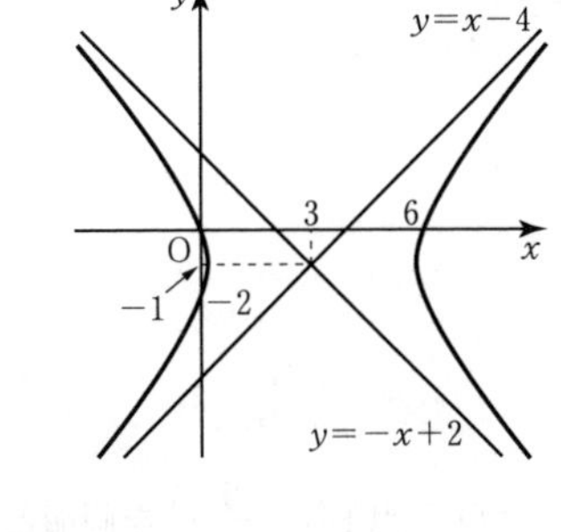

9 $\begin{cases} x^2+4y^2=20 \ \cdots\cdots ① \\ x-y+k=0 \ \cdots\cdots ② \end{cases}$

②より　$y=x+k$

①に代入すると

$x^2+4(x+k)^2=20$

整理すると　$5x^2+8kx+4k^2-20=0$

この 2 次方程式の判別式を D とすると

$D=(8k)^2-4\times5(4k^2-20)$

$=64k^2-80k^2+400$

$=-16(k^2-25)$

$=-16(k+5)(k-5)$

$D>0$ すなわち　**$-5<k<5$ のとき　　共有点は 2 個**

$D=0$ すなわち　**$k=\pm5$ のとき　　共有点は 1 個**

$D<0$ すなわち　**$k<-5,\ 5<k$ のとき　共有点は 0 個**

←2 次曲線と直線の共有点の個数は，2 次曲線の方程式と直線の方程式の連立方程式から y を消去して得られる x の 2 次方程式の判別式を D とすると
$\begin{cases} D>0 \cdots 2\text{ 個} \\ D=0 \cdots 1\text{ 個} \\ D<0 \cdots 0\text{ 個} \end{cases}$

10 $\begin{cases} x=1-t^2 & \cdots\cdots① \\ y=2t & \cdots\cdots② \end{cases}$

②より　$t=\dfrac{y}{2}$

これを①に代入すると

$$x=1-\left(\frac{y}{2}\right)^2$$

$$x=1-\frac{y^2}{4}$$

すなわち　$y^2=4-4x$

よって，**放物線 $\boldsymbol{y^2=4-4x}$**

11 $r=2$，$\theta=\dfrac{5}{6}\pi$ であるから

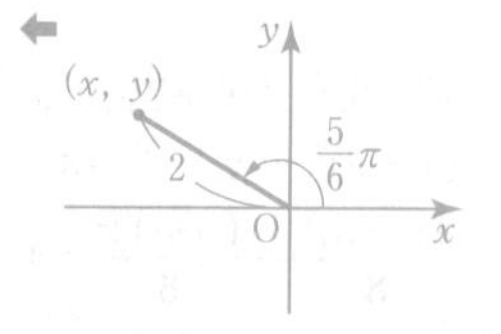

$$x=2\cos\frac{5}{6}\pi=-\sqrt{3}$$

$$y=2\sin\frac{5}{6}\pi=1$$

よって　$\boldsymbol{(-\sqrt{3},\ 1)}$

12 $r=\sqrt{(-2\sqrt{3})^2+6^2}=\sqrt{48}=4\sqrt{3}$

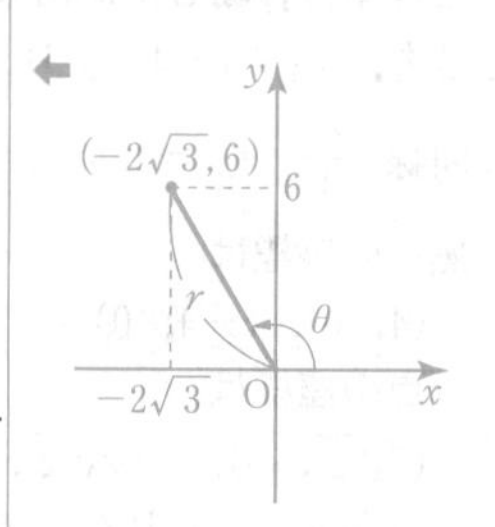

また，$\cos\theta=\dfrac{-2\sqrt{3}}{4\sqrt{3}}=-\dfrac{1}{2}$

$\sin\theta=\dfrac{6}{4\sqrt{3}}=\dfrac{\sqrt{3}}{2}$

$0\leqq\theta<2\pi$ より　$\theta=\dfrac{2}{3}\pi$

よって　$\boldsymbol{\left(4\sqrt{3},\ \dfrac{2}{3}\pi\right)}$

13 この円は極Oを通るから，極Oと点$\mathrm{B}\left(6,\ \dfrac{5}{6}\pi\right)$を両端とする線分はこの円の直径となる。

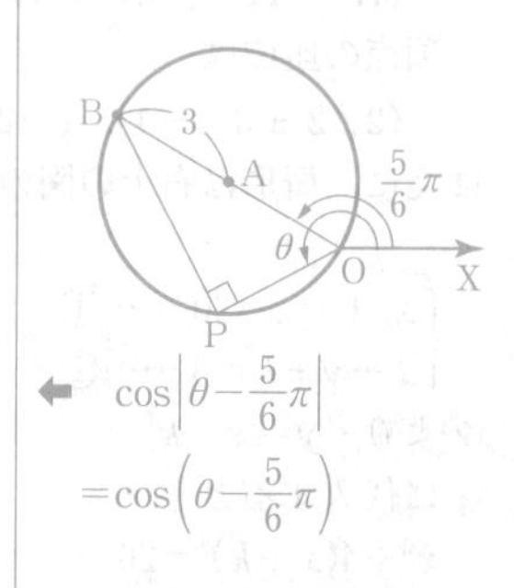

円周上の点を$\mathrm{P}(r,\ \theta)$とすると

$\angle\mathrm{BPO}=\dfrac{\pi}{2}$ より，$\triangle\mathrm{BPO}$において，

$$\mathrm{OP}=\mathrm{OB}\cos\angle\mathrm{BOP}$$

$$r=6\cos\left|\theta-\frac{5}{6}\pi\right|$$

$$=6\cos\left(\theta-\frac{5}{6}\pi\right)$$

←$\cos\left|\theta-\dfrac{5}{6}\pi\right|$
$=\cos\left(\theta-\dfrac{5}{6}\pi\right)$

よって，$\boldsymbol{r=6\cos\left(\theta-\dfrac{5}{6}\pi\right)}$

14 両辺に r を掛けると

$$r^2=r\sin\theta+r\cos\theta$$

$r^2=x^2+y^2$，$r\sin\theta=y$，$r\cos\theta=x$ より

$$x^2+y^2=y+x$$

よって　$\boldsymbol{\left(x-\dfrac{1}{2}\right)^2+\left(y-\dfrac{1}{2}\right)^2=\dfrac{1}{2}}$

←点$\left(\dfrac{1}{2},\ \dfrac{1}{2}\right)$を中心として半径$\dfrac{1}{\sqrt{2}}$の円

21　2点 $A(-3,\ -4)$，$B(2,\ 1)$ について，次の問いに答えよ。

(1)　$\overrightarrow{AB}$ を成分表示せよ。

(2)　$|\overrightarrow{AB}|$ を求めよ。

22　4点 $A(1,\ 2)$，$B(7,\ -1)$，$C(-3,\ 10)$，$D(-23,\ 32)$ について，次の問いに答えよ。

(1)　$\overrightarrow{AB}$，$\overrightarrow{AC}$，$\overrightarrow{AD}$ を成分表示せよ。

(2)　$\overrightarrow{AD}$ を $m\overrightarrow{AB}+n\overrightarrow{AC}$ の形で表せ。

23　2点 $A(2,\ -4)$，$B(x,\ x-4)$ について，次の問いに答えよ。

(1)　$\overrightarrow{AB}$ を成分表示せよ。

(2)　$|\overrightarrow{AB}|=10$ になるように，x の値を定めよ。

24　4点 $A(-3,\ 1)$，$B(3,\ -2)$，$C(x,\ 4)$，$D(0,\ y)$ を頂点とする四角形ABCDが平行四辺形になるように，x，y の値を定めよ。

JUMP 4　$\overrightarrow{AB}=(2,\ -1)$，$\overrightarrow{AP}=(t,\ -2t)$ とする。$\overrightarrow{PA}$ と $\overrightarrow{PB}$ の大きさが等しいとき，t の値を求めよ。

5 ベクトルの内積

例題 9　ベクトルの内積

右の正三角形 ABC において，次の内積を求めよ。

(1) $\overrightarrow{AB}\cdot\overrightarrow{AC}$　　(2) $\overrightarrow{CA}\cdot\overrightarrow{BC}$

(3) $\overrightarrow{DA}\cdot\overrightarrow{DB}$

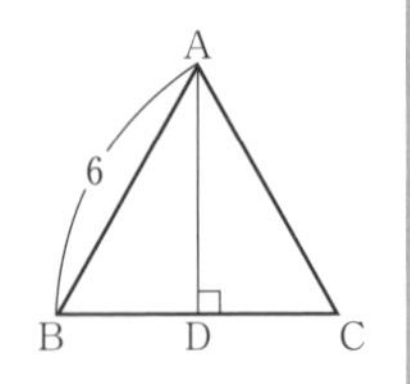

▶$\vec{a}$ と $\vec{b}$ のなす角
$\vec{0}$ でない 2 つのベクトル $\vec{a}$，$\vec{b}$ に対し，点 O を始点として
$\vec{a}=\overrightarrow{OA}$，$\vec{b}=\overrightarrow{OB}$
となるように点 A，B をとるとき，$\angle AOB$ の大きさ θ を，$\vec{a}$ と $\vec{b}$ のなす角という。ただし，なす角は $0^\circ \leqq \theta \leqq 180^\circ$ で考える。

解 (1) $|\overrightarrow{AB}|=|\overrightarrow{AC}|=6$，$\angle BAC=60^\circ$ より

$\overrightarrow{AB}\cdot\overrightarrow{AC}=6\times6\times\cos60^\circ$

$=6\times6\times\dfrac{1}{2}=\mathbf{18}$

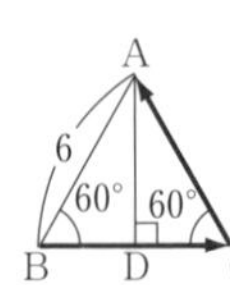

▶内積
2 つのベクトル $\vec{a}$，$\vec{b}$ のなす角を θ とするとき
$\vec{a}\cdot\vec{b}=|\vec{a}||\vec{b}|\cos\theta$

(2) 右の図から，$\overrightarrow{CA}$ と $\overrightarrow{BC}$ のなす角を θ とすると

$|\overrightarrow{CA}|=|\overrightarrow{BC}|=6$，　$\theta=120^\circ$

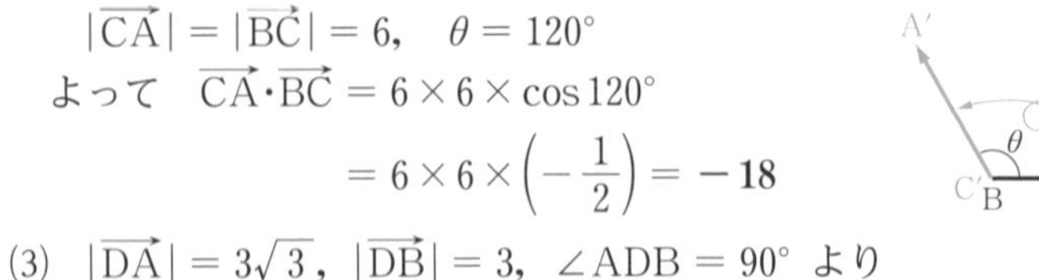
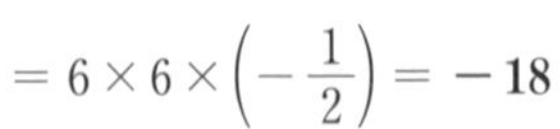

よって　$\overrightarrow{CA}\cdot\overrightarrow{BC}=6\times6\times\cos120^\circ$

$=6\times6\times\left(-\dfrac{1}{2}\right)=\mathbf{-18}$

A′　A　θ　C′ B　C

←なす角は 2 つのベクトルの始点を揃えて考える。

(3) $|\overrightarrow{DA}|=3\sqrt{3}$，$|\overrightarrow{DB}|=3$，$\angle ADB=90^\circ$ より

$\overrightarrow{DA}\cdot\overrightarrow{DB}=3\sqrt{3}\times3\times\cos90^\circ=3\sqrt{3}\times3\times0=\mathbf{0}$

例題 10　内積と成分

$\vec{a}=(-2,\ 3)$，$\vec{b}=(4,\ -1)$ のとき，内積 $\vec{a}\cdot\vec{b}$ を求めよ。

▶内積と成分
$\vec{a}=(a_1,\ a_2)$，$\vec{b}=(b_1,\ b_2)$ のとき
$\vec{a}\cdot\vec{b}=a_1b_1+a_2b_2$

解 $\vec{a}\cdot\vec{b}=(-2)\times4+3\times(-1)=\mathbf{-11}$

類題

25 右の図で，次の内積を求めよ。

(1) $\overrightarrow{BA}\cdot\overrightarrow{BC}$

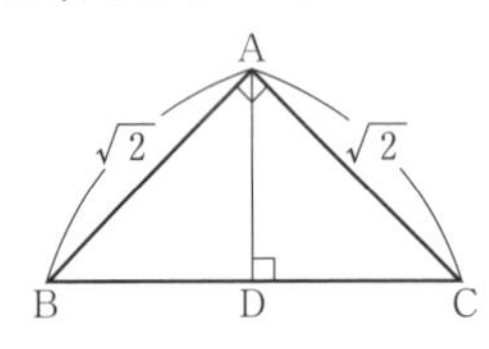

(2) $\overrightarrow{CA}\cdot\overrightarrow{DC}$

26 次の 2 つのベクトルの内積 $\vec{a}\cdot\vec{b}$ を求めよ。

(1) $\vec{a}=(-2,\ 1)$，　$\vec{b}=(3,\ 5)$

(2) $\vec{a}=(\sqrt{2},\ 3)$，　$\vec{b}=(-3\sqrt{2},\ -2)$

27 右の長方形 ABCD において，次のベクトルの内積を求めよ。

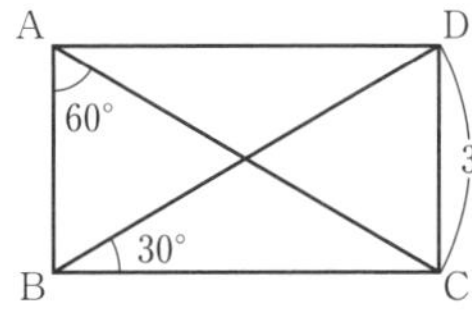

(1) $\overrightarrow{AB}\cdot\overrightarrow{AC}$

(2) $\overrightarrow{AB}\cdot\overrightarrow{AD}$

(3) $\overrightarrow{CB}\cdot\overrightarrow{BD}$

28 3 点 A$(-2,\ 4)$，B$(1,\ 2)$，C$(3,\ 5)$ について，次のベクトルの内積を求めよ。

(1) $\overrightarrow{AB}\cdot\overrightarrow{AC}$

(2) $\overrightarrow{BA}\cdot\overrightarrow{BC}$

29 1 辺の長さが 2 の正方形 ABCD において，次のベクトルの内積を求めよ。

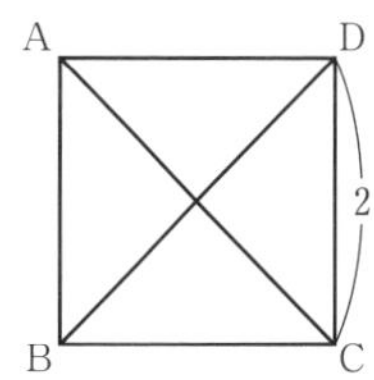

(1) $\overrightarrow{AB}\cdot\overrightarrow{AC}$

(2) $\overrightarrow{AC}\cdot\overrightarrow{BD}$

(3) $\overrightarrow{AD}\cdot\overrightarrow{CB}$

30 3 点 A$(-2,\ -1)$，B$(2,\ 0)$，C$(x,\ -3)$ について，$\overrightarrow{AB}\cdot\overrightarrow{AC}=-2$ となるように x の値を定めよ。

JUMP 5 AB $=$ AC，BC $=2$ の △ABC において，内積 $\overrightarrow{BA}\cdot\overrightarrow{BC}$ を求めよ。

6 ベクトルのなす角

例題 11 ベクトルのなす角

$\vec{a}=(1,\ \sqrt{3})$，$\vec{b}=(-2,\ 2\sqrt{3})$，$\vec{c}=(x,\ -\sqrt{3})$ について，次の問いに答えよ。

(1) $\vec{a}$ と $\vec{b}$ のなす角 θ を求めよ。

(2) $\vec{a}$，$\vec{c}$ が垂直となるような x の値を求めよ。

解 (1) $\vec{a}\cdot\vec{b}=1\times(-2)+\sqrt{3}\times2\sqrt{3}=4$

$|\vec{a}|=\sqrt{1^2+(\sqrt{3})^2}=\sqrt{4}=2$

$|\vec{b}|=\sqrt{(-2)^2+(2\sqrt{3})^2}=\sqrt{16}=4$

よって　$\cos\theta=\dfrac{\vec{a}\cdot\vec{b}}{|\vec{a}||\vec{b}|}=\dfrac{4}{2\times4}=\dfrac{1}{2}$

$0^\circ\leqq\theta\leqq180^\circ$ より　$\boldsymbol{\theta=60^\circ}$

(2) $\vec{a}\cdot\vec{c}=1\times x+\sqrt{3}\times(-\sqrt{3})=0$　より　$\boldsymbol{x=3}$

▶ベクトルのなす角

$\vec{a}$，$\vec{b}$ のなす角を θ とする。

$\vec{a}=(a_1,\ a_2)$，$\vec{b}=(b_1,\ b_2)$ のとき

$$\cos\theta=\frac{\vec{a}\cdot\vec{b}}{|\vec{a}||\vec{b}|}=\frac{a_1b_1+a_2b_2}{\sqrt{a_1^2+a_2^2}\sqrt{b_1^2+b_2^2}}$$

ただし　$0^\circ\leqq\theta\leqq180^\circ$

▶ベクトルの垂直条件

$\vec{a}\neq\vec{0}$，$\vec{b}\neq\vec{0}$ で，

$\vec{a}=(a_1,\ a_2)$，$\vec{b}=(b_1,\ b_2)$ のとき

$\vec{a}\perp\vec{b}\iff\vec{a}\cdot\vec{b}=0$

$\vec{a}\perp\vec{b}\iff a_1b_1+a_2b_2=0$

例題 12 ベクトルと垂直

$\vec{a}=(1,\ 3)$ に垂直で，大きさが $\sqrt{10}$ であるベクトルを求めよ。

解 求めるベクトルを $\vec{p}=(x,\ y)$ とする。

$\vec{a}\perp\vec{p}$ より　$\vec{a}\cdot\vec{p}=0$　よって　$x+3y=0$ ……①

また，$|\vec{p}|=\sqrt{10}$ より　$\sqrt{x^2+y^2}=\sqrt{10}$

両辺を 2 乗して　$x^2+y^2=10$ ……②

ここで，①より　$x=-3y$ ……③

③を②に代入すると　$(-3y)^2+y^2=10$

これを解くと　$y=\pm1$

③より　$y=1$ のとき $x=-3$，　$y=-1$ のとき $x=3$

ゆえに，求めるベクトルは　**$(-3,\ 1)$，$(3,\ -1)$**

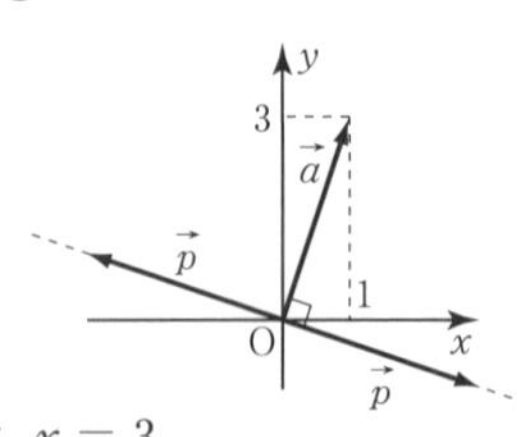

類題

31 $\vec{a}=(3,\ -1)$，$\vec{b}=(2,\ 1)$，$\vec{c}=(-2,\ x)$ について，次の問いに答えよ。

(1) $\vec{a}$ と $\vec{b}$ のなす角 θ を求めよ。

(2) $\vec{a}$，$\vec{c}$ が垂直となるような x の値を求めよ。

32 $\vec{a}=(-1,\ 2)$ に垂直で，大きさが 10 であるベクトルを求めよ。

33 次の2つのベクトルのなす角θを求めよ。

(1) $\vec{a}=(3,\ 0)$, $\vec{b}=(-1,\ 1)$

(2) $\vec{a}=(1,\ -1)$, $\vec{b}=(\sqrt{3}+1,\ \sqrt{3}-1)$

34 次の2つのベクトル$\vec{a}$, $\vec{b}$が垂直となるようなxの値を求めよ。

(1) $\vec{a}=(2,\ x-1)$, $\vec{b}=(x-2,\ -3)$

(2) $\vec{a}=(x+2,\ 2)$, $\vec{b}=(x-6,\ x+2)$

35 $\vec{a}=(3,\ -2)$, $\vec{b}=(-1,\ 2)$ に対して，2つのベクトル $2\vec{a}+\vec{b}$ と $\vec{a}-t\vec{b}$ が垂直になるように実数tの値を定めよ。

36 $\vec{a}=(-\sqrt{3},\ 1)$ に垂直な単位ベクトルを求めよ。

JUMP 6 3点A$(-1,\ -1)$, B$(-3,\ 0)$, C$(0,\ -4)$について，$\angle$BACの大きさを求めよ。

7 内積の性質

例題 13 等式の証明

次の等式が成り立つことを証明せよ。

$$|2\vec{a}+\vec{b}|^2=4|\vec{a}|^2+4\vec{a}\cdot\vec{b}+|\vec{b}|^2$$

解 $|2\vec{a}+\vec{b}|^2=(2\vec{a}+\vec{b})\cdot(2\vec{a}+\vec{b})$

$=2\vec{a}\cdot(2\vec{a}+\vec{b})+\vec{b}\cdot(2\vec{a}+\vec{b})$

$=2\vec{a}\cdot2\vec{a}+2\vec{a}\cdot\vec{b}+\vec{b}\cdot2\vec{a}+\vec{b}\cdot\vec{b}$

$=4\vec{a}\cdot\vec{a}+4\vec{a}\cdot\vec{b}+\vec{b}\cdot\vec{b}$

$=4|\vec{a}|^2+4\vec{a}\cdot\vec{b}+|\vec{b}|^2$

よって　$|2\vec{a}+\vec{b}|^2=4|\vec{a}|^2+4\vec{a}\cdot\vec{b}+|\vec{b}|^2$　(終)

▶ベクトルの大きさと内積

$\vec{a}\cdot\vec{a}=|\vec{a}|^2$

▶内積の性質

① $\vec{a}\cdot\vec{b}=\vec{b}\cdot\vec{a}$

② $(k\vec{a})\cdot\vec{b}=\vec{a}\cdot(k\vec{b})=k(\vec{a}\cdot\vec{b})$

③ $\vec{a}\cdot(\vec{b}+\vec{c})=\vec{a}\cdot\vec{b}+\vec{a}\cdot\vec{c}$

④ $(\vec{a}+\vec{b})\cdot\vec{c}=\vec{a}\cdot\vec{c}+\vec{b}\cdot\vec{c}$

例題 14 内積の性質の利用

$|\vec{a}|=2$, $|\vec{b}|=1$, $\vec{a}\cdot\vec{b}=-1$ のとき，$|2\vec{a}-\vec{b}|$ の値を求めよ。

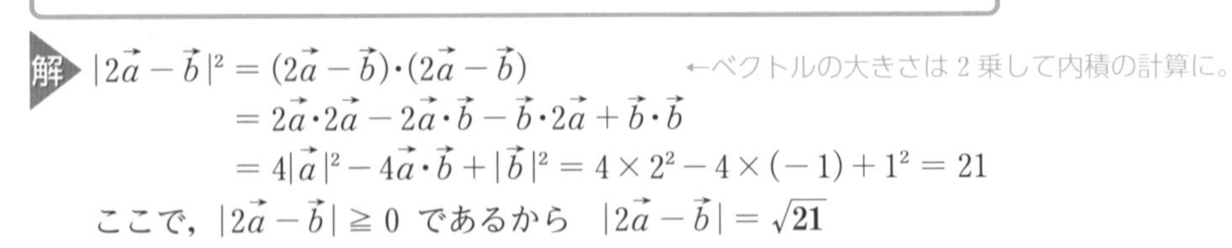

解 $|2\vec{a}-\vec{b}|^2=(2\vec{a}-\vec{b})\cdot(2\vec{a}-\vec{b})$　←ベクトルの大きさは 2 乗して内積の計算に。

$=2\vec{a}\cdot2\vec{a}-2\vec{a}\cdot\vec{b}-\vec{b}\cdot2\vec{a}+\vec{b}\cdot\vec{b}$

$=4|\vec{a}|^2-4\vec{a}\cdot\vec{b}+|\vec{b}|^2=4\times2^2-4\times(-1)+1^2=21$

ここで，$|2\vec{a}-\vec{b}|\geqq0$ であるから　$|2\vec{a}-\vec{b}|=\sqrt{21}$

類題

37 次の等式が成り立つことを証明せよ。

$|\vec{a}+3\vec{b}|^2=|\vec{a}|^2+6\vec{a}\cdot\vec{b}+9|\vec{b}|^2$

38 $|\vec{a}|=2$, $|\vec{b}|=4$, $\vec{a}\cdot\vec{b}=-8$ のとき，$|\vec{a}-\vec{b}|$ の値を求めよ。

39 次の等式が成り立つことを証明せよ。

$(3\vec{a}+\vec{b})\cdot(3\vec{a}-\vec{b})=9|\vec{a}|^2-|\vec{b}|^2$

40 $|\vec{a}|=3$, $|\vec{b}|=1$, $|\vec{a}+\vec{b}|=\sqrt{13}$ のとき，次の値を求めよ。

(1) $\vec{a}\cdot\vec{b}$

(2) $|\vec{a}+2\vec{b}|$

41 次の等式が成り立つことを証明せよ。

$|\vec{a}-2\vec{b}|^2=|\vec{a}|^2-4\vec{a}\cdot\vec{b}+4|\vec{b}|^2$

42 $|\vec{a}|=\sqrt{3}-1$, $|\vec{b}|=\sqrt{3}+1$ で，$\vec{a}$, $\vec{b}$ のなす角 θ が 120° であるとき，内積 $\vec{a}\cdot\vec{b}$ および $|\vec{a}+\vec{b}|$ の値を求めよ。

JUMP 7 $|\vec{a}+\vec{b}|=3$, $|\vec{a}-\vec{b}|=1$ のとき，内積 $\vec{a}\cdot\vec{b}$ および $|\vec{a}|^2+|\vec{b}|^2$ の値を求めよ。

まとめの問題　平面上のベクトル①

1　次の計算をせよ。

(1)　$(6\vec{a}+7\vec{b})-2(4\vec{a}+3\vec{b})$

(2)　$2(\vec{x}-3\vec{y})+3(2\vec{y}-\vec{x})$

2　l_1，l_2，l_3，l_4 は等間隔に並んだ平行な直線で，m_1，m_2，m_3，m_4 も等間隔に並んだ平行な直線とする。右の図のように $\overrightarrow{\mathrm{OA}}=\vec{a}$，$\overrightarrow{\mathrm{OB}}=\vec{b}$ とするとき，次のベクトルを $\vec{a}$，$\vec{b}$ を用いて表せ。

(1)　$\overrightarrow{\mathrm{OC}}$

(2)　$\overrightarrow{\mathrm{OD}}$

(3)　$\overrightarrow{\mathrm{CD}}$

3　$\vec{a}=(-2,\ 2)$ に平行で，大きさが $5\sqrt{2}$ であるベクトルを求めよ。

4　3 点 A$(-2,\ 3)$，B$(4,\ -3)$，C$(-2,\ 1)$ について，次の問いに答えよ。

(1)　$\overrightarrow{\mathrm{AB}}$ を成分表示せよ。

(2)　$|\overrightarrow{\mathrm{AB}}|$ を求めよ。

(3)　$\overrightarrow{\mathrm{AB}}=\vec{a}$，$\overrightarrow{\mathrm{AC}}=\vec{b}$ として，$\vec{e}=(1,\ 0)$ を $m\vec{a}+n\vec{b}$ の形で表せ。

5　右の図のような 1 辺の長さが 2 の正六角形において，次の内積を求めよ。

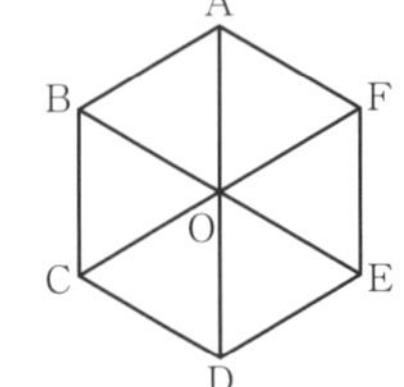

(1)　$\overrightarrow{\mathrm{AB}}\cdot\overrightarrow{\mathrm{AD}}$

(2)　$\overrightarrow{\mathrm{AB}}\cdot\overrightarrow{\mathrm{EO}}$

(3)　$\overrightarrow{\mathrm{AB}}\cdot\overrightarrow{\mathrm{DE}}$

(4)　$\overrightarrow{\mathrm{AD}}\cdot\overrightarrow{\mathrm{BF}}$

6 $\vec{a}=(1,\ 3)$，$\vec{b}=(-2,\ -1)$ のとき，次の問いに答えよ。

(1) $\vec{a}$ と $\vec{b}$ のなす角 θ を求めよ。

(2) 等式 $2\vec{a}+\vec{b}-2\vec{x}=-3(2\vec{a}+\vec{b})$ を満たす $\vec{x}$ を成分表示せよ。

7 $\vec{a}=(-2,\ 1)$ に垂直で，大きさが $3\sqrt{5}$ であるベクトルを求めよ。

8 $\vec{a}=(3,\ 2)$，$\vec{b}=(2,\ x)$ のとき，次の問いに答えよ。

(1) $\vec{a} \parallel \vec{b}$ となるような x の値を求めよ。

(2) $\vec{a} \perp \vec{b}$ となるような x の値を求めよ。

9 $|\vec{a}|=3$，$|\vec{b}|=2$，$|\vec{a}-\vec{b}|=\sqrt{17}$ のとき，次の値を求めよ。

(1) $\vec{a}\cdot\vec{b}$

(2) $(3\vec{a}+2\vec{b})\cdot(\vec{a}-2\vec{b})$

8 位置ベクトル

例題 15 位置ベクトル

同一直線上にない 3 点 $A(\vec{a})$, $B(\vec{b})$, $C(\vec{c})$ について，右の図のように，点 D は線分 AB の中点，点 E は線分 AC を 3：1 に内分する点とするとき，次の問いに答えよ。

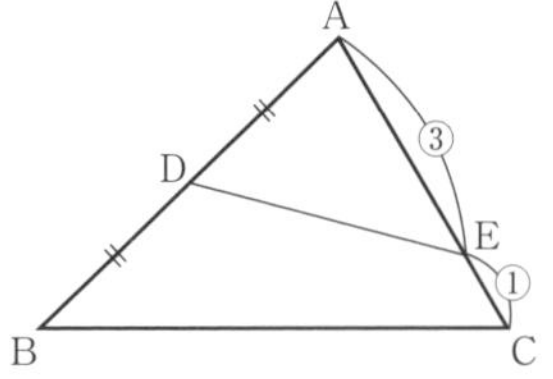

(1) $\overrightarrow{DE}$ を $\vec{a}$, $\vec{b}$, $\vec{c}$ で表せ。

(2) △ADE の重心 G の位置ベクトル $\vec{g}$ を $\vec{a}$, $\vec{b}$, $\vec{c}$ で表せ。

解 (1) 点 $D(\vec{d})$ は線分 AB の中点であるから

$$\vec{d}=\frac{\vec{a}+\vec{b}}{2}$$ ←点 D の位置ベクトル

点 $E(\vec{e})$ は線分 AC を 3：1 に内分する点であるから

$$\vec{e}=\frac{\vec{a}+3\vec{c}}{3+1}$$ ←点 E の位置ベクトル

よって $\overrightarrow{DE}=\vec{e}-\vec{d}=\frac{\vec{a}+3\vec{c}}{4}-\frac{\vec{a}+\vec{b}}{2}$

$$=\boldsymbol{\frac{-\vec{a}-2\vec{b}+3\vec{c}}{4}}$$

(2) 点 $G(\vec{g})$ は △ADE の重心であるから $\vec{g}=\frac{\vec{a}+\vec{d}+\vec{e}}{3}$

(1)より $\vec{d}=\frac{\vec{a}+\vec{b}}{2}$, $\vec{e}=\frac{\vec{a}+3\vec{c}}{4}$ であるから

$$\vec{g}=\frac{\vec{a}+\frac{\vec{a}+\vec{b}}{2}+\frac{\vec{a}+3\vec{c}}{4}}{3}=\boldsymbol{\frac{7\vec{a}+2\vec{b}+3\vec{c}}{12}}$$

←分母・分子に 4 を掛ける。

▶位置ベクトル

点 P の位置ベクトルが $\vec{p}$ であることを $P(\vec{p})$ と表す。

▶内分点・外分点の位置ベクトル

2 点 $A(\vec{a})$, $B(\vec{b})$ を結ぶ線分 AB を $m:n$ に内分する点を $P(\vec{p})$ とすると

$$\vec{p}=\frac{n\vec{a}+m\vec{b}}{m+n}$$

線分 AB の中点を $M(\vec{m})$ とすると

$$\vec{m}=\frac{\vec{a}+\vec{b}}{2}$$

線分 AB を $m:n$ に外分する点を $Q(\vec{q})$ とすると

$$\vec{q}=\frac{-n\vec{a}+m\vec{b}}{m-n}$$

▶重心の位置ベクトル

3 点 $A(\vec{a})$, $B(\vec{b})$, $C(\vec{c})$ を頂点とする △ABC の重心 G の位置ベクトル $\vec{g}$ は

$$\vec{g}=\frac{\vec{a}+\vec{b}+\vec{c}}{3}$$

類題

43 右の 3 点 $A(\vec{a})$, $B(\vec{b})$, $C(\vec{c})$ について，点 D は線分 AB を 3：2，点 E は線分 AC を 2：1 に内分する点とする。

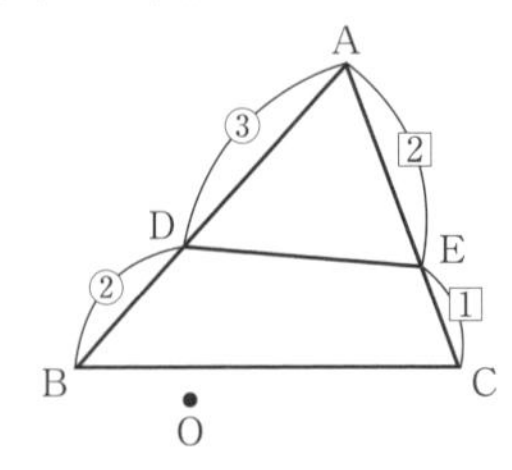

(1) 点 D の位置ベクトル $\vec{d}$ を $\vec{a}$, $\vec{b}$ で表せ。

(2) 点 E の位置ベクトル $\vec{e}$ を $\vec{a}$, $\vec{c}$ で表せ。

(3) △ADE の重心 G の位置ベクトル $\vec{g}$ を $\vec{a}$, $\vec{b}$, $\vec{c}$ で表せ。

44 3点 $A(\vec{a})$, $B(\vec{b})$, $C(\vec{c})$ を頂点とする △ABC において，点Dは辺ABを2：1に内分する点，点Eは辺ACの中点とする。

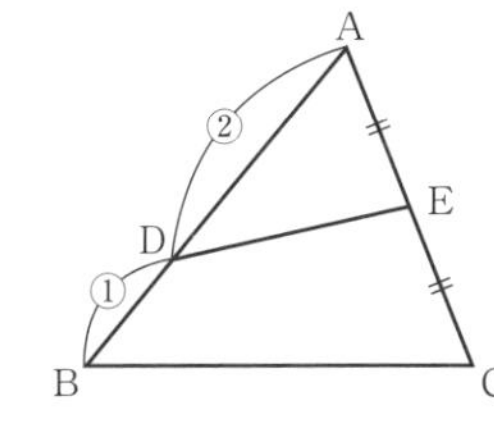

(1) 点Dの位置ベクトル $\vec{d}$ を $\vec{a}$, $\vec{b}$ で表せ。

(2) 点Eの位置ベクトル $\vec{e}$ を $\vec{a}$, $\vec{c}$ で表せ。

(3) △ADE の重心Gの位置ベクトル $\vec{g}$ を $\vec{a}$, $\vec{b}$, $\vec{c}$ で表せ。

(4) 線分 DE を3：5に外分する点Fの位置ベクトル $\vec{f}$ を $\vec{a}$, $\vec{b}$, $\vec{c}$ で表せ。

45 3点 $A(\vec{a})$, $B(\vec{b})$, $C(\vec{c})$ を頂点とする △ABC において，点Dは辺BCを2：1に内分する点，点Mは線分ADの中点とするとき，点Mの位置ベクトルを $\vec{a}$, $\vec{b}$, $\vec{c}$ で表せ。

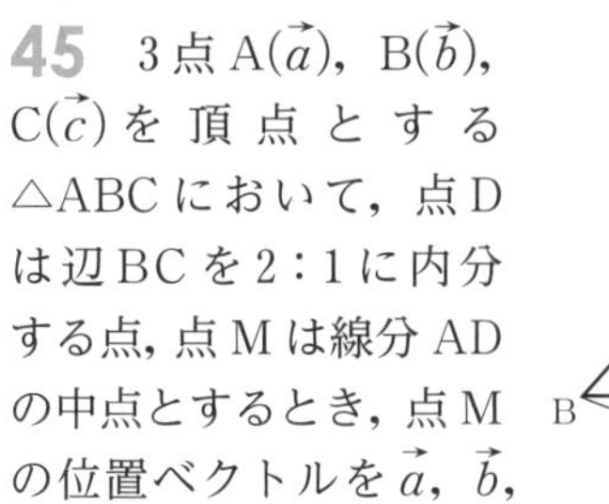
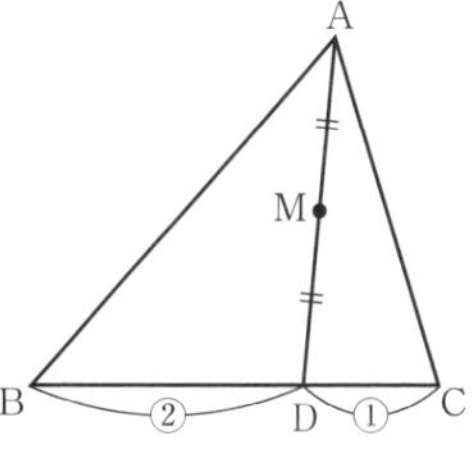

46 下の図の △OAB において，点Dは辺OAを3：2に内分する点，点Cは辺ABを2：1に外分する点とする。$\overrightarrow{OA}=\vec{a}$, $\overrightarrow{OB}=\vec{b}$ とするとき，次のベクトルを $\vec{a}$, $\vec{b}$ で表せ。

(1) $\overrightarrow{OD}$

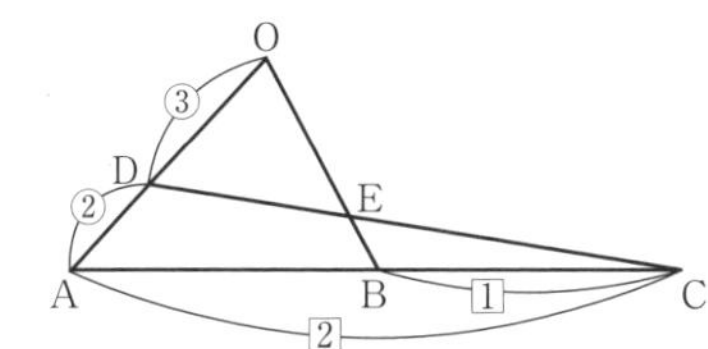

(2) $\overrightarrow{OC}$

(3) △DAC の重心をGとするとき，$\overrightarrow{OG}$

JUMP 8 △ABC の辺BC, CA, AB を2：1に内分する点をそれぞれP, Q, Rとするとき，

$$\overrightarrow{AP}+\overrightarrow{BQ}+\overrightarrow{CR}=\vec{0}$$

であることを証明せよ。

9 ベクトルの図形への応用(1)

例題 16 一直線上にある3点

平行四辺形 ABCD において，対角線 AC を 2：1 に内分する点を E，辺 CD の中点を F とする。

(1) $\overrightarrow{BA}=\vec{a}$，$\overrightarrow{BC}=\vec{c}$ とするとき，$\overrightarrow{BE}$，$\overrightarrow{BF}$ を $\vec{a}$，$\vec{c}$ で表せ。

(2) 3点 B, E, F は一直線上にあることを示せ。

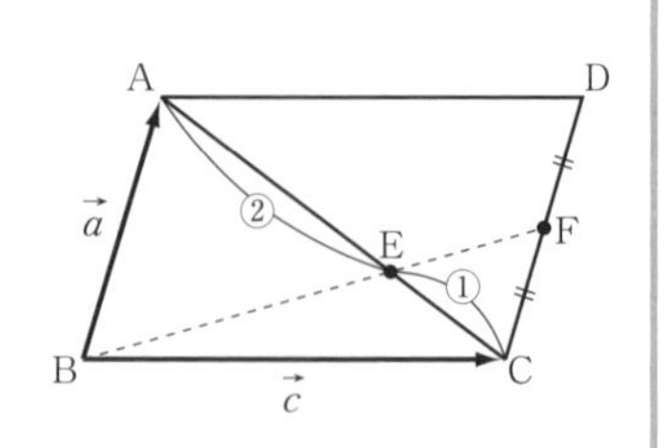

▶一直線上にある3点

異なる3点 A, B, C が一直線上にある。

⇕

$\overrightarrow{AC}=k\overrightarrow{AB}$ となる0でない実数 k がある。

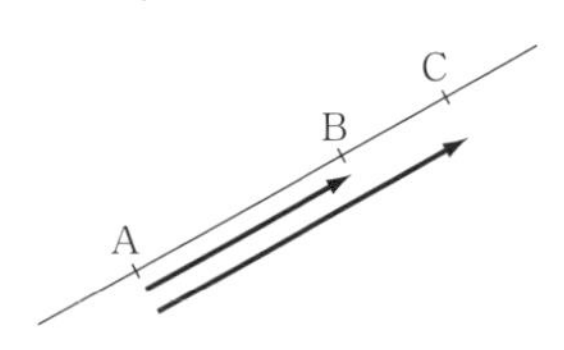

解 (1) $\overrightarrow{BE}=\dfrac{\overrightarrow{BA}+2\overrightarrow{BC}}{2+1}=\boldsymbol{\dfrac{1}{3}(\vec{a}+2\vec{c})}$　←AE：EC＝2：1

$\overrightarrow{BF}=\overrightarrow{BC}+\dfrac{1}{2}\overrightarrow{CD}=\vec{c}+\dfrac{1}{2}\vec{a}=\boldsymbol{\dfrac{1}{2}(\vec{a}+2\vec{c})}$

(2) (1)より

$\overrightarrow{BF}=\dfrac{3}{2}\times\dfrac{1}{3}(\vec{a}+2\vec{c})=\dfrac{3}{2}\overrightarrow{BE}$　←$3\overrightarrow{BE}=2\overrightarrow{BF}$ より $\dfrac{3}{2}\overrightarrow{BE}$ と考えてもよい。

したがって，3点 B, E, F は一直線上にある。　(終)

類題

47 次の等式が成り立つとき，点 C を図示せよ。

(1) $\overrightarrow{AC}=3\overrightarrow{AB}$

(2) $\overrightarrow{AC}=-2\overrightarrow{AB}$

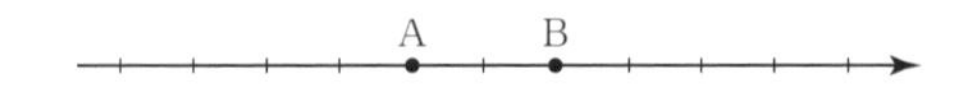

(3) $\overrightarrow{AC}=\dfrac{1}{2}\overrightarrow{AB}$

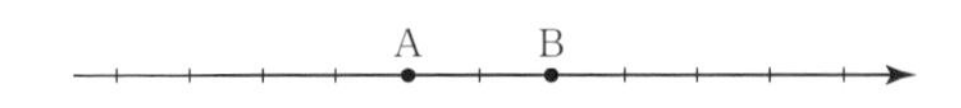

(4) $2\overrightarrow{AC}=-3\overrightarrow{AB}$

48 右の △OAB において，辺 OA の中点を M，線分 BM を 2：1 に内分する点を D，辺 AB の中点を E とする。$\overrightarrow{OA}=\vec{a}$，$\overrightarrow{OB}=\vec{b}$ とするとき，次の問いに答えよ。

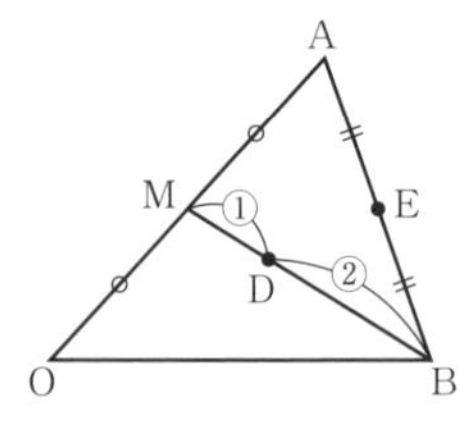

(1) $\overrightarrow{OD}$ を $\vec{a}$，$\vec{b}$ で表せ。

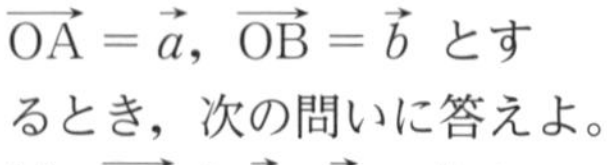

(2) $\overrightarrow{OE}$ を $\vec{a}$，$\vec{b}$ で表せ。

(3) 3点 O, D, E は一直線上にあることを示せ。

49 $\vec{0}$ でなく，互いに平行でないベクトル $\vec{a}$，$\vec{b}$ を用いて，次の式で定められるベクトル $\vec{p}$，$\vec{q}$ がある。ベクトル $\vec{p}$，$\vec{q}$ とも始点を O とし，終点をそれぞれ P，Q とするとき，3 点 O，P，Q は一直線上にあることを示せ。

$$\vec{p}=\frac{\vec{a}-2\vec{b}}{2},\ \vec{q}=\frac{\vec{a}-2\vec{b}}{3}$$

50 下の平行四辺形 OABC において，辺 AB を 1：2 に内分する点を E，対角線 AC を 1：3 に内分する点を F とする。

$\overrightarrow{OA}=\vec{a}$，$\overrightarrow{OC}=\vec{c}$ とするとき，次の問いに答えよ。

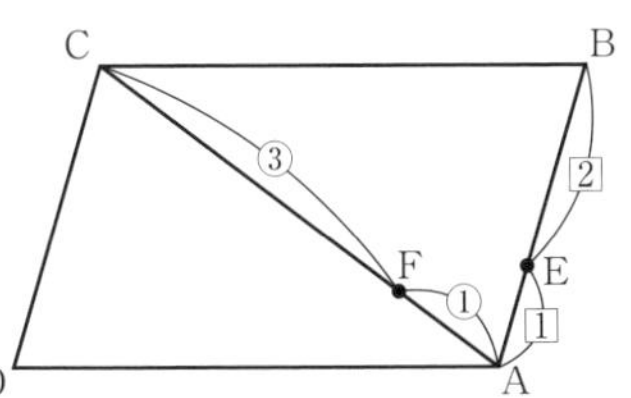

(1) $\overrightarrow{OE}$，$\overrightarrow{OF}$ を $\vec{a}$，$\vec{c}$ で表せ。

(2) 3 点 O，E，F は一直線上にあることを示せ。

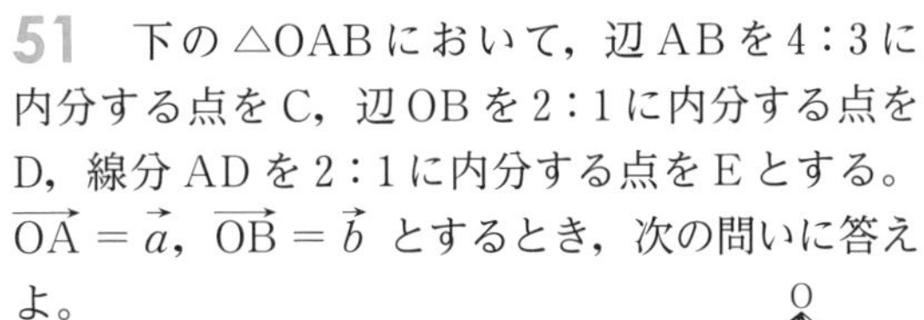

51 下の △OAB において，辺 AB を 4：3 に内分する点を C，辺 OB を 2：1 に内分する点を D，線分 AD を 2：1 に内分する点を E とする。$\overrightarrow{OA}=\vec{a}$，$\overrightarrow{OB}=\vec{b}$ とするとき，次の問いに答えよ。

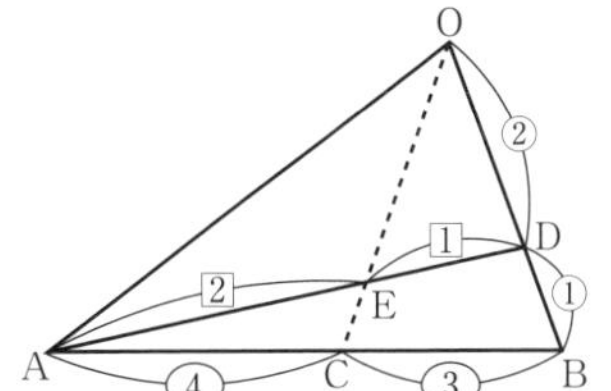

(1) $\overrightarrow{OC}$，$\overrightarrow{OE}$ を $\vec{a}$，$\vec{b}$ で表せ。

(2) 3 点 O，E，C は一直線上にあることを示せ。

(3) OE：EC を求めよ。

JUMP 9 右の図の △OAB において，辺 OA を 3：1 に外分する点を L，辺 OB の中点を M，辺 AB を 1：3 に内分する点を N とする。このとき，3 点 L，M，N は一直線上にあることを証明せよ。

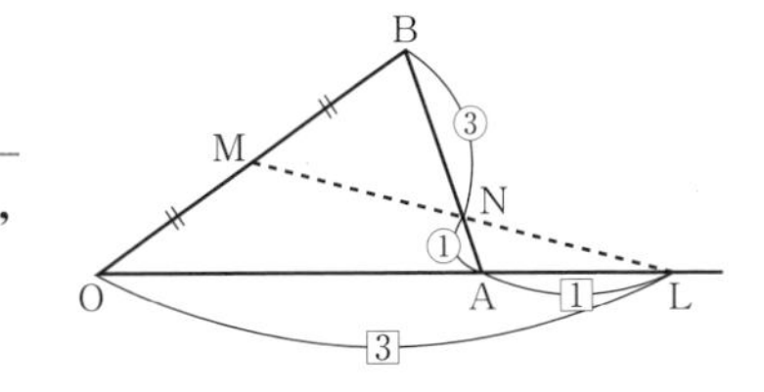

1章 ベクトル

10 ベクトルの図形への応用(2)

例題 17 交点の位置ベクトル

△OAB において，辺 OA を 2：1 に内分する点を C，辺 OB の中点を D とし，線分 AD と BC の交点を P とする。$\overrightarrow{OA}=\vec{a}$，$\overrightarrow{OB}=\vec{b}$ とするとき，$\overrightarrow{OP}$ を $\vec{a}$，$\vec{b}$ で表せ。

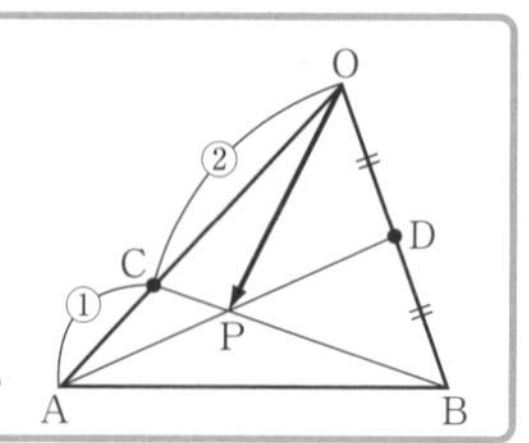

▶交点の位置ベクトル

$\vec{a}$，$\vec{b}$ が $\vec{0}$ でなく平行でないとき，任意の位置ベクトル $\vec{p}$ は

$\vec{p}=m\vec{a}+n\vec{b}$

で表され，次のことが成り立つ。

$m\vec{a}+n\vec{b}=m'\vec{a}+n'\vec{b}$

$\iff m=m'$ かつ $n=n'$

とくに

$m\vec{a}+n\vec{b}=\vec{0}\iff m=n=0$

解 $\overrightarrow{OC}=\dfrac{2}{3}\vec{a}$，$\overrightarrow{OD}=\dfrac{1}{2}\vec{b}$ であるから，

AP：PD $=s:(1-s)$ とすると

$$\overrightarrow{OP}=(1-s)\overrightarrow{OA}+s\overrightarrow{OD}$$

$$=(1-s)\vec{a}+\frac{1}{2}s\vec{b}\ \cdots\cdots①$$

一方，BP：PC $=(1-t):t$ とすると

$$\overrightarrow{OP}=(1-t)\overrightarrow{OC}+t\overrightarrow{OB}$$

$$=\frac{2}{3}(1-t)\vec{a}+t\vec{b}\ \cdots\cdots②$$

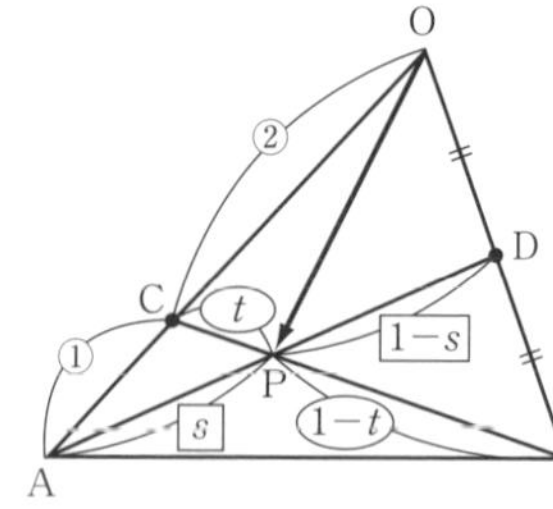

①，②より　$(1-s)\vec{a}+\dfrac{1}{2}s\vec{b}=\dfrac{2}{3}(1-t)\vec{a}+t\vec{b}$

$\vec{a}\neq\vec{0}$，$\vec{b}\neq\vec{0}$ で，$\vec{a}$，$\vec{b}$ は平行でないから

$1-s=\dfrac{2}{3}(1-t)$，$\dfrac{1}{2}s=t$　　これを解いて　$s=\dfrac{1}{2}$，$t=\dfrac{1}{4}$

よって　$\overrightarrow{OP}=\boldsymbol{\dfrac{1}{2}\vec{a}+\dfrac{1}{4}\vec{b}}$　　←$s=\dfrac{1}{2}$ を①へ代入，または $t=\dfrac{1}{4}$ を②へ代入

類題

52 △OAB において，辺 OA を 1：2 に内分する点を C，辺 OB を 1：2 に内分する点を D とし，線分 AD，BC の交点を P とする。$\overrightarrow{OA}=\vec{a}$，$\overrightarrow{OB}=\vec{b}$ とするとき，$\overrightarrow{OP}$ を $\vec{a}$，$\vec{b}$ で表せ。

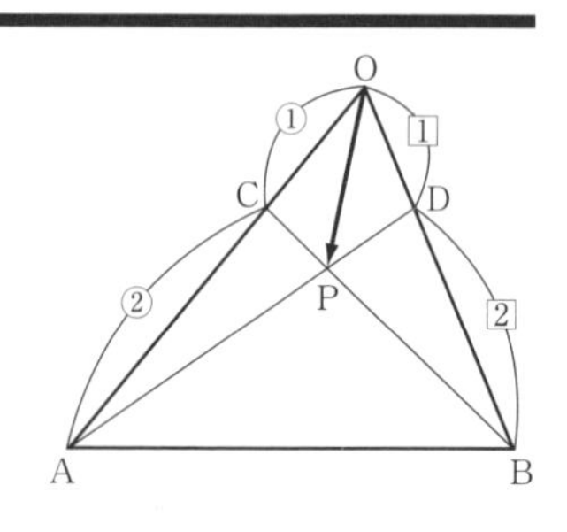

53 △OAB において，辺 OA を 3：2 に内分する点を C，辺 OB を 2：1 に内分する点を D とし，線分 AD，BC の交点を P とする。$\overrightarrow{OA}=\vec{a}$，$\overrightarrow{OB}=\vec{b}$ とするとき，次の問いに答えよ。

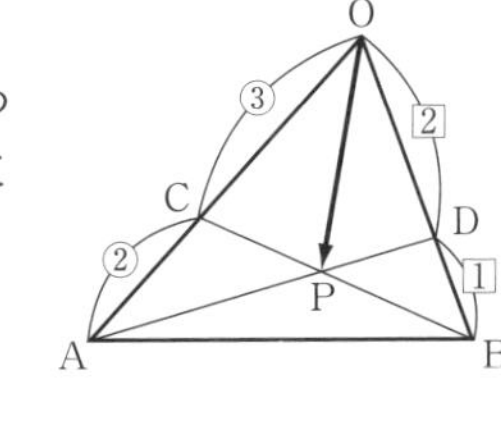

(1) AP：PD $= s:(1-s)$ とおき，$\overrightarrow{OP}$ を s，$\vec{a}$，$\vec{b}$ で表せ。

(2) BP：PC $= t:(1-t)$ とおき，$\overrightarrow{OP}$ を t，$\vec{a}$，$\vec{b}$ で表せ。

(3) (1)，(2)の結果を用いて，s，t の値を求めよ。

(4) $\overrightarrow{OP}$ を $\vec{a}$，$\vec{b}$ で表せ。

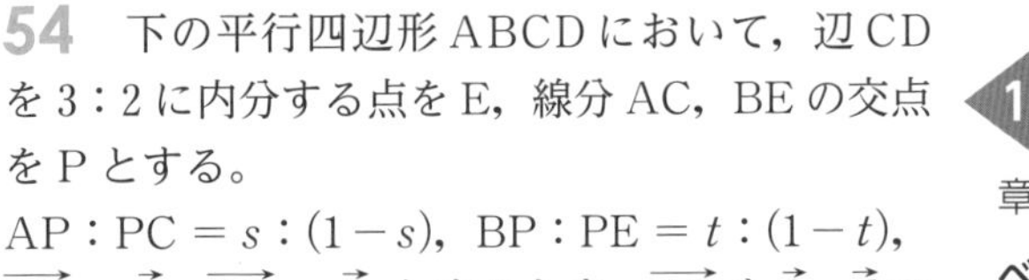

54 下の平行四辺形 ABCD において，辺 CD を 3：2 に内分する点を E，線分 AC，BE の交点を P とする。
AP：PC $= s:(1-s)$，BP：PE $= t:(1-t)$，$\overrightarrow{AB}=\vec{b}$，$\overrightarrow{AD}=\vec{d}$ とするとき，$\overrightarrow{AP}$ を $\vec{b}$，$\vec{d}$ で表せ。

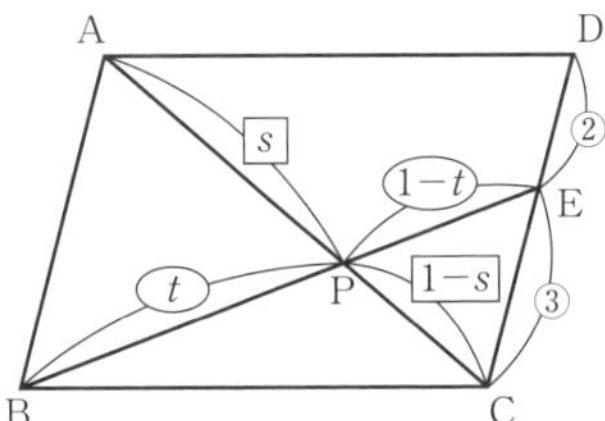

JUMP 10 AB = AC である二等辺三角形 ABC において，底辺 BC の中点を M とする。AM⊥BC であることをベクトルを用いて証明せよ。

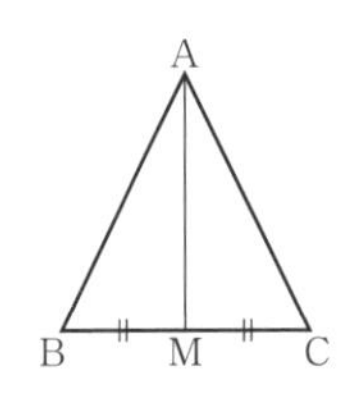

11 ベクトル方程式

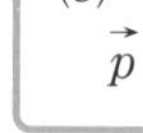

例題 18 直線のベクトル方程式

点 A$(\vec{a})$ を通り，$\vec{p}=\vec{a}+t\vec{u}$ (t は実数) で表されるベクトル $\vec{p}$ について，次の問いに答えよ。

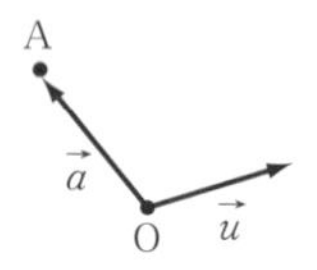

(1) $t=3$ のときの $\vec{p}$ の終点 P を図示せよ。
(2) $t=-1$ のときの $\vec{p}$ の終点 Q を図示せよ。
(3) $\vec{a}=(2,\ -1)$，$\vec{u}=(-3,\ 2)$ であるとき，$\vec{p}$ の終点が描く直線 l の媒介変数表示を求めよ。

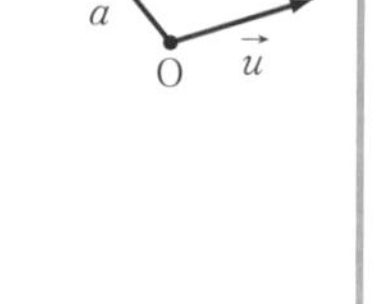

解 (1) 点 A$(\vec{a})$ を通り，ベクトル $\vec{u}$ に平行な直線を引く。点 A を始点とし，$3\vec{u}$ を作図し，その終点が点 P である。

(2) 点 A$(\vec{a})$ を始点として $-\vec{u}$ を作図し，その終点が点 Q である。

(3) $\vec{p}$ の成分を $(x,\ y)$ とすると

$(x,\ y)=(2,\ -1)+t(-3,\ 2)=(2-3t,\ -1+2t)$

すなわち $\begin{cases} \boldsymbol{x=2-3t} \\ \boldsymbol{y=-1+2t} \end{cases}$

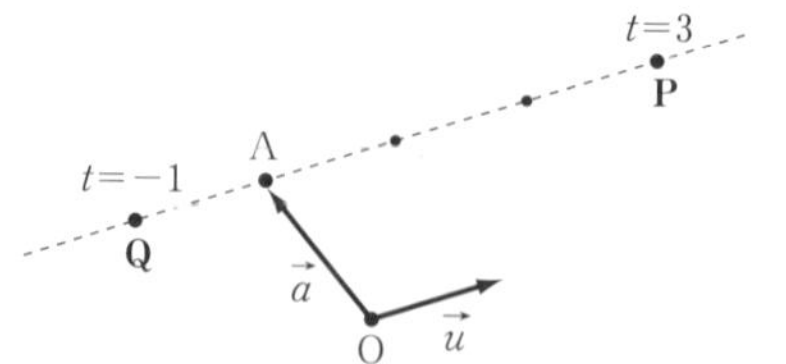

▶直線のベクトル方程式
点 A$(\vec{a})$ を通り，$\vec{0}$ でないベクトル $\vec{u}$ に平行な直線 l は，
$\vec{p}=\vec{a}+t\vec{u}$ (t は実数)
と表される。
このとき，$\vec{u}$ を直線 l の方向ベクトルという。
$\vec{a}=(x_0,\ y_0)$，$\vec{u}=(a,\ b)$ のとき
$\vec{p}=(x,\ y)$ は $\vec{p}=\vec{a}+t\vec{u}$ より
$(x,\ y)=(x_0,\ y_0)+t(a,\ b)$
したがって
$\begin{cases} x=x_0+at \\ y=y_0+bt \end{cases}$
これを直線 l の媒介変数表示といい，t を媒介変数という。

例題 19 法線ベクトルと直線

点 A$(1,\ -2)$ を通り，$\vec{n}=(3,\ 7)$ に垂直な直線の方程式を求めよ。

解 求める直線上の点を P$(\vec{p})$，$\vec{p}=(x,\ y)$ とし，点 A の位置ベクトルを $\vec{a}$ とすると

$\overrightarrow{AP}=\vec{p}-\vec{a}=(x,\ y)-(1,\ -2)$
$=(x-1,\ y+2)$

$\vec{n}=(3,\ 7)$ が法線ベクトルであるから
$\vec{n}\cdot(\vec{p}-\vec{a})=0$ より
$3(x-1)+7(y+2)=0$
よって $\boldsymbol{3x+7y+11=0}$

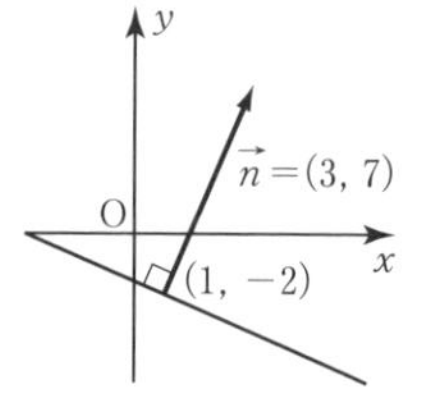

▶法線ベクトル
点 A$(\vec{a})$ を通り，$\vec{0}$ でないベクトル $\vec{n}$ に垂直な直線 l は，
$\vec{n}\cdot(\vec{p}-\vec{a})=0$
と表される。
このとき，$\vec{n}$ を直線 l の法線ベクトルという。
$\vec{a}=(x_0,\ y_0)$，$\vec{u}=(a,\ b)$ のとき
$a(x-x_0)+b(y-y_0)=0$
直線 $ax+by+c=0$ は
$\vec{n}=(a,\ b)$ に垂直

例題 20 円のベクトル方程式

点 A$(\vec{a})$ に対し，ベクトル方程式 $|2\vec{p}-3\vec{a}|=4$ で表される円の中心の位置ベクトルと半径を求めよ。

解 $|2\vec{p}-3\vec{a}|=4$ より $2\left|\vec{p}-\dfrac{3}{2}\vec{a}\right|=4$

ゆえに $\left|\vec{p}-\dfrac{3}{2}\vec{a}\right|=2$

中心の位置ベクトルは $\boldsymbol{\dfrac{3}{2}\vec{a}}$，半径は **2**

▶円のベクトル方程式
点 C$(\vec{c})$ を中心とする半径 r の円のベクトル方程式は
$|\vec{p}-\vec{c}|=r$

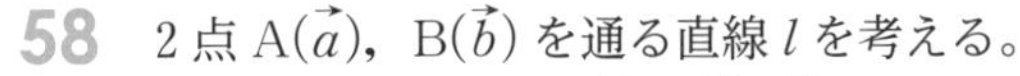

55 下の図で，点 A$(\vec{a})$ を通り，$\vec{p}=\vec{a}+t\vec{u}$（t は実数）で表されるベクトル $\vec{p}$ について，次の t の値に対する $\vec{p}$ の終点を作図せよ。

$t=-2,\ -1,\ 0,\ 1,\ 2$

ただし，それぞれの t の値に対する終点を順に P，Q，R，S，T とする。

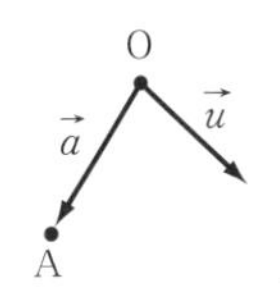

56 点 A(1，5) を通り，$\vec{u}=(-2,\ 3)$ に平行な直線の方程式を，媒介変数 t を用いて媒介変数表示せよ。

57 次の問いに答えよ。

(1) 点 A$(-2,\ 4)$ を通り，$\vec{n}=(-3,\ 5)$ に垂直な直線の方程式を求めよ。

(2) 直線 $4x-5y-3=0$ に垂直なベクトルを 1 つ求めよ。

58 2 点 A$(\vec{a})$，B$(\vec{b})$ を通る直線 l を考える。

(1) 直線 l の方向ベクトル $\vec{u}$ を $\vec{a}$，$\vec{b}$ で表せ。

(2) 直線 l 上の任意の点を P$(\vec{p})$ として，直線 l のベクトル方程式を求めよ。

(3) 2 点 A，B の座標を A$(3,\ -1)$，B$(5,\ 2)$ とするとき，直線 l の媒介変数表示を求めよ。

59 点 A$(\vec{a})$ に対し，$|\vec{a}|=4$ とする。

ベクトル方程式 $\left|\vec{p}+\dfrac{1}{2}\vec{a}\right|=2$ で表される円を図示せよ。

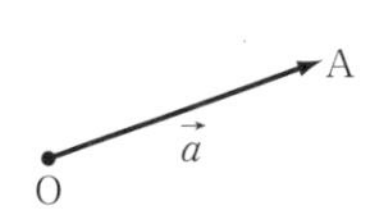

JUMP 11 一直線上にない 3 点 O，A，B がある。$\overrightarrow{OP}=s\overrightarrow{OA}+t\overrightarrow{OB}$，$s+t=\dfrac{1}{3}$（$s$，$t$ は実数）で定められる点 P の存在範囲を図示せよ。

1　3点 $A(\vec{a})$，$B(\vec{b})$，$C(\vec{c})$ を頂点とする △ABC において，辺 AB の中点を D，辺 BC を 3：2 に内分する点を E とする。

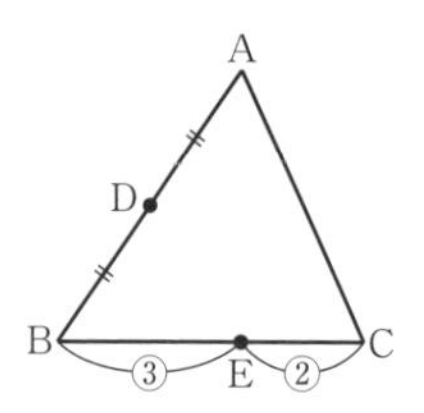

(1)　点 D の位置ベクトル $\vec{d}$ を $\vec{a}$，$\vec{b}$ で表せ。

(2)　点 E の位置ベクトル $\vec{e}$ を $\vec{b}$，$\vec{c}$ で表せ。

(3)　△BDE の重心 G の位置ベクトル $\vec{g}$ を $\vec{a}$，$\vec{b}$，$\vec{c}$ で表せ。

2　下の平行四辺形 OABC において，辺 OA を 1：4 に内分する点を D，対角線 AC を 2：1 に内分する点を E，辺 BC を 3：2 に内分する点を F とする。$\overrightarrow{OA}=\vec{a}$，$\overrightarrow{OC}=\vec{c}$ とするとき，次の問いに答えよ。

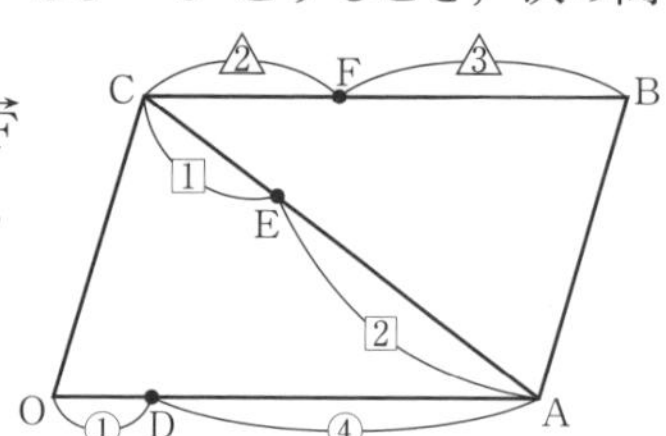

(1)　$\overrightarrow{OD}$，$\overrightarrow{OE}$，$\overrightarrow{OF}$ を $\vec{a}$，$\vec{c}$ で表せ。

(2)　3点 D，E，F が一直線上にあることを示せ。

(3)　DE：EF を求めよ。

3 下の△OABにおいて，辺OAを2：1に内分する点をC，辺OBを1：2に内分する点をDとし，線分AD，BCの交点をPとする。$\overrightarrow{OA}=\vec{a}$，$\overrightarrow{OB}=\vec{b}$ とするとき，次の問いに答えよ。

(1) AP：PD $= s:(1-s)$ とおき，$\overrightarrow{OP}$ を s，$\vec{a}$，$\vec{b}$ で表せ。

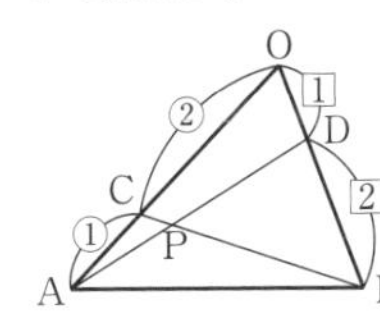

(2) BP：PC $= t:(1-t)$ とおき，$\overrightarrow{OP}$ を t，$\vec{a}$，$\vec{b}$ で表せ。

(3) (1)，(2)の結果を用いて，s，t の値を求めよ。

(4) $\overrightarrow{OP}$ を $\vec{a}$，$\vec{b}$ で表せ。

4 次の直線の方程式を求めよ。

(1) 点A$(3,\ -2)$ を通り，$\vec{u}=(4,\ -3)$ に平行な直線

(2) 点A$(-2,\ 1)$ を通り，$\vec{n}=(-3,\ 5)$ に垂直な直線

5 点A$(\vec{a})$ に対して，ベクトル方程式 $|4\vec{p}-3\vec{a}|=8$ で表される円について，次の問いに答えよ。

(1) 中心の位置ベクトルと半径を求めよ。

(2) $\vec{a}=(-4,\ 8)$ とするとき，円の方程式を求めよ。

12 空間座標とベクトル

例題 21 空間座標と空間ベクトル

右の図のような直方体において，次の問いに答えよ。

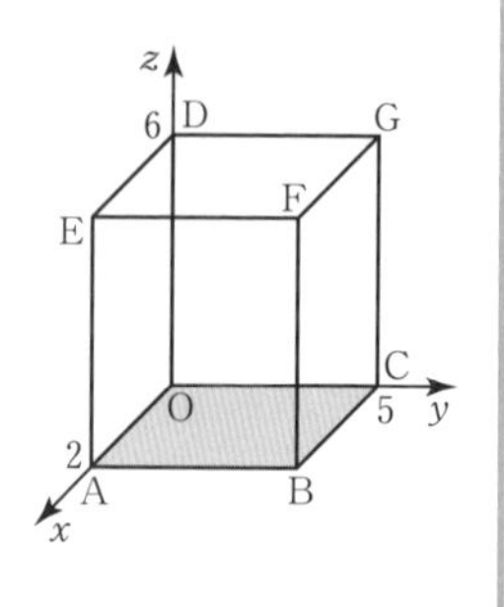

(1) 点 F の座標を求めよ。

(2) xy 平面に関して点 F と対称な点 H の座標を求めよ。

(3) 2 点 B，E 間の距離を求めよ。

(4) 直方体の頂点を始点または終点とするベクトルで，$\overrightarrow{OA}$ と等しいベクトルをすべて求めよ。

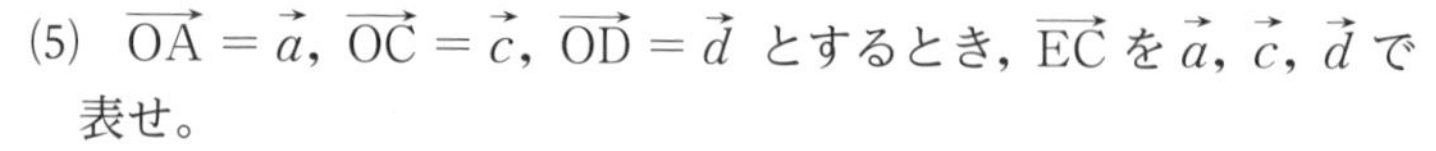
(5) $\overrightarrow{OA}=\vec{a}$，$\overrightarrow{OC}=\vec{c}$，$\overrightarrow{OD}=\vec{d}$ とするとき，$\overrightarrow{EC}$ を $\vec{a}$，$\vec{c}$，$\vec{d}$ で表せ。

▶2 点間の距離

2 点 $P(x_1,\ y_1,\ z_1)$，$Q(x_2,\ y_2,\ z_2)$ 間の距離は

$PQ=\sqrt{(x_2-x_1)^2+(y_2-y_1)^2+(z_2-z_1)^2}$

とくに原点 O と点 P との距離は

$OP=\sqrt{x_1{}^2+y_1{}^2+z_1{}^2}$

▶空間のベクトル

ベクトルの加法，減法，実数倍を，平面の場合と同様に，空間のベクトルにおいても定義する。このとき，計算法則もそのまま成り立つ。

解 (1) **F(2，5，6)**

(2) 右の図より **H(2，5，−6)**

(3) B(2，5，0)，E(2，0，6) であるから

$BE=\sqrt{(2-2)^2+(0-5)^2+(6-0)^2}=\boldsymbol{\sqrt{61}}$

(4) $\overrightarrow{OA}=\overrightarrow{\mathbf{CB}}=\overrightarrow{\mathbf{DE}}=\overrightarrow{\mathbf{GF}}$

(5) $\overrightarrow{EC}=\overrightarrow{EA}+\overrightarrow{AB}+\overrightarrow{BC}$ であり

$\overrightarrow{EA}=-\vec{d}$，$\overrightarrow{AB}=\vec{c}$，$\overrightarrow{BC}=-\vec{a}$

であるから $\boldsymbol{\overrightarrow{EC}=-\vec{a}+\vec{c}-\vec{d}}$

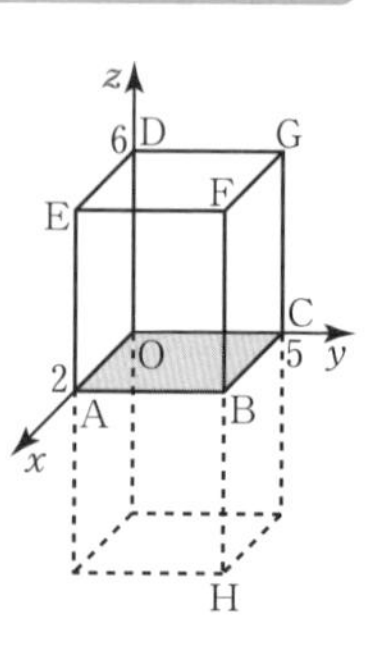

類題

60 右の図のような直方体において，次の問いに答えよ。

(1) 点 E，F，G の座標を求めよ。

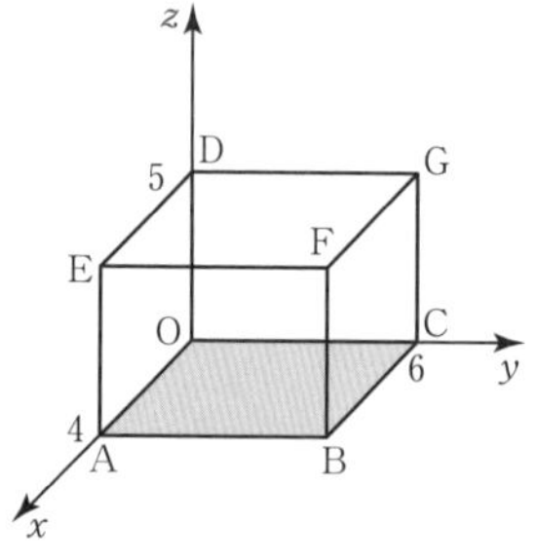

(2) yz 平面に関して点 F と対称な点 H の座標を求めよ。

(3) 2 点 B，D 間の距離を求めよ。

(4) 直方体の頂点を始点または終点とするベクトルで，$\overrightarrow{OD}$ と等しいベクトルをすべて求めよ。

(5) $\overrightarrow{OA}=\vec{a}$，$\overrightarrow{OC}=\vec{c}$，$\overrightarrow{OD}=\vec{d}$ とするとき，$\overrightarrow{OF}$，$\overrightarrow{EC}$ を $\vec{a}$，$\vec{c}$，$\vec{d}$ で表せ。

61 下の直方体について，次の問いに答えよ。

(1) 点F，Gの座標を求めよ。

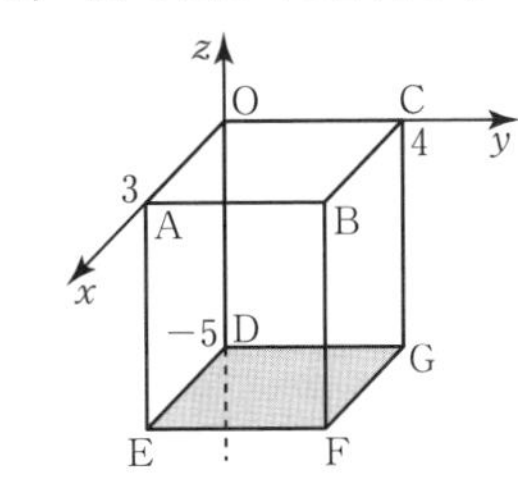

(2) x 軸に関して点Bと対称な点Hの座標を求めよ。

(3) 点Dに関して点Fと対称な点Iの座標を求めよ。

(4) 対角線AGの長さを求めよ。

(5) 直方体の頂点を始点または終点とするベクトルで，$\overrightarrow{OC}$ と等しいベクトルをすべて求めよ。

(6) 直方体の頂点を始点または終点とするベクトルで，$\overrightarrow{OA}$ の逆ベクトルであるものをすべて求めよ。

(7) $\overrightarrow{OA}=\vec{a}$，$\overrightarrow{OC}=\vec{c}$，$\overrightarrow{OD}=\vec{d}$ とするとき，$\overrightarrow{DB}$，$\overrightarrow{AG}$ を $\vec{a}$，$\vec{c}$，$\vec{d}$ で表せ。

62 右の四面体OABCにおいて，$\overrightarrow{OA}=\vec{a}$，$\overrightarrow{OB}=\vec{b}$，$\overrightarrow{OC}=\vec{c}$ として，次のベクトルを $\vec{a}$，$\vec{b}$，$\vec{c}$ で表せ。

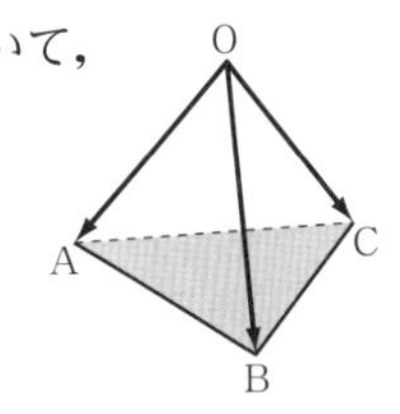

(1) $\overrightarrow{AB}$

(2) $\overrightarrow{CB}$

(3) 辺ABの中点をMとするとき，$\overrightarrow{AM}$

63 右の図の平行六面体において，次の問いに答えよ。ただし，$\overrightarrow{OA}=\vec{a}$，$\overrightarrow{OC}=\vec{c}$，$\overrightarrow{OD}=\vec{d}$ とする。

(1) $\vec{a}$ で表される $\overrightarrow{OA}$ 以外のベクトルをすべてかけ。

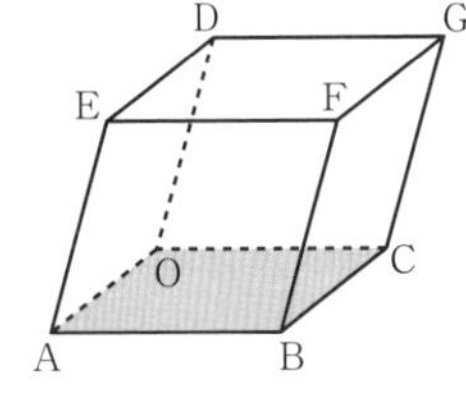

(2) $\vec{a}+\vec{c}$ で表されるベクトルをすべてかけ。

(3) $\overrightarrow{OE}$，$\overrightarrow{OF}$ を $\vec{a}$，$\vec{c}$，$\vec{d}$ で表せ。

JUMP 12 Exercise 63において，$\overrightarrow{OB}+\overrightarrow{OE}+\overrightarrow{OG}=2\overrightarrow{OF}$ であることを証明せよ。

13 空間ベクトルの成分

例題 22 空間ベクトルの成分と大きさ

$\vec{a}=(x-2,\ y+1,\ 1)$，$\vec{b}=(1,\ 2,\ z+3)$ が $\vec{a}=\vec{b}$ を満たすとき，次の問いに答えよ。

(1) x，y，z の値を求めよ。　　(2) $|\vec{a}|$ を求めよ。

 (1) $\vec{a}=\vec{b}$ のとき　$x-2=1$，$y+1=2$，$1=z+3$

$\boldsymbol{x=3,\ y=1,\ z=-2}$

(2) $\vec{a}=(1,\ 2,\ 1)$ より

$|\vec{a}|=\sqrt{1^2+2^2+1^2}=\boldsymbol{\sqrt{6}}$

▶ベクトルの成分
$\vec{a}=(a_1,\ a_2,\ a_3)$
$\vec{b}=(b_1,\ b_2,\ b_3)$
に対して，
$\vec{a}=\vec{b}$
$\Longleftrightarrow$
$a_1=b_1,\ a_2=b_2,\ a_3=b_3$

▶ベクトルの大きさ
$\vec{a}=(a_1,\ a_2,\ a_3)$ のとき
$|\vec{a}|=\sqrt{a_1{}^2+a_2{}^2+a_3{}^2}$

例題 23 空間ベクトルの成分による演算

$\vec{a}=(2,\ 1,\ 2)$，$\vec{b}=(3,\ 2,\ 2)$ について，次の問いに答えよ。

(1) $4\vec{a}-3\vec{b}$ を成分表示せよ。

(2) $|4\vec{a}-3\vec{b}|$ を求めよ。

 (1) $4\vec{a}-3\vec{b}=4(2,\ 1,\ 2)-3(3,\ 2,\ 2)$

$=\boldsymbol{(-1,\ -2,\ 2)}$

(2) $|4\vec{a}-3\vec{b}|=\sqrt{(-1)^2+(-2)^2+2^2}=\sqrt{9}=\boldsymbol{3}$

例題 24 $\overrightarrow{\mathrm{AB}}$ の成分と大きさ

2点 $\mathrm{A}(-3,\ 1,\ -2)$，$\mathrm{B}(-2,\ -3,\ 1)$ について，次を求めよ。

(1) $\overrightarrow{\mathrm{AB}}$ の成分表示　　(2) $|\overrightarrow{\mathrm{AB}}|$

 (1) $\overrightarrow{\mathrm{AB}}=(-2-(-3),\ -3-1,\ 1-(-2))=\boldsymbol{(1,\ -4,\ 3)}$

(2) $|\overrightarrow{\mathrm{AB}}|=\sqrt{1^2+(-4)^2+3^2}=\boldsymbol{\sqrt{26}}$

▶$\overrightarrow{\mathrm{AB}}$ の成分と大きさ
2点 $\mathrm{A}(a_1,\ a_2,\ a_3)$，$\mathrm{B}(b_1,\ b_2,\ b_3)$ のとき
$\overrightarrow{\mathrm{AB}}=(b_1-a_1,\ b_2-a_2,\ b_3-a_3)$
$|\overrightarrow{\mathrm{AB}}|=$
$\sqrt{(b_1-a_1)^2+(b_2-a_2)^2+(b_3-a_3)^2}$

類題

64 $\vec{a}=(2x-1,\ 2-3y,\ 4)$，$\vec{b}=\left(1,\ -1,\ \dfrac{1}{2}z+2\right)$ が $\vec{a}=\vec{b}$ を満たすとき，次の問いに答えよ。

(1) x，y，z の値を求めよ。

(2) $|\vec{a}|$ を求めよ。

65 2点 $\mathrm{A}(2,\ -1,\ 3)$，$\mathrm{B}(-2,\ -1,\ 0)$ について，次の問いに答えよ。

(1) $\overrightarrow{\mathrm{AB}}$ を成分表示せよ。

(2) $|\overrightarrow{\mathrm{AB}}|$ を求めよ。

66 下の直方体について，次の問いに答えよ。

(1) 図のベクトル $\vec{a}$～$\vec{e}$ を成分表示せよ。

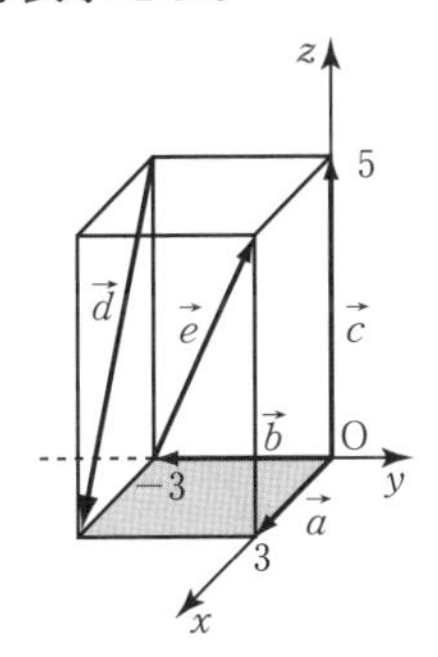

(2) $|\vec{d}|$ を求めよ。

67 $\vec{a}=(-1,\ 2,\ 5)$，$\vec{b}=(3,\ 4,\ -1)$，$\vec{c}=(-2,\ 0,\ 2)$ のとき，次のベクトルを成分表示せよ。

(1) $-2\vec{a}+\vec{b}+3\vec{c}$

(2) $-3\vec{a}+2\vec{b}+\frac{9}{2}\vec{c}$

68 2点 A$(0,\ -2,\ 1)$，B$(3,\ 3,\ -3)$ について，$\overrightarrow{AB}$ を成分表示せよ。また，$|\overrightarrow{AB}|$ を求めよ。

69 下の立方体において，$\overrightarrow{OA}=\vec{a}$，$\overrightarrow{OC}=\vec{c}$，$\overrightarrow{OD}=\vec{d}$ として，次の問いに答えよ。

(1) $\overrightarrow{OB}$ を $\vec{a}$，$\vec{c}$ で表せ。

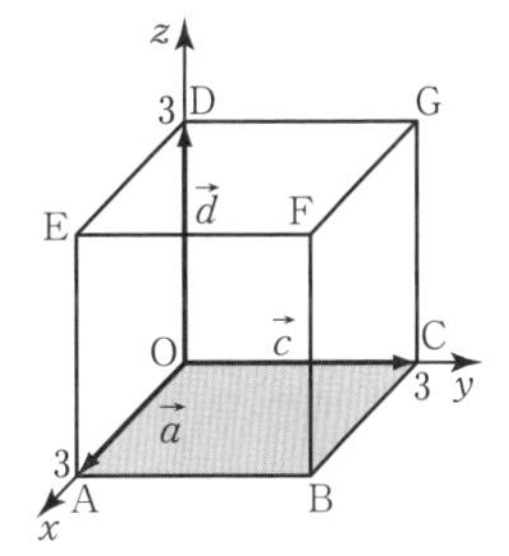

(2) $\overrightarrow{OB}$ を成分表示せよ。

(3) $\overrightarrow{AG}$ を $\vec{a}$，$\vec{c}$，$\vec{d}$ で表せ。

(4) $\overrightarrow{AG}$ を成分表示せよ。

70 $\vec{a}+2\vec{b}=(3,\ 2,\ 6)$，$-\vec{a}+3\vec{b}=(2,\ 8,\ 4)$ であるとき，次の問いに答えよ。

(1) $\vec{a}$，$\vec{b}$ を成分表示せよ。

(2) $|3\vec{a}+\vec{b}|$ を求めよ。

JUMP 13 $\vec{a}=(2,\ 1,\ 0)$，$\vec{b}=(0,\ 1,\ 0)$，$\vec{c}=(1,\ 0,\ -1)$ であるとき，$\vec{p}=(7,\ 3,\ -3)$ を $l\vec{a}+m\vec{b}+n\vec{c}$ の形で表せ。

14 空間ベクトルの内積

例題 25 空間ベクトルの内積

右の図のような直方体において，次の内積を求めよ。

(1) $\overrightarrow{AB}\cdot\overrightarrow{HF}$

(2) $\overrightarrow{AD}\cdot\overrightarrow{BF}$

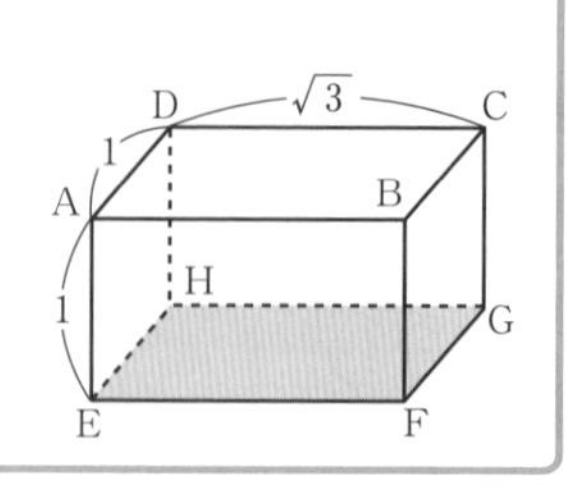

▶空間ベクトルの内積

2 つのベクトル $\vec{a}$，$\vec{b}$ のなす角を θ とするとき

$\vec{a}\cdot\vec{b} = |\vec{a}||\vec{b}|\cos\theta$

また，

$\vec{a} = (a_1,\ a_2,\ a_3)$，$\vec{b} = (b_1,\ b_2,\ b_3)$ のとき

$\vec{a}\cdot\vec{b} = a_1b_1 + a_2b_2 + a_3b_3$

解 (1) $\overrightarrow{AB}$ と $\overrightarrow{HF}$ のなす角は 30° であるから

$\overrightarrow{AB}\cdot\overrightarrow{HF} = \sqrt{3} \times 2 \times \cos 30°$

$= \sqrt{3} \times 2 \times \dfrac{\sqrt{3}}{2} = \mathbf{3}$

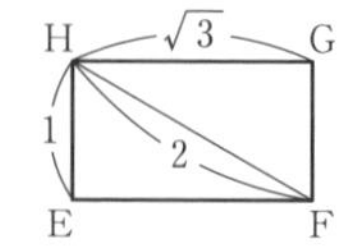

←$\overrightarrow{AB} = \overrightarrow{HG}$ より始点を H に揃えて考える。

(2) $\overrightarrow{AD}$ と $\overrightarrow{BF}$ のなす角は 90° であるから

$\overrightarrow{AD}\cdot\overrightarrow{BF} = 1 \times 1 \times \cos 90° = 1 \times 1 \times 0 = \mathbf{0}$

例題 26 空間ベクトルのなす角

2 つのベクトル $\vec{a} = (-1,\ 2,\ 3)$，$\vec{b} = (3,\ 1,\ -2)$ の内積 $\vec{a}\cdot\vec{b}$ となす角 θ を求めよ。

▶ベクトルのなす角

$\vec{a}$，$\vec{b}$ のなす角を θ とするとき

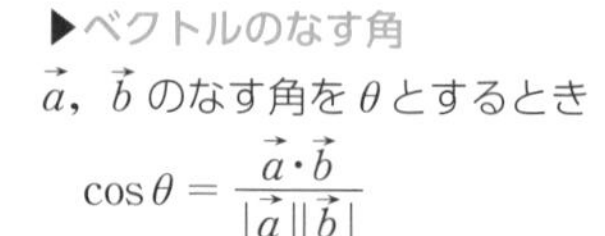

$\cos\theta = \dfrac{\vec{a}\cdot\vec{b}}{|\vec{a}||\vec{b}|}$

解 $\boldsymbol{\vec{a}\cdot\vec{b}} = (-1) \times 3 + 2 \times 1 + 3 \times (-2) = \mathbf{-7}$

$|\vec{a}| = \sqrt{(-1)^2 + 2^2 + 3^2} = \sqrt{14}$

$|\vec{b}| = \sqrt{3^2 + 1^2 + (-2)^2} = \sqrt{14}$

よって　$\cos\theta = \dfrac{\vec{a}\cdot\vec{b}}{|\vec{a}||\vec{b}|} = \dfrac{-7}{\sqrt{14} \times \sqrt{14}} = -\dfrac{1}{2}$

ゆえに，$0° \leqq \theta \leqq 180°$ より　$\boldsymbol{\theta = 120°}$

類題

71 下の図の平行六面体において，次の内積を求めよ。

(1) $\overrightarrow{EA}\cdot\overrightarrow{HG}$

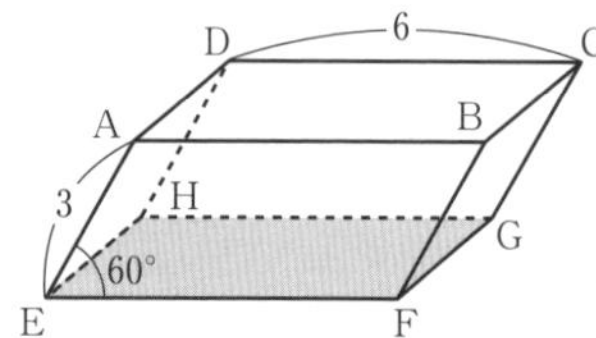

(2) $\overrightarrow{CD}\cdot\overrightarrow{FB}$

72 次の 2 つのベクトル $\vec{a}$，$\vec{b}$ の内積 $\vec{a}\cdot\vec{b}$ と，なす角 θ を求めよ。

(1) $\vec{a} = (-4,\ 2,\ 2)$，$\vec{b} = (1,\ 1,\ -2)$

(2) $\vec{a} = (\sqrt{3},\ 0,\ -1)$，$\vec{b} = (1,\ 0,\ -\sqrt{3})$

73 1辺の長さが2の正四面体OABCについて，次の内積を求めよ。

(1) $\overrightarrow{OA}\cdot\overrightarrow{OB}$

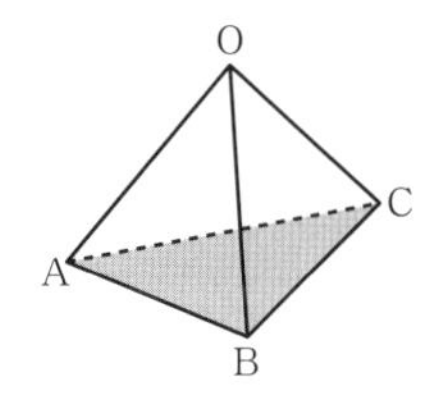

(2) $\overrightarrow{OB}\cdot\overrightarrow{BC}$

74 下の図の正六角柱において，次の内積を求めよ。

(1) $\overrightarrow{AB}\cdot\overrightarrow{JI}$

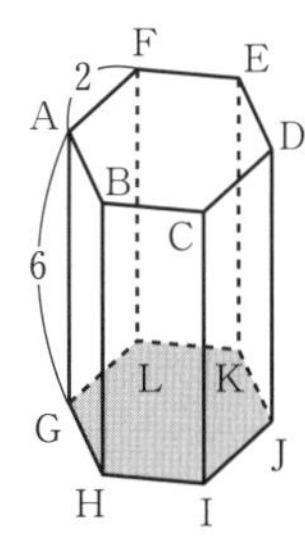

(2) $\overrightarrow{AB}\cdot\overrightarrow{KL}$

(3) $\overrightarrow{BC}\cdot\overrightarrow{DJ}$

75 $\vec{a}=(2,\ -2,\ 1)$，$\vec{b}=(4,\ -1,\ -1)$ のなす角 θ を求めよ。

76 1辺の長さが4である下の図のような立方体において，次の内積を求めよ。

(1) $\overrightarrow{OA}\cdot\overrightarrow{FG}$

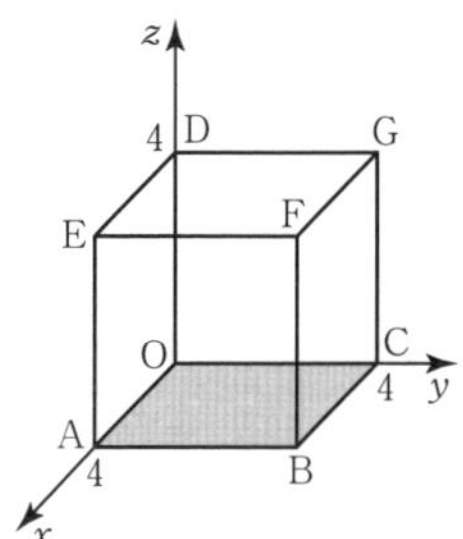

(2) $\overrightarrow{OE}\cdot\overrightarrow{OG}$

(3) $\overrightarrow{OE}\cdot\overrightarrow{OF}$

(4) $\overrightarrow{OE}$ と $\overrightarrow{OF}$ のなす角を θ とするとき，$\cos\theta$ の値を求めよ。

JUMP 14 四面体OABCの各頂点の座標が $O(0,\ 0,\ 0)$，$A(\sqrt{3},\ 1,\ 0)$，$B(0,\ 2,\ 0)$，$C\left(\dfrac{1}{\sqrt{3}},\ 1,\ \dfrac{2\sqrt{6}}{3}\right)$ であるとき，$\overrightarrow{AB}$ と $\overrightarrow{OC}$ のなす角 θ を求めよ。

15 空間ベクトルの平行と垂直

例題 27 空間ベクトルの平行

2つのベクトル $\vec{a}=(2,\ y,\ -1)$, $\vec{b}=(x,\ 6,\ 2)$ について, $\vec{a}\parallel\vec{b}$ のとき, x, yの値を求めよ。

▶空間ベクトルの平行
$\vec{a}\parallel\vec{b} \iff \vec{b}=k\vec{a}$ (kは実数)

解 $\vec{a}\parallel\vec{b}$ より $\vec{b}=k\vec{a}$ となる実数kがあるから

$(x,\ 6,\ 2)=k(2,\ y,\ -1)$

よって　$x=2k$, $6=ky$, $2=-k$

$k=-2$　より　$\boldsymbol{x=-4}$, $\boldsymbol{y=-3}$

例題 28 空間ベクトルの垂直

2つのベクトル $\vec{a}=(2,\ -3,\ -1)$, $\vec{b}=(3,\ -5,\ -2)$ の両方に垂直で, 大きさが$2\sqrt{3}$ であるベクトルを求めよ。

▶空間ベクトルの垂直
$\vec{a}\neq\vec{0}$, $\vec{b}\neq\vec{0}$ のとき
$\vec{a}\perp\vec{b} \iff \vec{a}\cdot\vec{b}=0$

解 求めるベクトルを $\vec{p}=(x,\ y,\ z)$ とすると,

$\vec{a}\perp\vec{p}$ より $\vec{a}\cdot\vec{p}=0$ であるから　$2x-3y-z=0$　……①

$\vec{b}\perp\vec{p}$ より $\vec{b}\cdot\vec{p}=0$ であるから　$3x-5y-2z=0$　……②

また, $|\vec{p}|=2\sqrt{3}$ より $\sqrt{x^2+y^2+z^2}=2\sqrt{3}$ であるから

$x^2+y^2+z^2=12$ ……③

①×2−② より　$x-y=0$　すなわち　$y=x$　……④

①×5−②×3 より　$x+z=0$　すなわち　$z=-x$　……⑤

④, ⑤を③に代入して　$x^2+x^2+(-x)^2=12$

すなわち　$3x^2=12$　　よって　$x=\pm 2$

④, ⑤より, $x=2$ のとき $y=2$, $z=-2$

$x=-2$ のとき $y=-2$, $z=2$

ゆえに, 求めるベクトルは　**(2, 2, −2), (−2, −2, 2)**

類題

77 $\vec{a}=(x,\ -1,\ 3)$, $\vec{b}=(8,\ y,\ -12)$ について, $\vec{a}\parallel\vec{b}$ のとき, x, yの値を求めよ。

78 $\vec{a}=(x,\ -1,\ 3)$, $\vec{b}=(2,\ 0,\ -4)$ について, $\vec{a}\perp\vec{b}$ のとき, xの値を求めよ。

79 2つのベクトル $\vec{a}=(-2,\ 4,\ 1)$, $\vec{b}=(x+1,\ -2x-2,\ -x+2)$ が次の条件を満たすように x の値を定めよ。

(1) $\vec{a} /\!/ \vec{b}$

(2) $\vec{a} \perp \vec{b}$

80 $\vec{a}=(-1,\ -2,\ 2)$ に平行で，大きさが 12 であるベクトルを求めよ。

81 $\vec{a}=(0,\ -2,\ 1)$, $\vec{b}=(8,\ 2,\ -2)$ の両方に垂直で，大きさが 9 であるベクトルを求めよ。

82 2つのベクトル

$\vec{a}=(1,\ -1,\ -5)$, $\vec{b}=(-2,\ -1,\ 4)$

にベクトル $\vec{c}=(x,\ -2,\ y)$ が垂直であるとき，x, y の値を求めよ。

83 $\vec{a}=(3,\ 0,\ -1)$, $\vec{b}=(-3,\ 2,\ 2)$ について，次のベクトルを求めよ。

(1) $\vec{a}$ に平行で，大きさが 10 であるベクトル

(2) 2つのベクトル $\vec{a}$, $\vec{b}$ の両方に垂直で，大きさが 7 であるベクトル

JUMP 15 $\vec{a}=(1,\ 2,\ -1)$, $\vec{b}=(1,\ 2,\ 3)$ に対して，$\vec{c}=\vec{a}+t\vec{b}$ とおく。t がすべての実数をとって変化するとき，次の問いに答えよ。

(1) $|\vec{c}|$ の最小値とそのときの t の値を求めよ。

(2) (1)で求めた t の値のとき，$\vec{b} \perp \vec{c}$ であることを示せ。

16 空間の位置ベクトル

例題 29 空間の位置ベクトル

四面体OABCにおいて，$\overrightarrow{OA}=\vec{a}$，$\overrightarrow{OB}=\vec{b}$，$\overrightarrow{OC}=\vec{c}$ とし，辺OAの中点をM，辺BCを2：1に内分する点をPとするとき，$\overrightarrow{MP}$ を $\vec{a}$，$\vec{b}$，$\vec{c}$ を用いて表せ。

解 $\overrightarrow{OM}=\dfrac{1}{2}\vec{a}$，$\overrightarrow{OP}=\dfrac{\vec{b}+2\vec{c}}{3}$ であるから

$$\overrightarrow{MP}=\overrightarrow{OP}-\overrightarrow{OM}$$
$$=\frac{\vec{b}+2\vec{c}}{3}-\frac{1}{2}\vec{a}=\boldsymbol{\frac{-3\vec{a}+2\vec{b}+4\vec{c}}{6}}$$

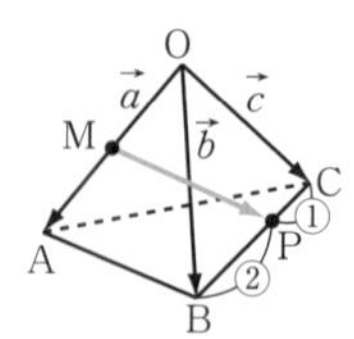

例題 30 空間における内分点・外分点の座標

2点A(2，−1，4)，B(6，−1，−8)に対して，線分ABを1：3に内分する点をP，外分する点をQとするとき，2点P，Qの座標を求めよ。

解 P(x, y, z) とすると，

$$x=\frac{3\times2+1\times6}{1+3}=3,\quad y=\frac{3\times(-1)+1\times(-1)}{1+3}=-1,$$
$$z=\frac{3\times4+1\times(-8)}{1+3}=1 \quad より \quad \mathbf{P(3,\ -1,\ 1)}$$

Q(s, t, u) とすると，

$$s=\frac{-3\times2+1\times6}{1-3}=0,\quad t=\frac{-3\times(-1)+1\times(-1)}{1-3}=-1,$$
$$u=\frac{-3\times4+1\times(-8)}{1-3}=10 \quad より \quad \mathbf{Q(0,\ -1,\ 10)}$$

▶$\overrightarrow{AB}$ と位置ベクトル

2点A$(\vec{a})$，B$(\vec{b})$ に対して

$$\overrightarrow{AB}=\vec{b}-\vec{a}$$

▶内分点・外分点・重心

2点A$(\vec{a})$，B$(\vec{b})$ を結ぶ線分ABを $m:n$ に内分する点P$(\vec{p})$ は

$$\vec{p}=\frac{n\vec{a}+m\vec{b}}{m+n}$$

線分ABを $m:n$ に外分する点Q$(\vec{q})$ は

$$\vec{q}=\frac{-n\vec{a}+m\vec{b}}{m-n}$$

3点A$(\vec{a})$，B$(\vec{b})$，C$(\vec{c})$ を頂点とする△ABCの重心Gの位置ベクトル $\vec{g}$ は

$$\vec{g}=\frac{\vec{a}+\vec{b}+\vec{c}}{3}$$

▶内分点と外分点の座標

2点A(a_1, a_2, a_3)，B(b_1, b_2, b_3) を結ぶ線分を $m:n$ に内分する点をP，外分する点をQとするとき，

$$\mathrm{P}\left(\frac{na_1+mb_1}{m+n},\ \frac{na_2+mb_2}{m+n},\ \frac{na_3+mb_3}{m+n}\right)$$
$$\mathrm{Q}\left(\frac{-na_1+mb_1}{m-n},\ \frac{-na_2+mb_2}{m-n},\ \frac{-na_3+mb_3}{m-n}\right)$$

とくに線分ABの中点Mは

$$\mathrm{M}\left(\frac{a_1+b_1}{2},\ \frac{a_2+b_2}{2},\ \frac{a_3+b_3}{2}\right)$$

類題

84 四面体OABCにおいて，$\overrightarrow{OA}=\vec{a}$，$\overrightarrow{OB}=\vec{b}$，$\overrightarrow{OC}=\vec{c}$ とし，辺ABを1：2に内分する点をP，辺OCを2：1に内分する点をQとする。

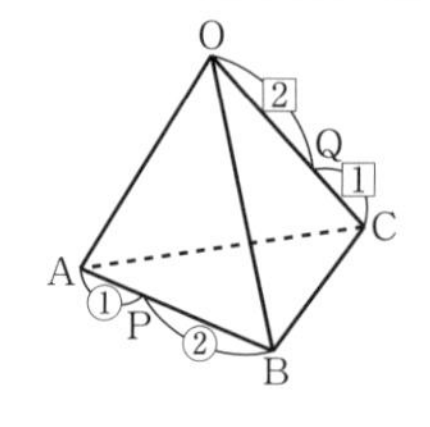

(1) $\overrightarrow{OP}$ を $\vec{a}$，$\vec{b}$ で表せ。

(2) $\overrightarrow{OQ}$ を $\vec{c}$ で表せ。

(3) $\overrightarrow{PQ}$ を $\vec{a}$，$\vec{b}$，$\vec{c}$ を用いて表せ。

85 立方体ABCD−EFGHにおいて，辺EFの中点をP，辺CGを1：2に内分する点をQとする。$\vec{b}$，$\vec{d}$，$\vec{e}$ を図のように定めるとき，$\overrightarrow{PQ}$ を $\vec{b}$，$\vec{d}$，$\vec{e}$ を用いて表せ。

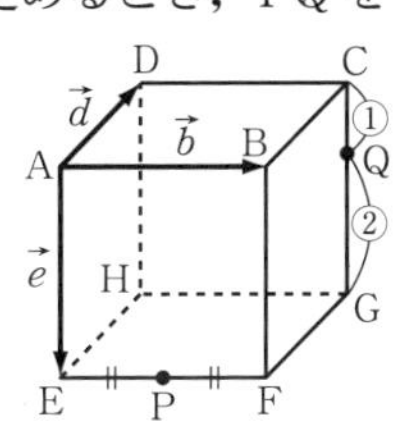

86 2点A(3，−2，1)，B(−6，1，7)に対して，線分ABを2：1に内分する点をP，外分する点をQ，線分ABの中点をMとするとき，3点P，Q，Mの座標を求めよ。

87 四面体OABCにおいて，$\overrightarrow{OA}=\vec{a}$，$\overrightarrow{OB}=\vec{b}$，$\overrightarrow{OC}=\vec{c}$ とし，△OABの重心をG，線分CGを3：1に内分する点をPとする。

(1) $\overrightarrow{OG}$ を $\vec{a}$，$\vec{b}$ を用いて表せ。

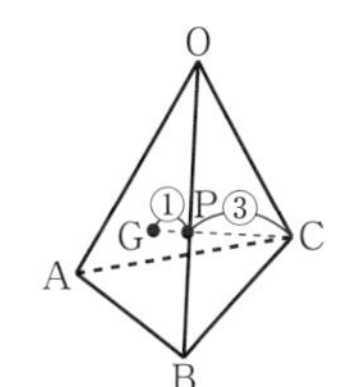

(2) $\overrightarrow{OP}$ を $\vec{a}$，$\vec{b}$，$\vec{c}$ を用いて表せ。

88 2点A(−1，4，2)，B(4，−1，−3)に対し線分ABを3：2に内分する点をP，外分する点をQとし，線分PQの中点をMとするとき，3点P，Q，Mの座標を求めよ。

JUMP 16　点P(1，2，−3)に関して，点A(2，−3，4)と対称な点Bの座標を求めよ。

17 位置ベクトルと空間の図形

例題 31 一直線上にある3点

平行六面体 ABCD−EFGH において，△CFH の重心 P は対角線 AG 上にあることを示せ。

▶一直線上にある3点
3点 A，B，C が一直線上にある。
⇕
$\overrightarrow{AC}=k\overrightarrow{AB}$ となる0でない実数 k がある。

解 (証明)
$\overrightarrow{AB}=\vec{b}$，$\overrightarrow{AD}=\vec{d}$，$\overrightarrow{AE}=\vec{e}$ とすると

$$\begin{aligned}\overrightarrow{AG}&=\overrightarrow{AB}+\overrightarrow{BC}+\overrightarrow{CG}\\&=\overrightarrow{AB}+\overrightarrow{AD}+\overrightarrow{AE}\\&=\vec{b}+\vec{d}+\vec{e}\ \cdots\cdots①\end{aligned}$$

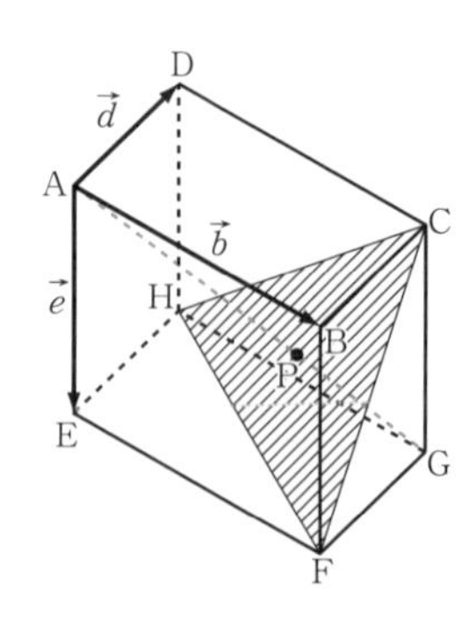

また，点 P は △CFH の重心であるから

$$\begin{aligned}\overrightarrow{AP}&=\frac{\overrightarrow{AC}+\overrightarrow{AF}+\overrightarrow{AH}}{3}\\&=\frac{(\vec{b}+\vec{d})+(\vec{b}+\vec{e})+(\vec{d}+\vec{e})}{3}\\&=\frac{2}{3}(\vec{b}+\vec{d}+\vec{e})\ \cdots\cdots②\end{aligned}$$

①，②より　$\overrightarrow{AP}=\frac{2}{3}\overrightarrow{AG}$　←3点 A，P，G が一直線上にある条件

よって，点 P は対角線 AG 上にある。　(終)

▶三角形の重心
3点 $A(\vec{a})$，$B(\vec{b})$，$C(\vec{c})$ を頂点とする △ABC の重心 G の位置ベクトル $\vec{g}$ は
$$\vec{g}=\frac{\vec{a}+\vec{b}+\vec{c}}{3}$$

例題 32 同じ平面上にある4点

点 $P(x,\ 3,\ -1)$ が，3点 $A(-1,\ 0,\ 4)$，$B(1,\ 1,\ 3)$，$C(-4,\ 0,\ 6)$ と同じ平面上にあるとき，x の値を求めよ。

▶同じ平面上にある4点
3点 A，B，C が一直線上にないとき
点 P が3点 A，B，C と同じ平面上にある
⇕
$\overrightarrow{AP}=s\overrightarrow{AB}+t\overrightarrow{AC}$ となる実数 s，t がある

解 $\overrightarrow{AB}=(2,\ 1,\ -1)$，$\overrightarrow{AC}=(-3,\ 0,\ 2)$ より，
$\overrightarrow{AC}=k\overrightarrow{AB}$ となる実数 k は存在しないから，
3点 A，B，C は一直線上にない。
点 P が3点 A，B，C と同じ平面上にあるとき，
$\overrightarrow{AP}=(x+1,\ 3,\ -5)$ に対して，
$\overrightarrow{AP}=s\overrightarrow{AB}+t\overrightarrow{AC}$ となる実数 s，t があるから

$$\begin{aligned}(x+1,\ 3,\ -5)&=s(2,\ 1,\ -1)+t(-3,\ 0,\ 2)\\&=(2s-3t,\ s,\ -s+2t)\end{aligned}$$

すなわち

$$\begin{cases}x+1=2s-3t & \cdots\cdots①\\3=s & \cdots\cdots②\\-5=-s+2t & \cdots\cdots③\end{cases}$$

②より　$s=3$
これを③に代入すると　$-5=-3+2t$
よって　$t=-1$
これらを①に代入すると
　$x+1=6+3$
ゆえに　$\boldsymbol{x=8}$

89 **例題 31** において，辺 CG の G を超える延長上に $CI = 2CG$ となる点 I をとり，線分 CE を 2 : 1 に内分する点を J とするとき，3 点 A，J，I は一直線上にあることを示せ。

90 点 $P(-4,\ 6,\ z)$ が 3 点 $O(0,\ 0,\ 0)$，$A(-2,\ 0,\ 1)$，$B(1,\ 3,\ -1)$ と同じ平面上にあるとき，z の値を求めよ。

91 平行六面体 ABCD−EFGH において，

$\overrightarrow{AB} = \vec{b}$，$\overrightarrow{AD} = \vec{d}$，$\overrightarrow{AE} = \vec{e}$

とおく。辺 AE の中点を M とし，△BDE の重心を K とするとき，3 点 C，K，M は一直線上にあることを示せ。

92 点 $P(x,\ -3,\ 7)$ が 3 点 $A(-1,\ 1,\ 1)$，$B(0,\ 0,\ 4)$，$C(1,\ 2,\ -1)$ と同じ平面上にあるとき，x の値を求めよ。

JUMP 17 四面体 OABC において，辺 OA を 1 : 2，辺 BC を 2 : 3 に内分する点をそれぞれ D，E とし，線分 DE を 5 : 3 に内分する点を F とする。直線 CF と平面 OAB の交点を G とするとき，$\overrightarrow{CG} = k\overrightarrow{CF}$ を満たす実数 k の値を求めよ。

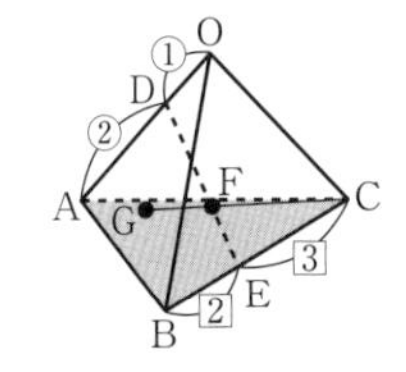

18 平面・球面の方程式

例題 33 空間における平面と球面の方程式

次の問いに答えよ。

(1) 点 $(-1,\ 2,\ 4)$ を通り，xy 平面に平行な平面の方程式を求めよ。

(2) 中心 $(-2,\ 1,\ 3)$，半径 2 の球面の方程式を求めよ。

(3) 点 $(2,\ -1,\ 3)$ を中心とし，点 $(3,\ 1,\ 1)$ を通る球面の方程式を求めよ。

(4) 2 点 $\mathrm{A}(-1,\ 3,\ 1)$，$\mathrm{B}(-1,\ -1,\ -1)$ を直径の両端とする球面の方程式を求めよ。

(1) $\boldsymbol{z=4}$

(2) $\{x-(-2)\}^2+(y-1)^2+(z-3)^2=2^2$　より

$\boldsymbol{(x+2)^2+(y-1)^2+(z-3)^2=4}$

(3) 2 点 $(2,\ -1,\ 3)$，$(3,\ 1,\ 1)$ 間の距離が求める球面の半径 r であるから

$r=\sqrt{(3-2)^2+\{1-(-1)\}^2+(1-3)^2}=3$

よって，求める球面の方程式は

$\boldsymbol{(x-2)^2+(y+1)^2+(z-3)^2=9}$

(4) 線分 AB の中点を C とすると，点 C は求める球面の中心である。

$\mathrm{C}\left(\dfrac{-1+(-1)}{2},\ \dfrac{3+(-1)}{2},\ \dfrac{1+(-1)}{2}\right)$

より　$\mathrm{C}(-1,\ 1,\ 0)$

よって，半径 r は

$r=\mathrm{CA}=\sqrt{\{-1-(-1)\}^2+(3-1)^2+(1-0)^2}=\sqrt{5}$

ゆえに，求める球面の方程式は

$\boldsymbol{(x+1)^2+(y-1)^2+z^2=5}$

▶座標平面に平行な平面の方程式

・点 $(a,\ 0,\ 0)$ を通り，yz 平面に平行な平面の方程式は $x=a$

・点 $(0,\ b,\ 0)$ を通り，zx 平面に平行な平面の方程式は $y=b$

・点 $(0,\ 0,\ c)$ を通り，xy 平面に平行な平面の方程式は $z=c$

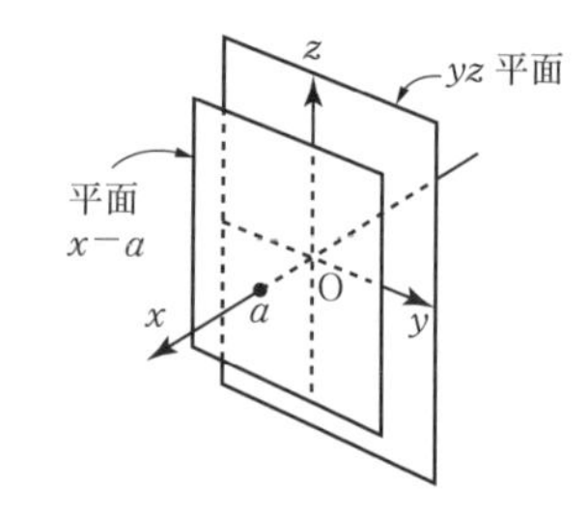

▶球面の方程式

点 $(a,\ b,\ c)$ を中心とする半径 r の球面の方程式は

$(x-a)^2+(y-b)^2+(z-c)^2=r^2$

とくに，原点 O を中心とする半径 r の球面の方程式は

$x^2+y^2+z^2=r^2$

類題

93 次の問いに答えよ。

(1) 点 $(2,\ -3,\ 4)$ を通り，yz 平面に平行な平面の方程式を求めよ。

(2) 点 $(3,\ -1,\ 2)$ を中心とする半径 4 の球面の方程式を求めよ。

(3) 2 点 $\mathrm{A}(2,\ -1,\ 3)$，$\mathrm{B}(4,\ 1,\ -1)$ を直径の両端とする球面の方程式を求めよ。

94 次の問いに答えよ。

(1) 点 $(3,\ -5,\ 6)$ を通り，zx 平面に平行な平面の方程式を求めよ。

(2) 点 $(4,\ 3,\ -2)$ を中心とする xy 平面に接する球面の方程式を求めよ。

(3) 原点を中心とし，点 $(2,\ -2,\ 1)$ を通る球面の方程式を求めよ。

(4) 2点 $\mathrm{A}(5,\ -2,\ 3)$，$\mathrm{B}(-3,\ 4,\ 7)$ を直径の両端とする球面の方程式を求めよ。

95 2点 $\mathrm{A}(2,\ -3,\ -1)$，$\mathrm{B}(4,\ 3,\ 5)$ について，次の問いに答えよ。

(1) 点Aを中心とし，点Bを通る球面の方程式を求めよ。

(2) 線分ABを直径とする球面の方程式を求めよ。

(3) (2)の球面と xy 平面が交わる部分は円である。この円の中心の座標と半径を求めよ。

JUMP 18 中心が点 $\mathrm{C}(4,\ -2,\ -4)$，半径 r の球面がもう一つの球面 $x^2+y^2+z^2=4$ と接しているとき，r の値を求めよ。

1　頂点の座標が次のような直方体について，下の問いに答えよ。

A(3，−1，0)，B(3，2，0)，C(0，2，0)，D(0，−1，0)，E(3，−1，4)，F(3，2，4)，G(0，2，4)，H(0，−1，4)

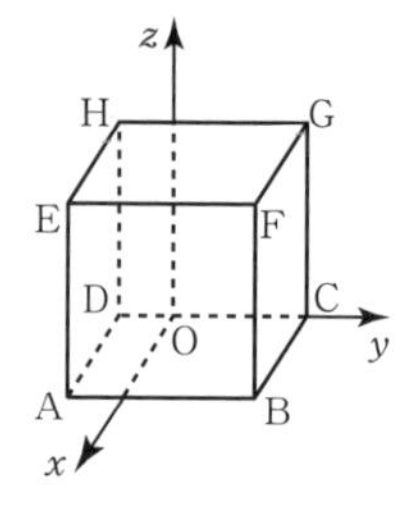

(1)　xy 平面に関して，点Fと対称な点Iの座標を求めよ。

(2)　原点Oに関して，点Fと対称な点Jの座標を求めよ。

(3)　2点B，H間の距離を求めよ。

2　$\vec{a}=(3,\ -1,\ -1)$，$\vec{b}=(0,\ -8,\ 5)$ とするとき，$2\vec{a}-\vec{b}$ を成分表示し，その大きさを求めよ。

3　ベクトル $\vec{a}=(2,\ 1-x,\ x+2)$ の大きさが11になるように x の値を定めよ。

4　3点A(3，0，−2)，B(5，−2，−1)，C(4，−4，−3)について，$\overrightarrow{AB}=\vec{a}$，$\overrightarrow{AC}=\vec{b}$ とするとき，次の問いに答えよ。

(1)　$\vec{a}$，$\vec{b}$ を成分表示せよ。

(2)　$|\vec{a}|$，$|\vec{b}|$ および内積 $\vec{a}\cdot\vec{b}$ を求めよ。

(3)　$\vec{a}$，$\vec{b}$ のなす角 θ を求めよ。

5　2つのベクトルを

$$\vec{a}=(1,\ -4,\ -1),\ \vec{b}=(-1,\ 6,\ 2)$$

とするとき，次のベクトルを求めよ。

(1)　$\vec{a}$ に平行で，大きさが $6\sqrt{2}$

(2)　$\vec{a}$，$\vec{b}$ の両方に垂直で，大きさが6

6 点 P(4, 5, x) が, 3 点 A(3, 4, 5), B(1, 1, 0), C(1, 3, 6) と同じ平面上にあるとき, x の値を求めよ。

7 1 辺の長さが 2 である正四面体 OABC において, 辺 AB, CO の中点をそれぞれ M, N とし, $\overrightarrow{OA}=\vec{a}$, $\overrightarrow{OB}=\vec{b}$, $\overrightarrow{OC}=\vec{c}$ とするとき, 次の問いに答えよ。

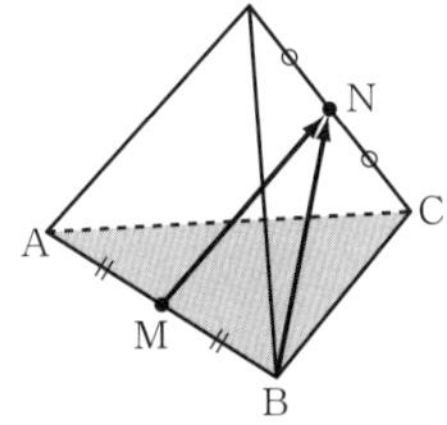

(1) $\vec{a}\cdot\vec{b}$ を求めよ。

(2) $\overrightarrow{MN}\cdot\overrightarrow{BN}$ を求めよ。

(3) ∠BNM の大きさを θ とするとき, $\cos\theta$ を求めよ。

8 右の直方体において, H, I はそれぞれ OC, DF の延長上にあり,

OC = HC, DF = IF

とする。△HAB の重心を K とするとき, 3 点 O, K, I は一直線上にあることを示せ。

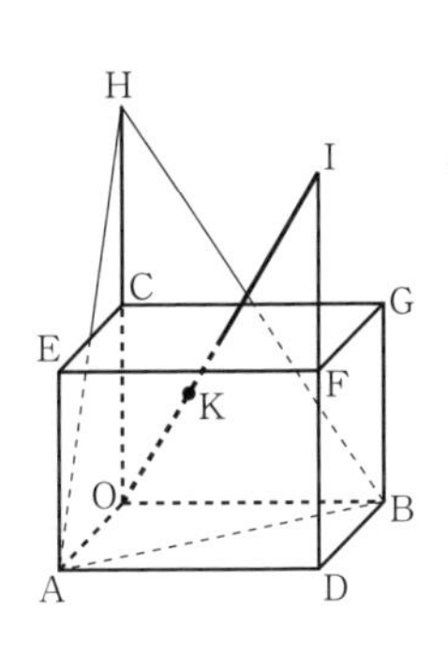

9 2 点 A(3, −2, −1), B(1, 0, −2) について, 次の問いに答えよ。

(1) 線分 AB を 2 : 1 に外分する点 C の座標を求めよ。

(2) 点 B を中心とし, 点 A を通る球面の方程式とその半径を求めよ。

(3) (2)の球面と zx 平面が交わる部分は円である。この円の中心の座標と半径を求めよ。

19 複素数平面・複素数の絶対値

例題 34 複素数平面

次の点を，複素数平面上に図示せよ。

(1) $\mathrm{A}(4+2i)$　(2) $\mathrm{B}(-2+i)$

(3) $\mathrm{C}(3i)$　(4) $\mathrm{D}(\overline{4+2i})$

解

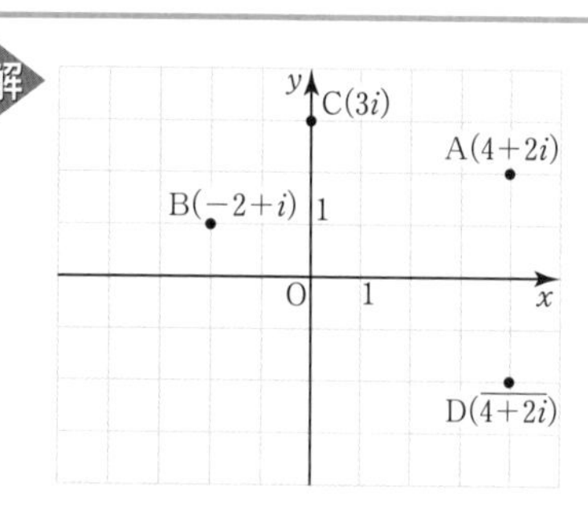

(4) $\overline{4+2i}$

$=4-2i$

←$4+2i$ と $\overline{4+2i}$ は実軸に関して対称

例題 35 複素数の絶対値

次の複素数の絶対値を求めよ。

(1) $1-i$　(2) $\sqrt{3}-i$

(3) -4　(4) $3i$

解 (1) $|1-i|=\sqrt{1^2+(-1)^2}=\sqrt{2}$　←$|a+bi|=\sqrt{a^2+b^2}$

(2) $|\sqrt{3}-i|=\sqrt{(\sqrt{3})^2+(-1)^2}=\sqrt{4}=2$

(3) $|-4|=\sqrt{(-4)^2+0^2}=4$

(4) $|3i|=\sqrt{0^2+3^2}=3$

▶複素数 $a+bi$ の図表示

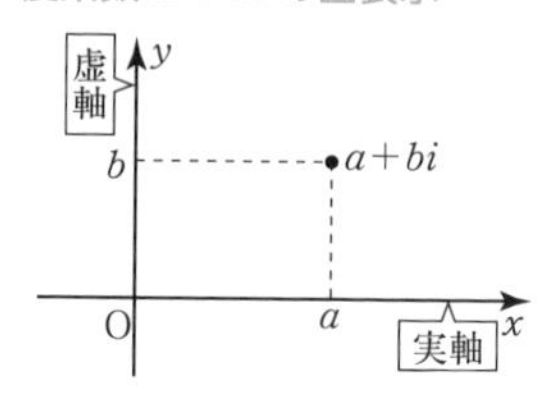

▶共役な複素数

$z=a+bi$ のとき

$\bar{z}=a-bi$

を z に共役な複素数という。

複素数平面上で，点 z と点 $\bar{z}$ は実軸に関して対称である。

次のことが成り立つ。

z が実数 $\Longleftrightarrow z=\bar{z}$

▶複素数の絶対値

$z=a+bi$ のとき，z の絶対値は

$|z|=\sqrt{a^2+b^2}$

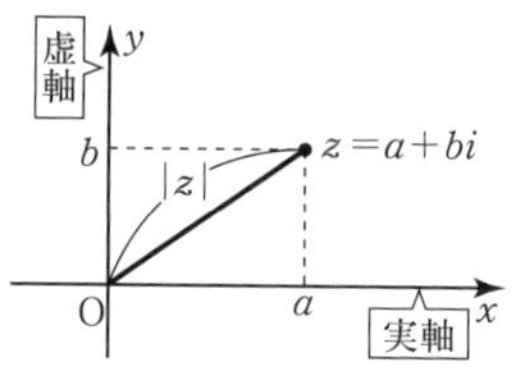

次の式が成り立つ。

$z\bar{z}=|z|^2$

類題

96 次の点を，複素数平面上に図示せよ。

(1) $\mathrm{A}(3+i)$

(2) $\mathrm{B}(-2+4i)$

(3) $\mathrm{C}(-2i)$

(4) $\mathrm{D}(\overline{3+i})$

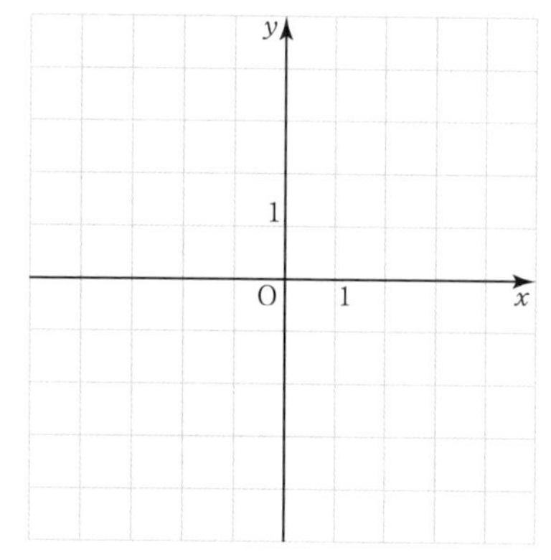

97 次の複素数の絶対値を求めよ。

(1) $4+3i$

(2) $1+\sqrt{3}i$

(3) -1

(4) $5i$

98 次の点を，複素数平面上に図示せよ。

(1) $A(2+2i)$

(2) $B(-3-2i)$

(3) $C(3)$

(4) $D(\overline{-3-2i})$

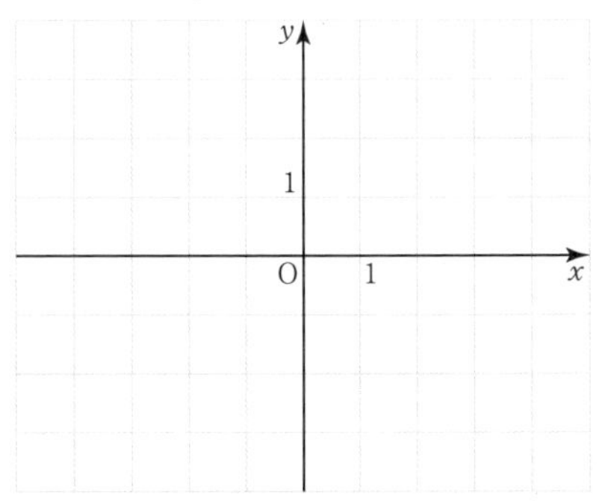

99 次の複素数の絶対値を求めよ。

(1) $-4+3i$

(2) $-\sqrt{2}\,i$

(3) $3+3i$

(4) $-2\sqrt{2}-i$

100 $z=2-3i$ のとき，次の複素数を，複素数平面上に図示せよ。

(1) z

(2) $\overline{z}$

(3) $-z$

(4) $-\overline{z}$

(5) $\overline{-z}$

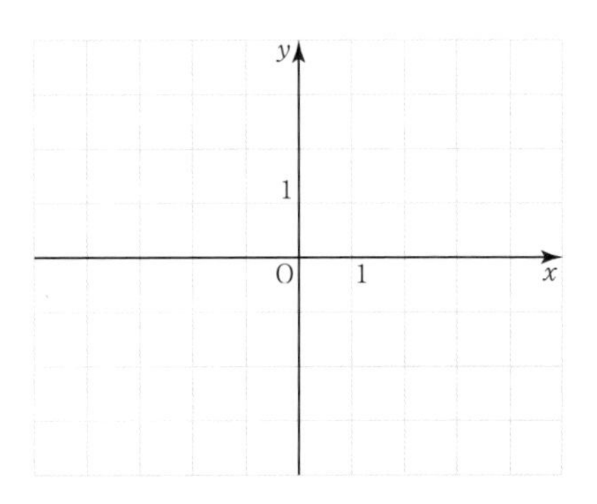

101 $z=1+i$, $w=-1+2i$ のとき，次の値を求めよ。

(1) $|z|$

(2) $|w|$

(3) $|zw|$

(4) $\left|\dfrac{z}{w}\right|$

JUMP 19 $z=5-3i$ のとき，$z\overline{z}=|z|^2$ を示せ。

20 複素数の和・差・実数倍の図表示

例題 36 複素数の和・差・実数倍の図表示

$z=3-i$, $w=1+2i$ であるとき，次の点を図示せよ。

(1) z　　(2) w　　(3) $z+w$

(4) $z-w$　　(5) $2w$

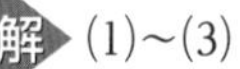

解 (1)〜(3)

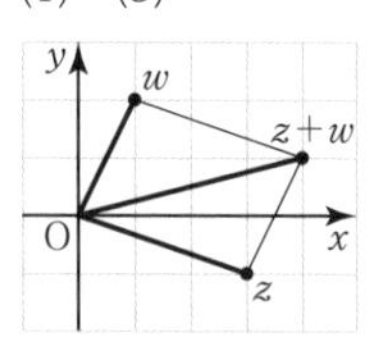

$z+w$
$=(3-i)+(1+2i)$
$=4+i$

↑4点O，z，$z+w$，w は平行四辺形の頂点

(4)

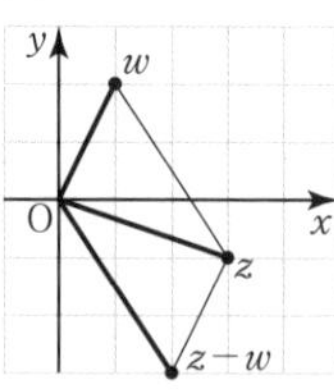

$z-w$
$=(3-i)-(1+2i)$
$=2-3i$

↑4点O，$z-w$，z，w は平行四辺形の頂点

(5)

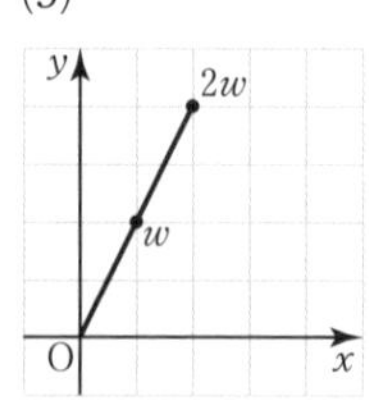

$2w=2(1+2i)$
$=2+4i$

↑w を同じ方向に2倍した点

▶複素数の和・差の図表示

$z=a+bi$, $w=p+qi$

とするとき，

点 $z+w$ は点 z を
　実軸方向に p,
　虚軸方向に q

点 $z-w$ は点 z を
　実軸方向に $-p$,
　虚軸方向に $-q$

だけ平行移動した点である。

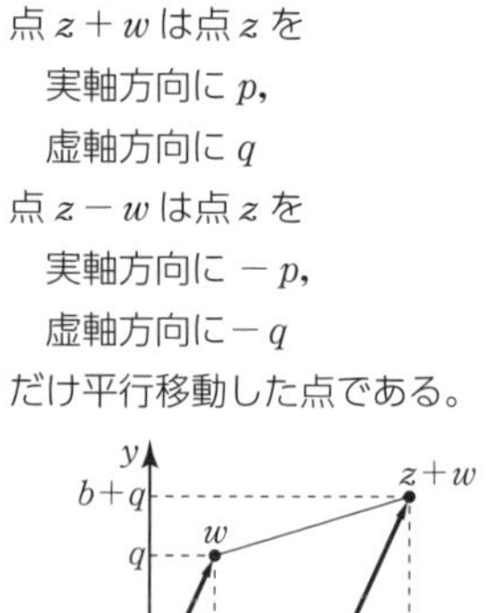

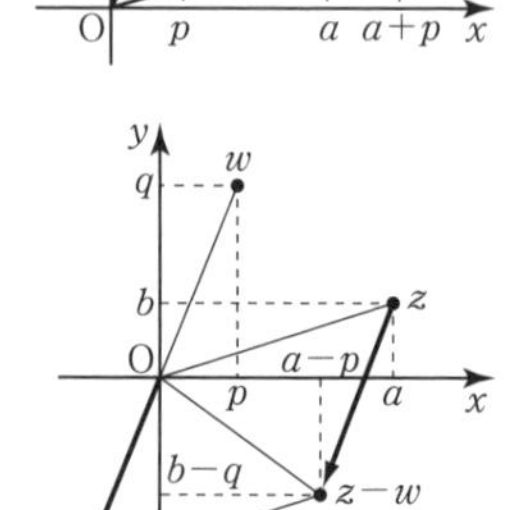

例題 37 2点間の距離

$z=2+i$, $w=1-i$ のとき，2点 z，w 間の距離を求めよ。

解 2点 z，w 間の距離は

$$|z-w|=|(2+i)-(1-i)|$$
$$=|1+2i|$$
$$=\sqrt{1^2+2^2}=\sqrt{5}$$

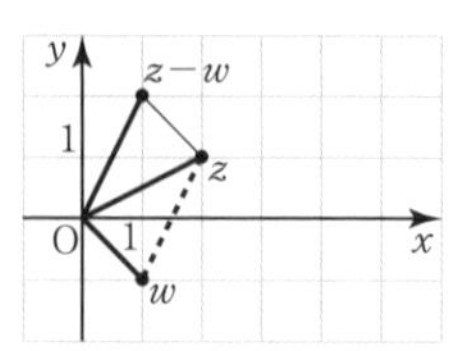

▶2点間の距離

2点 z，w 間の距離は

$|z-w|$

類題

102 $z=2+i$, $w=1-2i$ であるとき，次の点を図示せよ。

(1) z

(2) w

(3) $z+w$

(4) $z-w$

(5) $-2w$

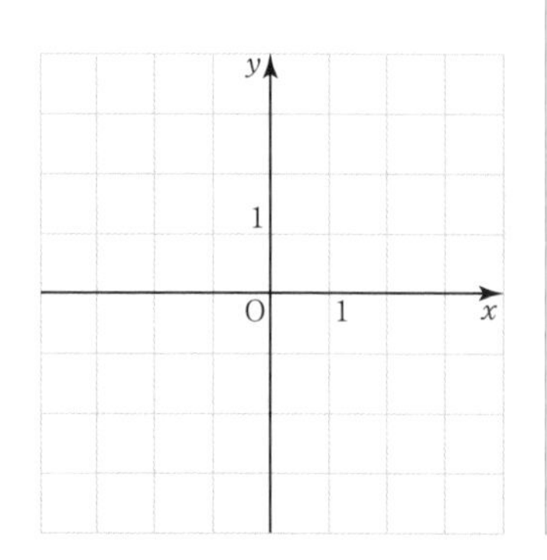

103 $z=1-2i$, $w=3+2i$ のとき，2点 z，w 間の距離を求めよ。

104 $z=2-2i$, $w=1+i$ であるとき，次の点を図示せよ。

(1) z

(2) w

(3) $z+w$

(4) $z-w$

(5) $-3w$

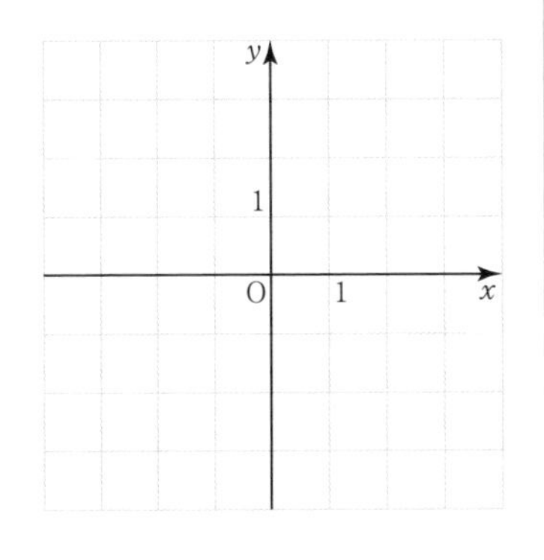

105 2点z，w間の距離を求めよ。

(1) $z=7-2i$, $w=-5+3i$

(2) $z=-1-i$, $w=-2i$

106 2点z，w間の距離を求めよ。

(1) $z=\sqrt{3}+i$, $w=2i$

(2) $z=1-\sqrt{3}i$, $w=\sqrt{3}+i$

107 複素数平面上に3点A$(1+i)$，B(3)，C$(2+3i)$があるとき，△ABCはどのような三角形か。3辺の長さを求めて答えよ。

JUMP 20 右の図のように正六角形の中心が原点にあり，頂点A，Fを表す複素数が，それぞれz，$\overline{z}$であるとき，次の点をz，$\overline{z}$を用いて表せ。

(1) C　(2) E　(3) G

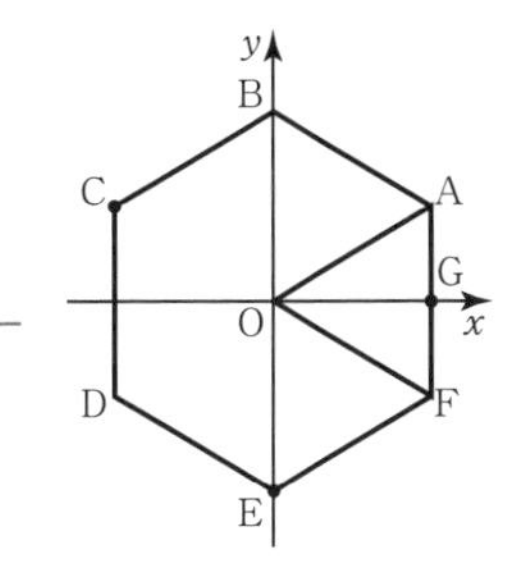

21 複素数の極形式・積と商

例題 38 複素数の極形式

次の複素数を極形式で表せ。ただし，偏角 θ の範囲は $0 \leqq \theta < 2\pi$ とする。

(1) $-\sqrt{3}+i$　　(2) $3-3i$

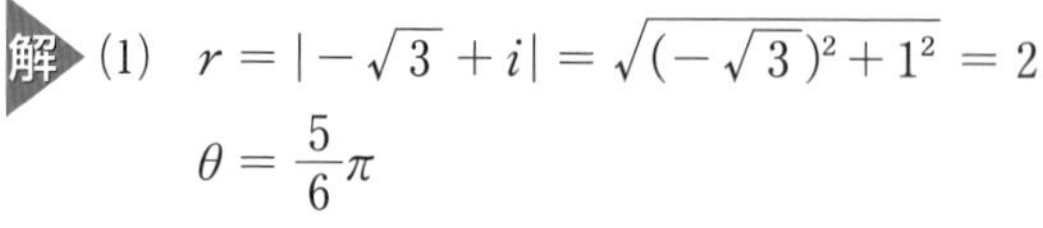

解 (1) $r=|-\sqrt{3}+i|=\sqrt{(-\sqrt{3})^2+1^2}=2$

$\theta=\dfrac{5}{6}\pi$

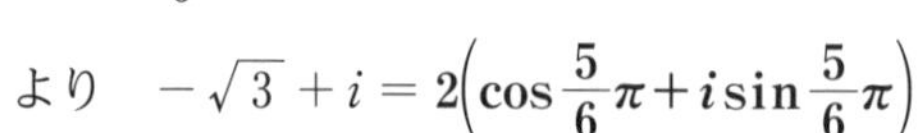

より　$-\sqrt{3}+i=2\left(\cos\dfrac{5}{6}\pi+i\sin\dfrac{5}{6}\pi\right)$

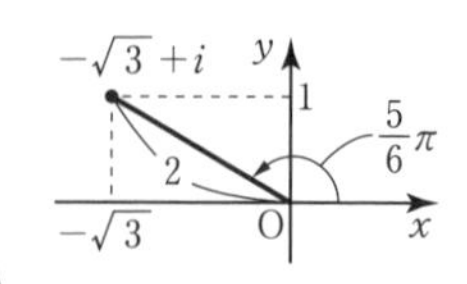

(2) $r=\sqrt{3^2+(-3)^2}=3\sqrt{2}$

$\theta=\dfrac{7}{4}\pi$

より　$3-3i=3\sqrt{2}\left(\cos\dfrac{7}{4}\pi+i\sin\dfrac{7}{4}\pi\right)$

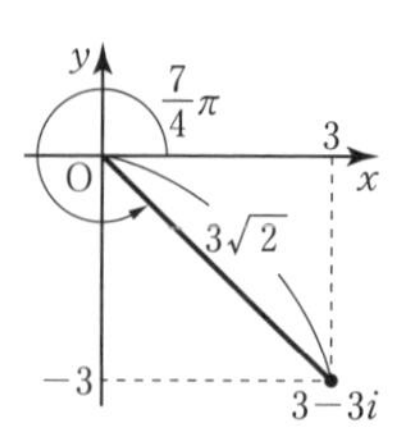

▶複素数の極形式

$z=r(\cos\theta+i\sin\theta)$

$r=|z|$　：絶対値

$\theta=\arg z$：偏角

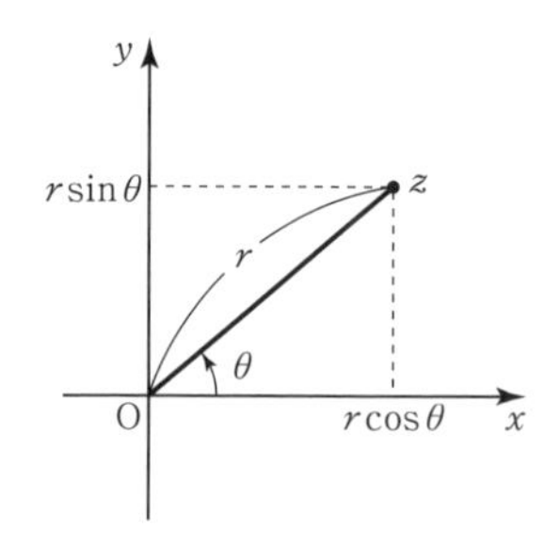

例題 39 極形式で表された複素数の積と商

$z_1=2\left(\cos\dfrac{2}{3}\pi+i\sin\dfrac{2}{3}\pi\right)$，$z_2=3\left(\cos\dfrac{\pi}{6}+i\sin\dfrac{\pi}{6}\right)$ のとき

複素数 z_1，z_2 の積 z_1z_2 と商 $\dfrac{z_1}{z_2}$ を極形式で表せ。

解 $z_1z_2=2\times3\left\{\cos\left(\dfrac{2}{3}\pi+\dfrac{\pi}{6}\right)+i\sin\left(\dfrac{2}{3}\pi+\dfrac{\pi}{6}\right)\right\}$

$=6\left(\cos\dfrac{5}{6}\pi+i\sin\dfrac{5}{6}\pi\right)$

$\dfrac{z_1}{z_2}=\dfrac{2}{3}\left\{\cos\left(\dfrac{2}{3}\pi-\dfrac{\pi}{6}\right)+i\sin\left(\dfrac{2}{3}\pi-\dfrac{\pi}{6}\right)\right\}$

$=\dfrac{2}{3}\left(\cos\dfrac{\pi}{2}+i\sin\dfrac{\pi}{2}\right)$

▶極形式による複素数の積

$z_1=r_1(\cos\theta_1+i\sin\theta_1)$,

$z_2=r_2(\cos\theta_2+i\sin\theta_2)$ のとき

$z_1z_2=r_1r_2\{\cos(\theta_1+\theta_2)+i\sin(\theta_1+\theta_2)\}$

すなわち

$|z_1z_2|=|z_1||z_2|$,

$\arg z_1z_2=\arg z_1+\arg z_2$

▶極形式による複素数の商

$z_1=r_1(\cos\theta_1+i\sin\theta_1)$,

$z_2=r_2(\cos\theta_2+i\sin\theta_2)$ のとき

$\dfrac{z_1}{z_2}=\dfrac{r_1}{r_2}\{\cos(\theta_1-\theta_2)+i\sin(\theta_1-\theta_2)\}$

すなわち

$\left|\dfrac{z_1}{z_2}\right|=\dfrac{|z_1|}{|z_2|}$

$\arg\dfrac{z_1}{z_2}=\arg z_1-\arg z_2$

類題

108　次の複素数を極形式で表せ。ただし，偏角 θ の範囲は $0 \leqq \theta < 2\pi$ とする。

(1) $\sqrt{3}+i$

(2) $-2-2i$

109　$z_1=2\left(\cos\dfrac{\pi}{2}+i\sin\dfrac{\pi}{2}\right)$，

$z_2=2\left(\cos\dfrac{\pi}{3}+i\sin\dfrac{\pi}{3}\right)$ のとき，複素数 z_1，z_2 の積 z_1z_2 と商 $\dfrac{z_1}{z_2}$ を極形式で表せ。

110 次の複素数を極形式で表せ。ただし，偏角θの範囲は $0 \leqq \theta < 2\pi$ とする。

(1) $-1+\sqrt{3}\,i$

(2) $-5-5i$

(3) $-2i$

111 $z_1 = 2\left(\cos\dfrac{7}{12}\pi + i\sin\dfrac{7}{12}\pi\right)$, $z_2 = \sqrt{2}\left(\cos\dfrac{\pi}{4} + i\sin\dfrac{\pi}{4}\right)$ のとき，複素数z_1, z_2の積z_1z_2と商$\dfrac{z_1}{z_2}$を極形式で表せ。

112 $z_1 = 1+\sqrt{3}\,i$, $z_2 = 2+2i$ について，次の問いに答えよ。ただし，偏角θの範囲は $0 \leqq \theta < 2\pi$ とする。

(1) z_1, z_2を極形式で表せ。

(2) z_1, z_2の積z_1z_2と商$\dfrac{z_1}{z_2}$を極形式で表せ。

113 $z_1 = \sqrt{6}-\sqrt{2}\,i$, $z_2 = -2i$ について，次の問いに答えよ。ただし，偏角θの範囲は $0 \leqq \theta < 2\pi$ とする。

(1) z_1, z_2を極形式で表せ。

(2) z_1, z_2の積z_1z_2と商$\dfrac{z_1}{z_2}$を極形式で表せ。

JUMP 21 右の図のように正五角形の中心が原点にあり，頂点Aを表す複素数が$3i$のとき，次の頂点を表す複素数を極形式で表せ。ただし，偏角θの範囲は $0 \leqq \theta < 2\pi$ とする。

(1) B　　(2) C

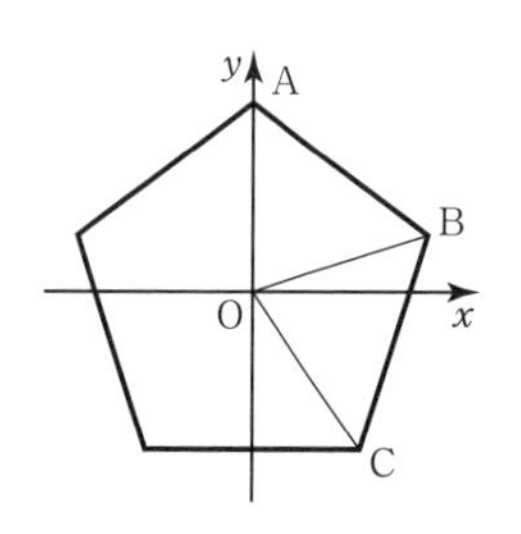

22 複素数の積・商の図表示

例題 40 複素数の積の図表示

$z=2+i$ のとき，点 z を原点のまわりに $\dfrac{\pi}{4}$ だけ回転し，さらに原点からの距離を $\sqrt{2}$ 倍した点を表す複素数を求めよ。

解 求める複素数は，

$$\sqrt{2}\left(\cos\frac{\pi}{4}+i\sin\frac{\pi}{4}\right)z$$
$$=\sqrt{2}\left(\frac{1}{\sqrt{2}}+\frac{1}{\sqrt{2}}i\right)(2+i)$$
$$=(1+i)(2+i)=\mathbf{1+3i}$$

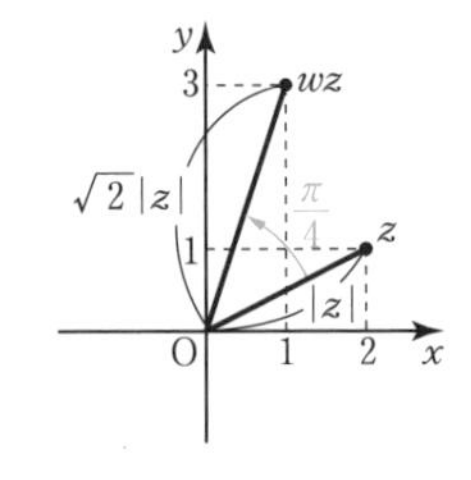

▶複素数の積の図表示

$w=r(\cos\theta+i\sin\theta)$ とするとき，点 wz は，点 z を原点のまわりに θ だけ回転し，原点からの距離を r 倍した点である。

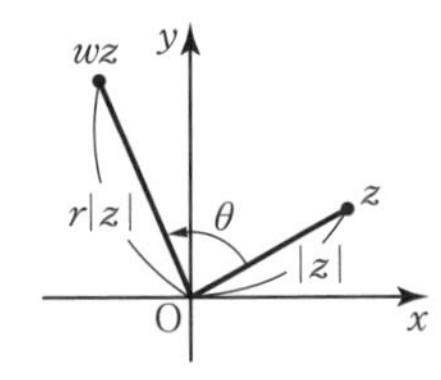

例題 41 複素数の商の図表示

点 $\dfrac{z}{\sqrt{3}+i}$ は，点 z をどのように移動した点か。

解 $\sqrt{3}+i=2\left(\cos\dfrac{\pi}{6}+i\sin\dfrac{\pi}{6}\right)$ より，

点 $\dfrac{z}{\sqrt{3}+i}$ は，点 z を**原点のまわりに $-\dfrac{\pi}{6}$ だけ回転し，原点からの距離を $\dfrac{1}{2}$ 倍した点**である。

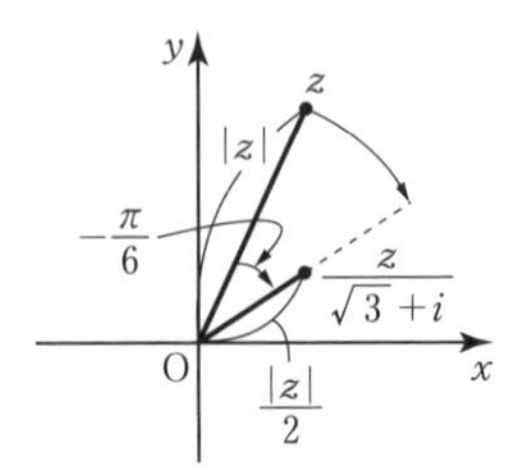

▶複素数の商の図表示

$w=r(\cos\theta+i\sin\theta)$ とするとき，点 $\dfrac{z}{w}$ は，点 z を原点のまわりに $-\theta$ だけ回転し，原点からの距離を $\dfrac{1}{r}$ 倍した点である。

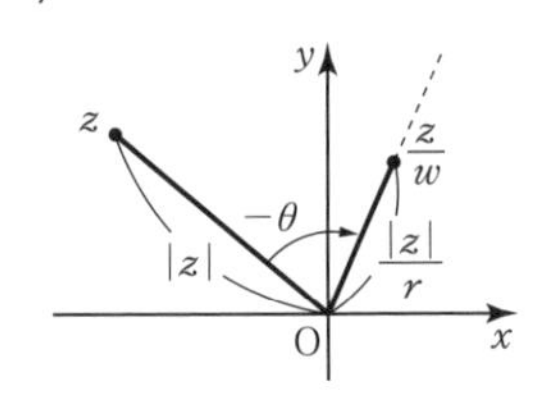

類題

114 $z=3+4i$ のとき，点 z を原点のまわりに $\dfrac{\pi}{2}$ だけ回転し，さらに原点からの距離を 2 倍した点を表す複素数を求めよ。

115 次の点は,点 z をどのように移動した点か。

(1) $(-1+\sqrt{3}i)z$

(2) $\dfrac{z}{2+2i}$

116 $z=1+2i$ のとき，点 z を原点のまわりに $\dfrac{\pi}{3}$ だけ回転した点を表す複素数を求めよ。

117 次の点は，点 z をどのように移動した点か。

(1) $(1+i)z$

(2) $-2iz$

118 次の点は，点 z をどのように移動した点か。

(1) $\dfrac{z}{\sqrt{3}-i}$

(2) $\dfrac{z}{-1+i}$

119 $w=\dfrac{1}{\sqrt{2}}+\dfrac{1}{\sqrt{2}}i$ とするとき，下の図の点 z に対して，次の複素数を表す点を図示せよ。

(1) wz

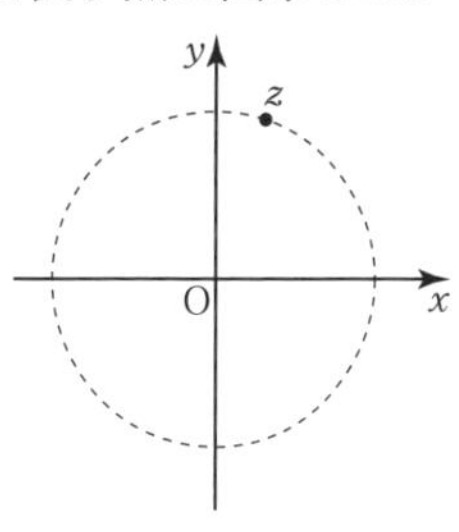

(2) 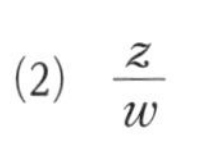 $\dfrac{z}{w}$

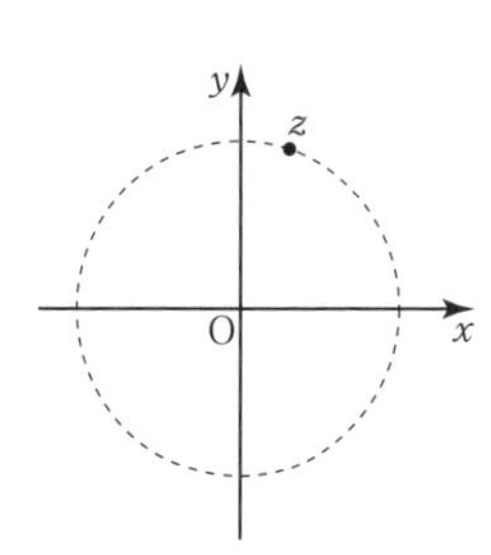

(3) 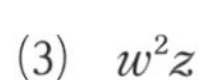 w^2z

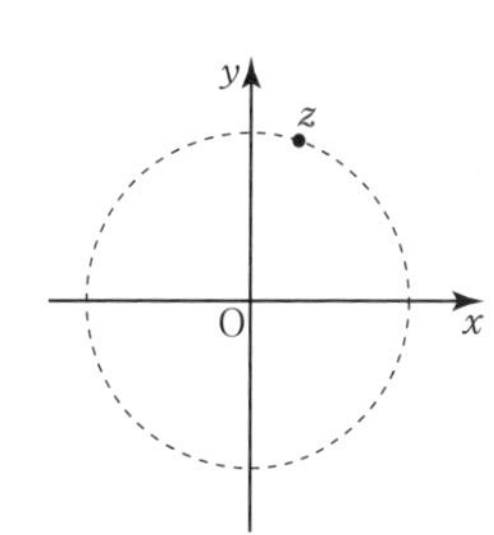

120 次の点は，点 z をどのように移動した点か。

(1) i^3z

(2) $\dfrac{z}{(1+i)^2}$

JUMP 22 複素数平面上の3点 O(0)，A$(2+i)$，B(β) について，△OAB が正三角形であるとき，複素数 β を求めよ。

23 ド・モアブルの定理

例題 42 ド・モアブルの定理

$z=1+i$ のとき，z^3，z^{-4} を計算せよ。

▶ド・モアブルの定理
n を整数とするとき
$(\cos\theta+i\sin\theta)^n$
$=\cos n\theta+i\sin n\theta$

解 $z=\sqrt{2}\left(\cos\dfrac{\pi}{4}+i\sin\dfrac{\pi}{4}\right)$ であるから

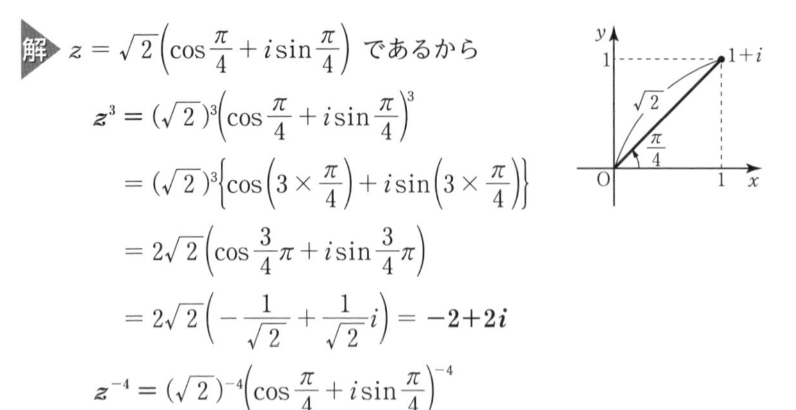

$$\boldsymbol{z^3}=(\sqrt{2})^3\left(\cos\frac{\pi}{4}+i\sin\frac{\pi}{4}\right)^3$$
$$=(\sqrt{2})^3\left\{\cos\left(3\times\frac{\pi}{4}\right)+i\sin\left(3\times\frac{\pi}{4}\right)\right\}$$
$$=2\sqrt{2}\left(\cos\frac{3}{4}\pi+i\sin\frac{3}{4}\pi\right)$$
$$=2\sqrt{2}\left(-\frac{1}{\sqrt{2}}+\frac{1}{\sqrt{2}}i\right)=\boldsymbol{-2+2i}$$

$$\boldsymbol{z^{-4}}=(\sqrt{2})^{-4}\left(\cos\frac{\pi}{4}+i\sin\frac{\pi}{4}\right)^{-4}$$
$$=\frac{1}{(\sqrt{2})^4}\left[\cos\left\{(-4)\times\frac{\pi}{4}\right\}+i\sin\left\{(-4)\times\frac{\pi}{4}\right\}\right]$$
$$=\frac{1}{4}\{\cos(-\pi)+i\sin(-\pi)\}=\boldsymbol{-\frac{1}{4}}$$

類題

121 $z=\dfrac{\sqrt{3}}{2}+\dfrac{1}{2}i$ のとき，z^6，z^{-3} を計算せよ。

122 次の計算をせよ。

(1) $(-1+i)^4$

(2) $(-\sqrt{3}+i)^{-5}$

123 $z=2\left(\cos\dfrac{\pi}{18}+i\sin\dfrac{\pi}{18}\right)$ のとき，z^9，$\dfrac{1}{z^6}$ を計算せよ。

124 次の計算をせよ。

(1) $\left(-\dfrac{\sqrt{6}}{2}+\dfrac{\sqrt{2}}{2}i\right)^6$

(2) $(2+2i)^{-4}$

125 $z=-1+\sqrt{3}i$ のとき，z^5，z^{-9} を計算せよ。

126 $\dfrac{(1+i)^8}{(\sqrt{6}+\sqrt{2}i)^4}$ を計算せよ。

JUMP 23 $z=\sqrt{3}+i$ について，z^n が実数となる最小の自然数 n を求めよ。

24 複素数の n 乗根

例題 43 1の n 乗根

方程式 $z^8=1$ を解け。

$z=r(\cos\theta+i\sin\theta)$ ……①

とおくと，ド・モアブルの定理より

$z^8=r^8(\cos 8\theta+i\sin 8\theta)$

また，$1=\cos 0+i\sin 0$ であるから，$z^8=1$ のとき

$r^8(\cos 8\theta+i\sin 8\theta)=\cos 0+i\sin 0$ ……②

②の両辺の絶対値と偏角を比べて

$r^8=1$，$r>0$ より　$r=1$ ……③　←絶対値について比べる

$8\theta=0+2k\pi$ より　$\theta=\dfrac{1}{4}k\pi$（k は整数）　←偏角について比べる

$0\leqq\theta<2\pi$ の範囲で考えると　$k=0,\ 1,\ 2,\ 3,\ 4,\ 5,\ 6,\ 7$

よって　$\theta=0,\ \dfrac{\pi}{4},\ \dfrac{\pi}{2},\ \dfrac{3}{4}\pi,\ \pi,\ \dfrac{5}{4}\pi,\ \dfrac{3}{2}\pi,\ \dfrac{7}{4}\pi$ ……④

③，④を①に代入すると，

$$z=\cos 0+i\sin 0,\ \cos\frac{\pi}{4}+i\sin\frac{\pi}{4},\ \cos\frac{\pi}{2}+i\sin\frac{\pi}{2},$$
$$\cos\frac{3}{4}\pi+i\sin\frac{3}{4}\pi,\ \cos\pi+i\sin\pi,\ \cos\frac{5}{4}\pi+i\sin\frac{5}{4}\pi,$$
$$\cos\frac{3}{2}\pi+i\sin\frac{3}{2}\pi,\ \cos\frac{7}{4}\pi+i\sin\frac{7}{4}\pi$$

すなわち　$\boldsymbol{z=1,\ \dfrac{1}{\sqrt{2}}+\dfrac{1}{\sqrt{2}}i,\ i,\ -\dfrac{1}{\sqrt{2}}+\dfrac{1}{\sqrt{2}}i,}$

$\boldsymbol{-1,\ -\dfrac{1}{\sqrt{2}}-\dfrac{1}{\sqrt{2}}i,\ -i,\ \dfrac{1}{\sqrt{2}}-\dfrac{1}{\sqrt{2}}i}$

▶1の n 乗根

一般に，1の n 乗根はちょうど n 個あり，それらの複素数について

絶対値は1

偏角は $\dfrac{2\pi}{n}\times k$

$(k=0, 1, 2, \cdots\cdots, n-1)$

である。

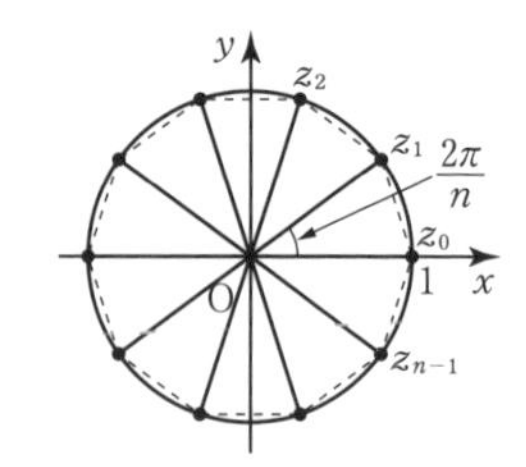

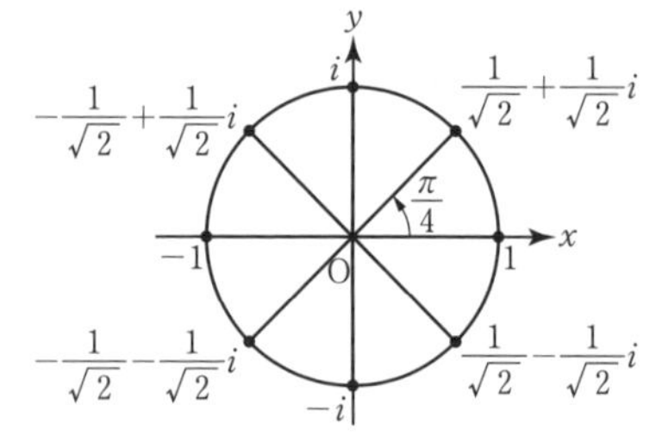

［参考］

8個の解を複素数平面上に図示すると，上の図のようになる。

類題

127　方程式 $z^2=i$ を解け。

128 方程式 $z^3 = 27i$ を解け。

129 方程式 $z^6 = -1$ を解け。

JUMP 24 $\sin\frac{\pi}{12} = \frac{\sqrt{6}-\sqrt{2}}{4}$，$\cos\frac{\pi}{12} = \frac{\sqrt{6}+\sqrt{2}}{4}$ であることを用いて，方程式 $z^6 = i$ を解け。

25 複素数と図形(1)

例題 44 線分の内分点・外分点

複素数平面上の 2 点 A$(-1+3i)$，B$(4-7i)$ を結ぶ線分 AB を 2：3 に内分する点 z_1 と外分する点 z_2 を求めよ。

解

$$z_1=\frac{3(-1+3i)+2(4-7i)}{2+3}$$
$$=\frac{5-5i}{5}=\mathbf{1-i}$$
$$z_2=\frac{(-3)(-1+3i)+2(4-7i)}{2-3}$$
$$=\frac{11-23i}{-1}=\mathbf{-11+23i}$$

例題 45 複素数と方程式の表す図形

次の方程式を満たす点 z 全体は，どのような図形か。

(1) $|z-i|=1$　　(2) $|z-3+2i|=|z+1|$

(1) **点 i を中心とする，半径 1 の円**

(2) $|z-(3-2i)|=|z-(-1)|$

であるから，

2 点 $3-2i$，-1 を結ぶ線分の垂直二等分線

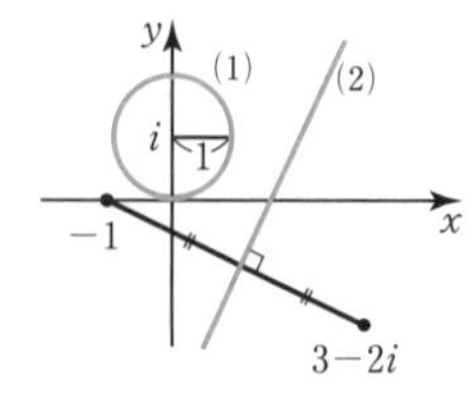

▶線分の内分点・外分点

複素数平面上の 2 点 A(α)，B(β) を結ぶ線分 AB を

$m:n$ に内分する点は

$$\frac{n\alpha+m\beta}{m+n}$$

$m:n$ に外分する点は

$$\frac{-n\alpha+m\beta}{m-n}$$

とくに，線分 AB の中点は

$$\frac{\alpha+\beta}{2}$$

▶三角形の重心

複素数平面上の 3 点 α，β，γ を頂点とする三角形の重心は

$$\frac{\alpha+\beta+\gamma}{3}$$

▶複素数と図形の方程式

複素数平面上で

・$|z-\alpha|=r$ は，
点 α を中心とする半径 r の円

・$|z-\alpha|=|z-\beta|$ は，
2 点 α，β を結ぶ線分の垂直二等分線

類題

130 複素数平面上の 2 点 A$(-1+i)$，B$(5+4i)$ を結ぶ線分 AB を 1：2 に内分する点 z_1 と外分する点 z_2 を求めよ。

131 次の方程式を満たす点 z 全体は，どのような図形か。

(1) $|z+3-i|=3$

(2) $|z-3|=|z-1+2i|$

(3) $|z|=|z+2i|$

132 複素数平面上の2点 $A(2-3i)$, $B(-4+9i)$ に対して，次の点を求めよ。

(1) 線分ABの中点 z_1

(2) 線分ABを2：1に内分する点 z_2

(3) 線分ABを2：1に外分する点 z_3

(4) 線分ABを1：2に外分する点 z_4

133 次の方程式を満たす点 z 全体は，どのような図形か。

(1) $|z-2+i|=2$

(2) $|z+1|=|z+i|$

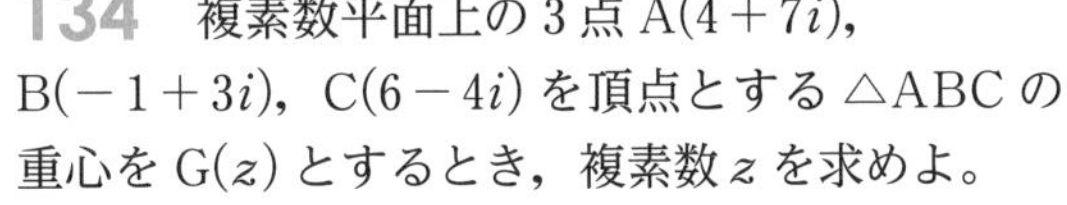
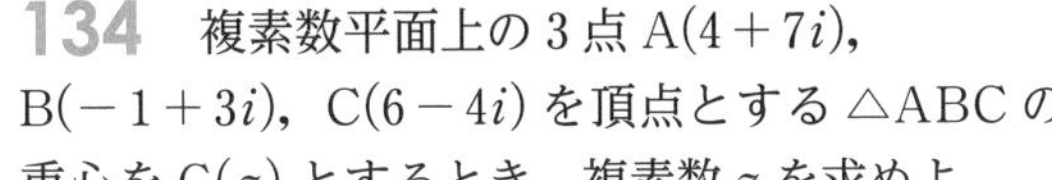

134 複素数平面上の3点 $A(4+7i)$, $B(-1+3i)$, $C(6-4i)$ を頂点とする△ABCの重心を $G(z)$ とするとき，複素数 z を求めよ。

135 次の方程式を満たす点 z 全体は，どのような図形か，複素数平面上に表せ。

(1) $|z+1-i|=|z-3-3i|$

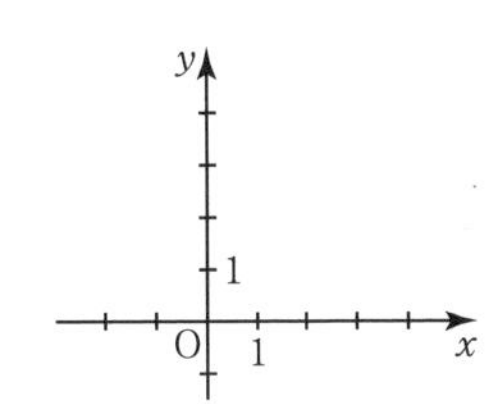

(2) $|2z-3i|=4$

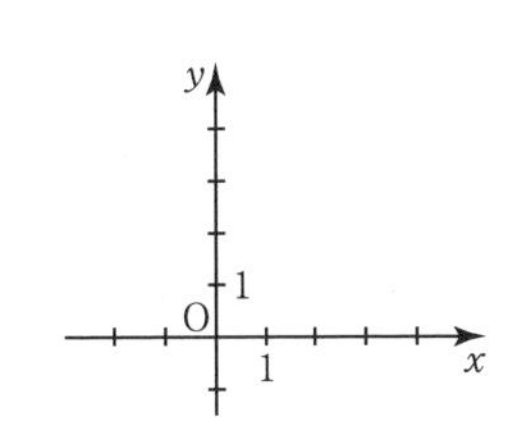

JUMP 25 複素数平面上で，点 z が単位円周上を動くとき，次の式で表される点 w は，どのような図形を描くか。

(1) $w=2iz+1$　　(2) $w=\dfrac{z-1}{z-i}$　　(3) $w\overline{w}=4z\overline{z}$

26 複素数と図形(2)

例題 46　2線分のなす角

複素数平面上の3点 $A(1+i)$, $B(3+2i)$, $C(2+4i)$ に対して，$\angle BAC$ を求めよ。

▶線分のなす角
複素数平面上の異なる3点 $A(\alpha)$, $B(\beta)$, $C(\gamma)$ に対して

$$\angle BAC = \arg\frac{\gamma-\alpha}{\beta-\alpha}$$

解 $\alpha=1+i$, $\beta=3+2i$, $\gamma=2+4i$ とおくと

$$\frac{\gamma-\alpha}{\beta-\alpha}=\frac{(2+4i)-(1+i)}{(3+2i)-(1+i)}=\frac{1+3i}{2+i}=\frac{(1+3i)(2-i)}{(2+i)(2-i)}$$

$$=\frac{5+5i}{5}=1+i=\sqrt{2}\left(\cos\frac{\pi}{4}+i\sin\frac{\pi}{4}\right)$$

よって　$\angle BAC=\arg\dfrac{\gamma-\alpha}{\beta-\alpha}=\boldsymbol{\dfrac{\pi}{4}}$

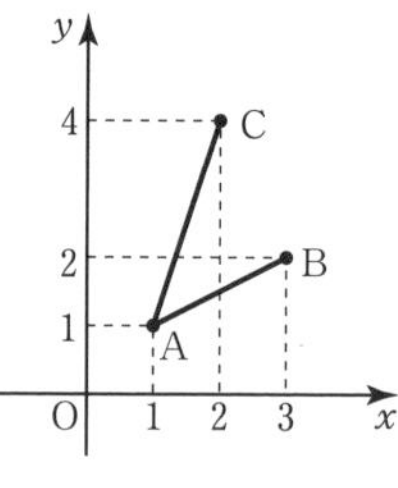

例題 47　3点の位置関係

複素数平面上の3点 $A(1+2i)$, $B(5-6i)$, $C(-1+ki)$ について，次の条件を満たすように，実数 k の値をそれぞれ定めよ。

(1) 3点A，B，Cが一直線上にある。　(2) $AB\perp AC$

▶3点の位置関係
複素数平面上の異なる3点 $A(\alpha)$, $B(\beta)$, $C(\gamma)$ について，
A，B，Cが一直線上にある

$\iff \dfrac{\gamma-\alpha}{\beta-\alpha}$ が実数

$AB\perp AC \iff \dfrac{\gamma-\alpha}{\beta-\alpha}$ が純虚数

解 $\alpha=1+2i$, $\beta=5-6i$, $\gamma=-1+ki$ とおくと

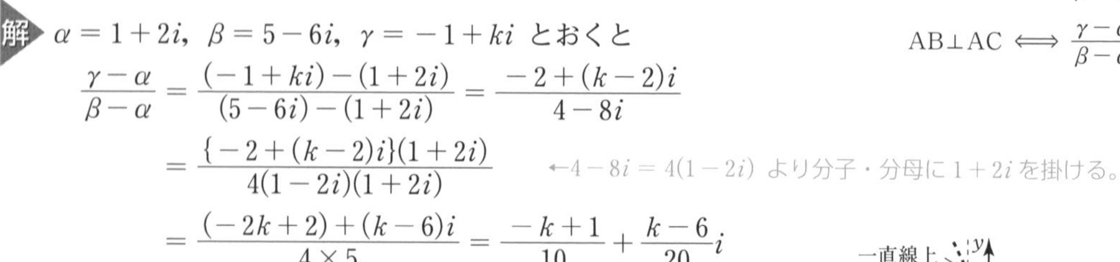

$$\frac{\gamma-\alpha}{\beta-\alpha}=\frac{(-1+ki)-(1+2i)}{(5-6i)-(1+2i)}=\frac{-2+(k-2)i}{4-8i}$$

$$=\frac{\{-2+(k-2)i\}(1+2i)}{4(1-2i)(1+2i)}$$　←$4-8i=4(1-2i)$ より分子・分母に $1+2i$ を掛ける。

$$=\frac{(-2k+2)+(k-6)i}{4\times5}=\frac{-k+1}{10}+\frac{k-6}{20}i$$

(1) 3点A，B，Cが一直線上にあるのは，

$\dfrac{\gamma-\alpha}{\beta-\alpha}$ が実数のときで　←$a+bi$ が実数 $\iff b=0$

$\dfrac{k-6}{20}=0$ より　$\boldsymbol{k=6}$

(2) $AB\perp AC$ であるのは

$\dfrac{\gamma-\alpha}{\beta-\alpha}$ が純虚数のときで　←$a+bi$ が純虚数 $\iff a=0$ かつ $b\neq0$

$\dfrac{-k+1}{10}=0$, $\dfrac{k-6}{20}\neq0$ より　$\boldsymbol{k=1}$

例題 48　三角形の形状

複素数平面上の3点 $A(\alpha)$, $B(\beta)$, $C(\gamma)$ について，

$\dfrac{\gamma-\alpha}{\beta-\alpha}=i$ が成り立つとき，△ABCはどのような三角形か。

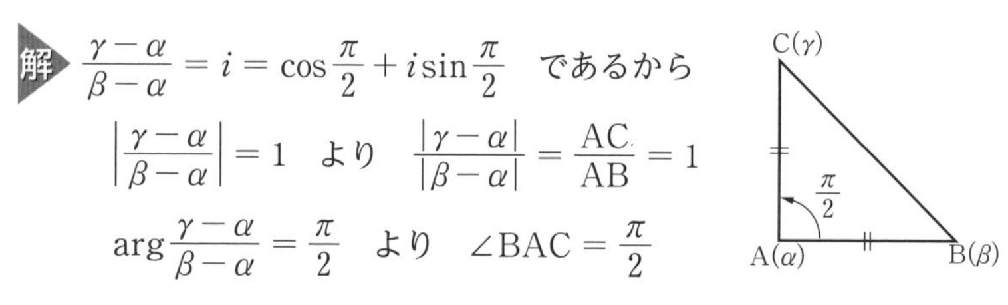

解 $\dfrac{\gamma-\alpha}{\beta-\alpha}=i=\cos\dfrac{\pi}{2}+i\sin\dfrac{\pi}{2}$　であるから

$\left|\dfrac{\gamma-\alpha}{\beta-\alpha}\right|=1$　より　$\dfrac{|\gamma-\alpha|}{|\beta-\alpha|}=\dfrac{AC}{AB}=1$

$\arg\dfrac{\gamma-\alpha}{\beta-\alpha}=\dfrac{\pi}{2}$　より　$\angle BAC=\dfrac{\pi}{2}$

よって，△ABCは　**$\angle A=\dfrac{\pi}{2}$, $AB=AC$ の直角二等辺三角形**

136 複素数平面上の 2 点 A$(2-i)$，B$(3+i)$ に対して，∠AOB を求めよ。

137 複素数平面上の次の 3 点 A，B，C に対して，∠BAC を求めよ。

(1) A(1)，B(3)，C$(\sqrt{3}i)$

(2) A$(1+i)$，B$(3+2i)$，C$(3i)$

(3) A$(2+i)$，B$(5+3i)$，C$(-3+2i)$

138 複素数平面上の 3 点 A$(3-i)$，B$(6+i)$，C$(k-7i)$ について，次の条件を満たすように，実数 k の値をそれぞれ定めよ。

(1) 3 点 A，B，C が一直線上にある。

(2) AB⊥AC

139 複素数平面上の 3 点 A(α)，B(β)，C(γ) について，$\dfrac{\gamma-\alpha}{\beta-\alpha}=\dfrac{1+i}{2}$ が成り立つとき，△ABC はどのような三角形か。

JUMP 26 方程式 $|z|=2|z-3|$ を満たす点 z 全体は，どのような図形か。

まとめの問題　複素数平面

1　$z=1-2i$，$w=3+2i$ のとき，次の値を求めよ。

(1)　$|z|$

(2)　$|w|$

(3)　$|zw|$

(4)　$\left|\dfrac{z}{w}\right|$

2　$z=2+i$，$w=-1+3i$ のとき，次の点を図示せよ。

(1)　$\overline{z}$

(2)　$2w$

(3)　$z+w$

(4)　$z-w$

3　$z=-2+i$，$w=1-3i$ のとき，2点 z，w 間の距離を求めよ。

4　次の複素数を極形式で表せ。ただし，偏角 θ の範囲は $0 \leqq \theta < 2\pi$ とする。

(1)　$\sqrt{3}-i$

(2)　$-2+2i$

(3)　$-3i$

5　$z=-2+\sqrt{3}\,i$ のとき，点 z を原点のまわりに $\dfrac{2}{3}\pi$ だけ回転し，さらに原点からの距離を6倍した点を表す複素数を求めよ。

6 $(1-\sqrt{3}\,i)^5$ を計算せよ。

7 方程式 $z^3=-8$ を解け。

8 複素数平面上の3点

$\mathrm{A}(2+3i)$, $\mathrm{B}(1+i)$, $\mathrm{C}(-1+2i)$

について，次の問いに答えよ。

(1) $\alpha=2+3i$, $\beta=1+i$, $\gamma=-1+2i$ とするとき，$\dfrac{\gamma-\beta}{\alpha-\beta}$ を求めよ。

(2) 2つの線分の長さの比 BA：BC を最も簡単な整数の比で表せ。

(3) $\angle\mathrm{ABC}$ を求めよ。

(4) $\triangle\mathrm{ABC}$ はどのような三角形か。

27 放物線

例題 49 放物線の方程式

放物線 $y^2=2x$ の焦点の座標，および準線の方程式を求めよ。
また，その概形をかけ。

$y^2=4\times\frac{1}{2}\times x$ より，

焦点の座標は $\left(\boldsymbol{\frac{1}{2}},\ \boldsymbol{0}\right)$

準線の方程式は $\boldsymbol{x=-\frac{1}{2}}$

また，概形は右の図のようになる。

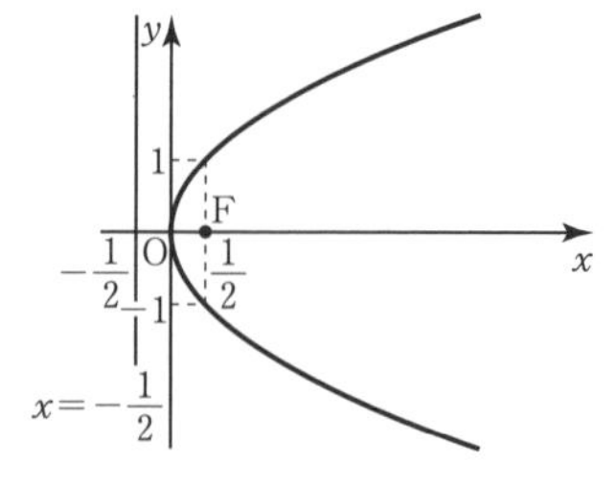

例題 50 焦点が y 軸上にある放物線

放物線 $x^2=8y$ の焦点の座標，および準線の方程式を求めよ。
また，その概形をかけ。

$x^2=4\times2\times y$ より，
焦点の座標は $(\boldsymbol{0},\ \boldsymbol{2})$
準線の方程式は $\boldsymbol{y=-2}$
また，概形は右の図のようになる。

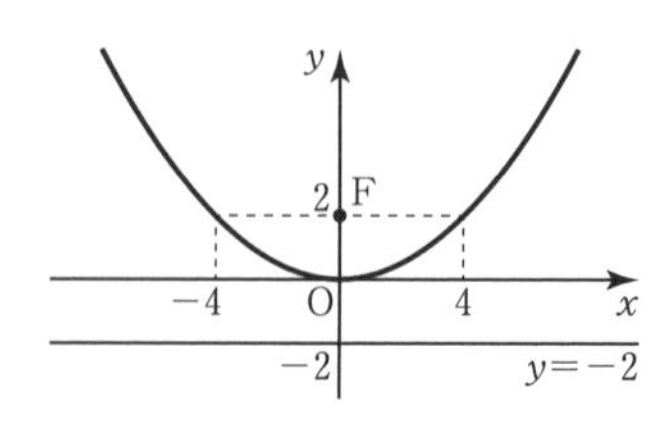

▶**放物線の定義**
平面上で，定点 F までの距離と，F を通らない定直線 l までの距離が等しい点の軌跡を放物線といい，定点 F を焦点，定直線 l を準線という。

▶**放物線の方程式**
放物線 $y^2=4px$ の
　焦点の座標は $\mathrm{F}(p,\ 0)$
　準線 l の方程式は $x=-p$
焦点 F を通り，準線 l に垂直な直線を放物線の軸という。
放物線とその軸との交点を放物線の頂点という。

▶**焦点が y 軸上にある放物線**
焦点が $\mathrm{F}(0,\ p)$，準線が $y=-p$ である放物線の方程式は
$$x^2=4py$$

類題

140 次の放物線の焦点の座標，および準線の方程式を求めよ。また，その概形をかけ。

(1) $y^2=12x$

(2) $x^2=4y$

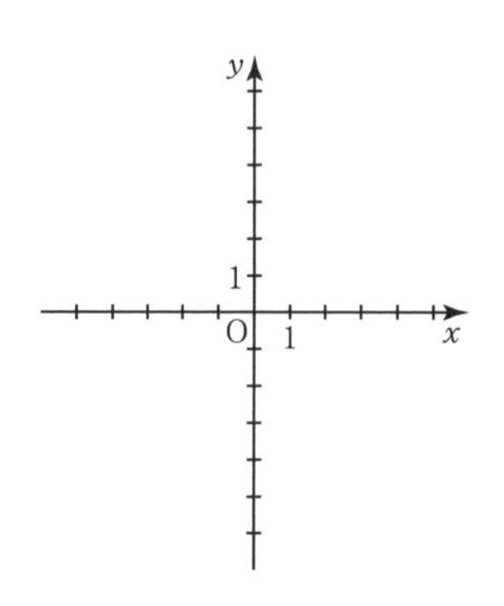

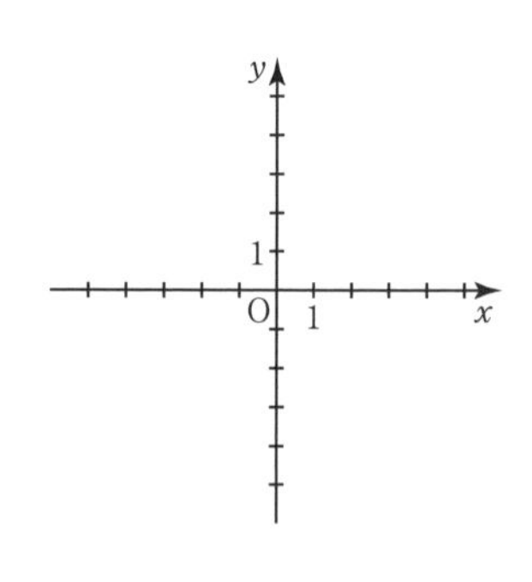

141 次の放物線の焦点の座標，および準線の方程式を求めよ。また，その概形をかけ。

(1) $y^2=16x$

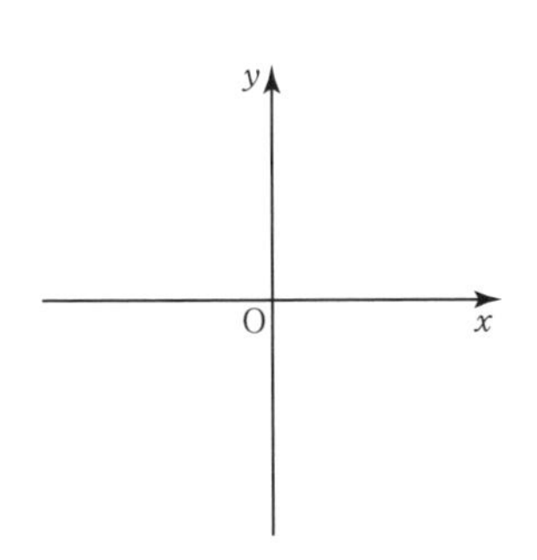

(2) $y^2=-x$

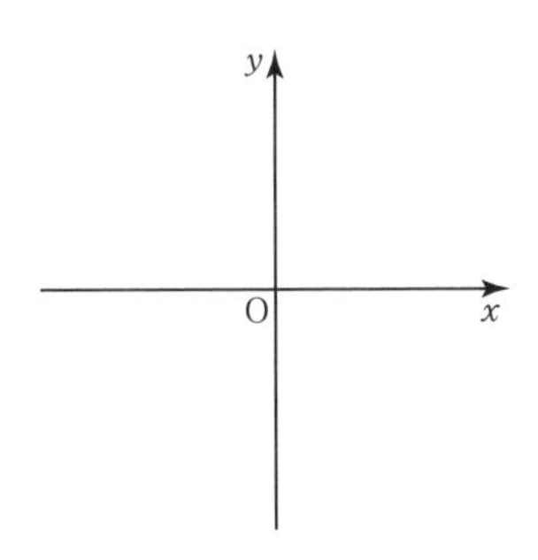

(3) $x^2+12y=0$

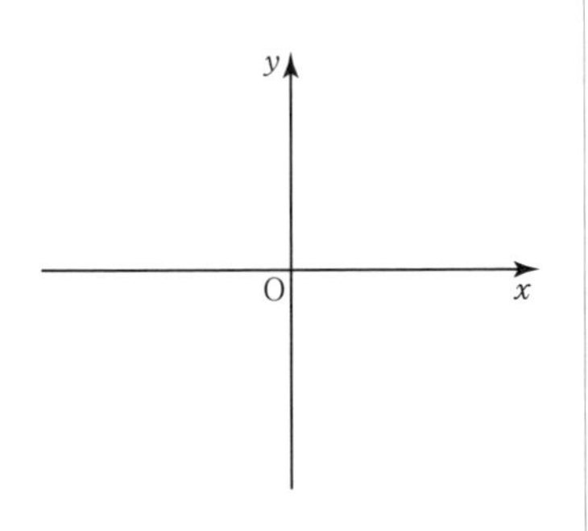

142 次のような放物線の方程式を求めよ。

(1) 焦点$\left(\dfrac{3}{2},\ 0\right)$，準線 $x=-\dfrac{3}{2}$

(2) 焦点$\left(0,\ \dfrac{5}{4}\right)$，準線 $y=-\dfrac{5}{4}$

143 次のような放物線の方程式を求めよ。

(1) x 軸を軸，原点を頂点とし，点$(1,\ 4)$を通る。

(2) y 軸を軸，原点を頂点とし，点$(-5,\ 5)$を通る。

JUMP 27 点$(2,\ 0)$を通り，直線 $x=-2$ に接する円の中心が描く軌跡の方程式を求めよ。

28 楕円(1)

例題 51 楕円の方程式

楕円 $\dfrac{x^2}{25}+\dfrac{y^2}{16}=1$ の焦点，頂点の座標を求め，その概形をかけ。また，長軸，短軸の長さを求めよ。

$\sqrt{25-16}=\sqrt{9}=3$　より，

焦点の座標は　**(3, 0), (−3, 0)**

頂点の座標は　**(5, 0), (−5, 0),**

(0, 4), (0, −4)

概形は右の図のようになる。

また，長軸の長さは **10**，短軸の長さは **8**

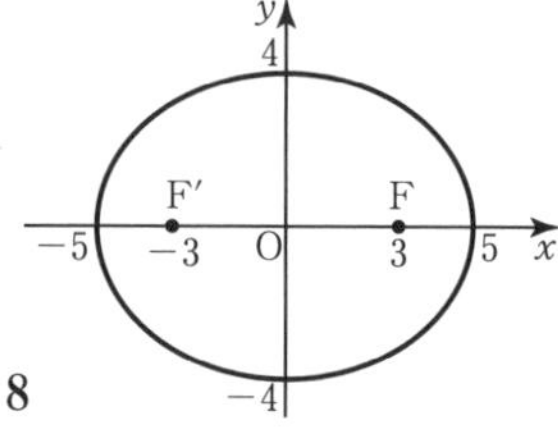

例題 52 楕円の決定

2 点 (3, 0), (−3, 0) を焦点とし，焦点からの距離の和が 12 である楕円の方程式を求めよ。

求める楕円の方程式を $\dfrac{x^2}{a^2}+\dfrac{y^2}{b^2}=1$ $(a>b>0)$ とおく。

焦点からの距離の和が 12 であるから

$2a=12$　←PF + PF′ = 2a

すなわち　$a=6$

また，$3=\sqrt{6^2-b^2}$ より $9=36-b^2$

よって　$b^2=36-9=27$

ゆえに，この楕円の方程式は

$$\boldsymbol{\frac{x^2}{36}+\frac{y^2}{27}=1}$$

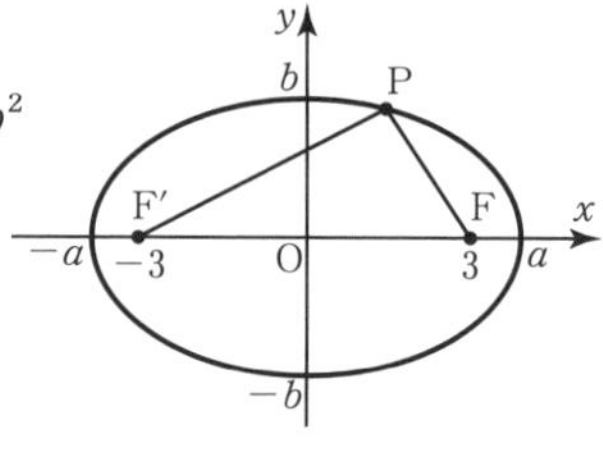

▶楕円の定義

平面上の 2 定点 F，F′ からの距離の和が一定である点の軌跡を楕円といい，この 2 定点を焦点という。また，2 つの焦点を結ぶ線分の中点を楕円の中心という。

▶楕円の方程式(1)

$\dfrac{x^2}{a^2}+\dfrac{y^2}{b^2}=1$　$(a>b>0)$

は楕円を表し，

焦点の座標は

$F(\sqrt{a^2-b^2},\ 0)$,

$F'(-\sqrt{a^2-b^2},\ 0)$

頂点の座標は

$(a,\ 0)$, $(-a,\ 0)$,

$(0,\ b)$, $(0,\ -b)$

長軸の長さは $2a$，短軸の長さは $2b$

楕円上の任意の点 P について，

$PF+PF'=2a$

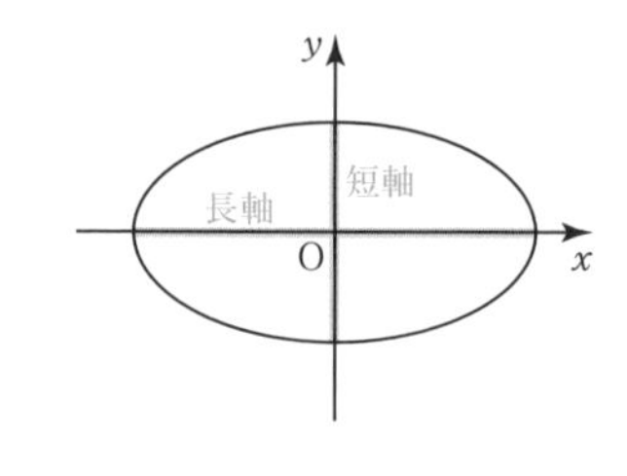

類題

144　楕円 $\dfrac{x^2}{36}+\dfrac{y^2}{25}=1$ の焦点，頂点の座標を求め，その概形をかけ。また，長軸，短軸の長さを求めよ。

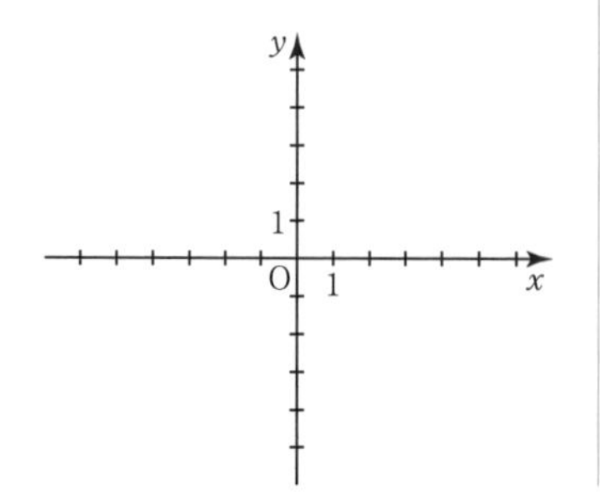

145　2 点 (3, 0), (−3, 0) を焦点とし，焦点からの距離の和が 10 である楕円の方程式を求めよ。

146 次の楕円の焦点，頂点の座標を求め，その概形をかけ。また，長軸，短軸の長さを求めよ。

(1) $\dfrac{x^2}{25}+\dfrac{y^2}{4}=1$

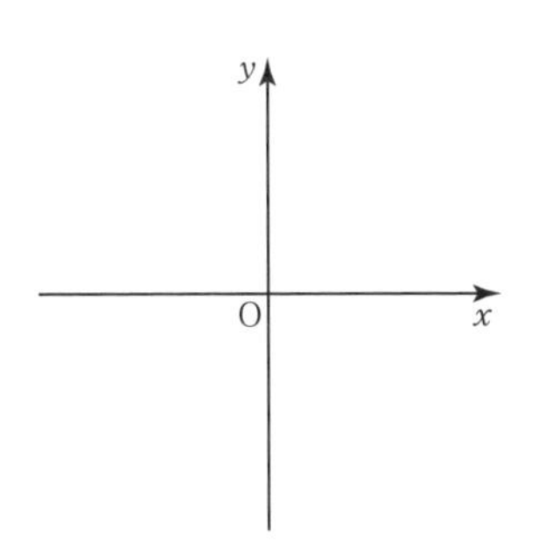

(2) $x^2+9y^2=9$

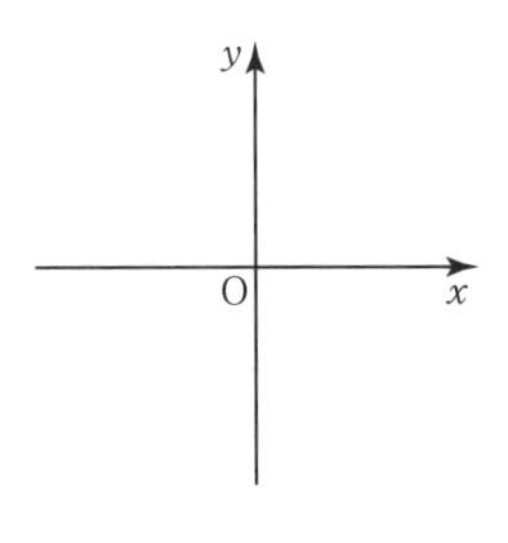

147 2点 $(2,\ 0)$，$(-2,\ 0)$ を焦点とし，焦点からの距離の和が6である楕円の方程式を求めよ。

148 楕円 $4x^2+9y^2=36$ の焦点，頂点の座標を求め，その概形をかけ。また，長軸，短軸の長さを求めよ。

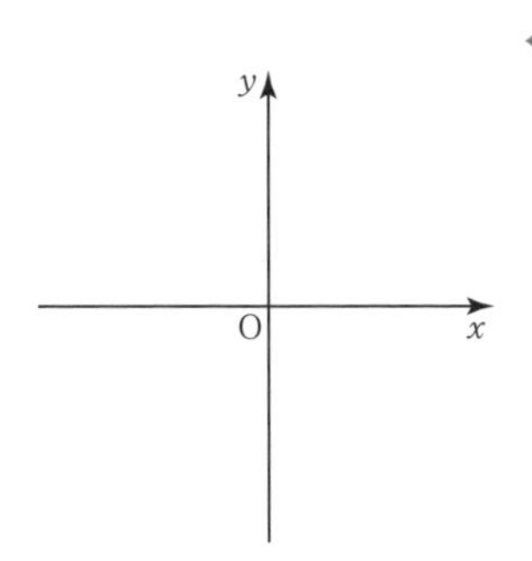

149 次のような楕円の方程式を求めよ。ただし，楕円の中心は原点とする。

(1) 長軸が x 軸上にあり，長軸の長さが $2\sqrt{3}$，短軸の長さが2

(2) 焦点間の距離が2，x 軸上にある長軸の長さが $2\sqrt{5}$

JUMP 28 中心が原点，焦点が x 軸上にあり，2点 $(-6,\ 4)$，$(8,\ 3)$ を通る楕円の方程式を求めよ。

29 楕円(2)

例題 53 焦点が y 軸上にある楕円

楕円 $\dfrac{x^2}{16}+\dfrac{y^2}{25}=1$ の焦点，頂点の座標を求め，その概形をかけ。また，長軸，短軸の長さを求めよ。

$\sqrt{25-16}=\sqrt{9}=3$　より，

焦点の座標は

$(0,\ 3),\ (0,\ -3)$

頂点の座標は

$(4,\ 0),\ (-4,\ 0),\ (0,\ 5),\ (0,\ -5)$

また，長軸の長さは **10**，短軸の長さは **8**

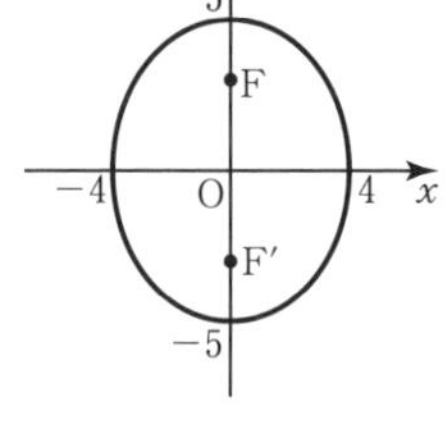

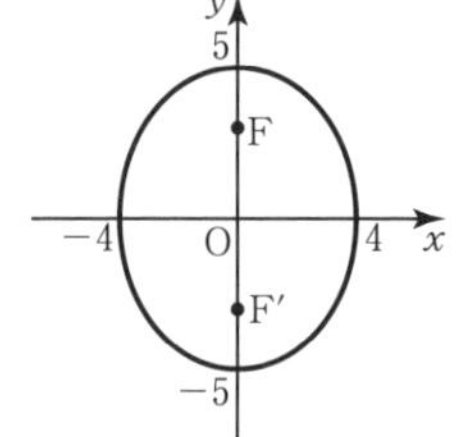

▶楕円の方程式(2)

$\dfrac{x^2}{a^2}+\dfrac{y^2}{b^2}=1$　$(b>a>0)$

は楕円を表し，

焦点の座標は

$\mathrm{F}(0,\ \sqrt{b^2-a^2})$,

$\mathrm{F}'(0,\ -\sqrt{b^2-a^2})$

頂点の座標は

$(a,\ 0),\ (-a,\ 0)$,

$(0,\ b),\ (0,\ -b)$

長軸の長さは $2b$，短軸の長さは $2a$

楕円上の任意の点 P について，

$\mathrm{PF}+\mathrm{PF}'=2b$

例題 54 円と楕円

円 $x^2+y^2=36$ を，x 軸をもとにして y 軸方向に $\dfrac{1}{3}$ 倍すると，どのような曲線になるか。

円周上の点 $\mathrm{Q}(s,\ t)$ の y 座標を $\dfrac{1}{3}$ 倍して得られる点を

$\mathrm{P}(x,\ y)$ とすると　$x=s,\ y=\dfrac{1}{3}t$

すなわち　$s=x,\ t=3y$

ここで，点 Q は円周上にあるから

$s^2+t^2=36$

よって　$x^2+(3y)^2=36$

すなわち　$\dfrac{x^2}{36}+\dfrac{y^2}{4}=1$

ゆえに，求める曲線は　**楕円 $\boldsymbol{\dfrac{x^2}{36}+\dfrac{y^2}{4}=1}$**

▶円と楕円

円 $x^2+y^2=a^2$ を，x 軸をもとにして y 軸方向に $\dfrac{b}{a}$ 倍すると，

楕円 $\dfrac{x^2}{a^2}+\dfrac{y^2}{b^2}=1$ になる。

類題

150　楕円 $\dfrac{x^2}{4}+\dfrac{y^2}{25}=1$ の焦点，頂点の座標を求め，その概形をかけ。また，長軸，短軸の長さを求めよ。

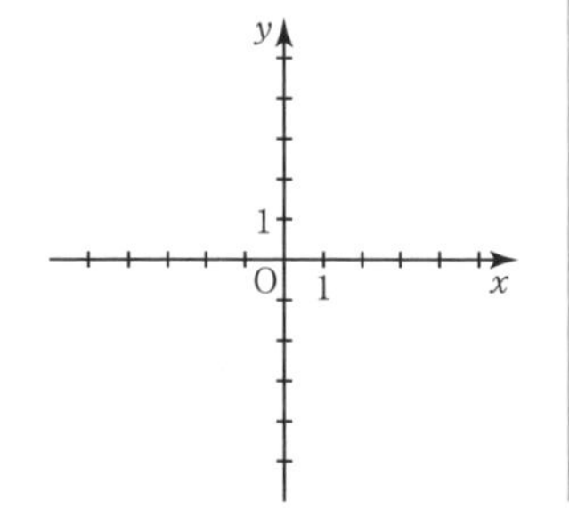

151　円 $x^2+y^2=16$ を，x 軸をもとにして y 軸方向に $\dfrac{1}{2}$ 倍すると，どのような曲線になるか。

152 次の楕円の焦点，頂点の座標を求め，その概形をかけ。また，長軸，短軸の長さを求めよ。

(1) $\dfrac{x^2}{4}+\dfrac{y^2}{16}=1$

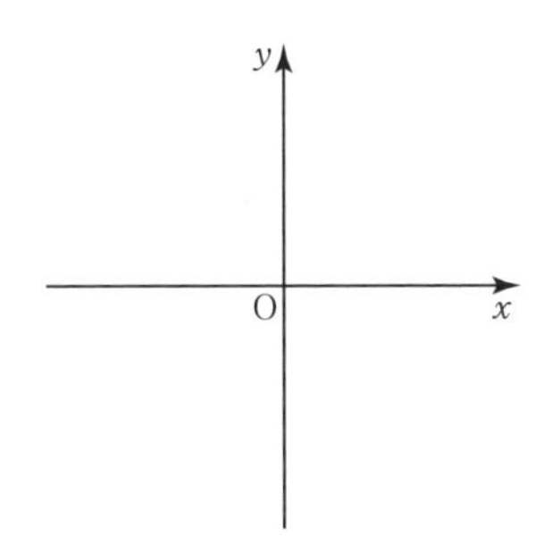

(2) $4x^2+y^2=36$

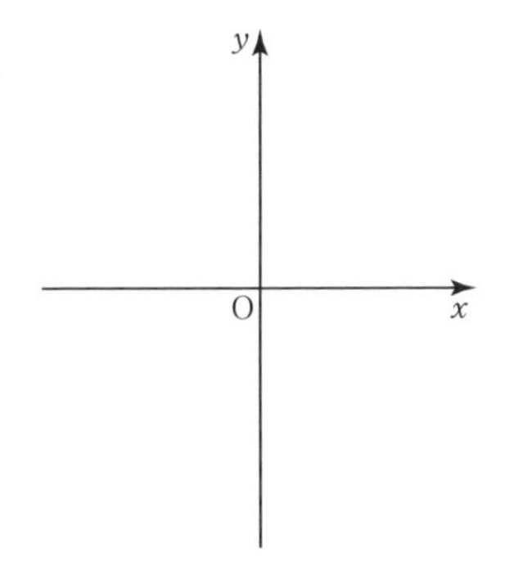

153 円 $x^2+y^2=36$ を，y 軸をもとにして x 軸方向に $\dfrac{1}{4}$ 倍すると，どのような曲線になるか。

154 円 $x^2+y^2=4$ を，y 軸をもとにして x 軸方向に 3 倍し，x 軸をもとにして y 軸方向に $\dfrac{1}{2}$ 倍すると，どのような曲線になるか。

155 中心が原点にあり，y 軸上にある長軸の長さが 14，2 つの焦点の間の距離が 10 である楕円の方程式を求めよ。

JUMP 29 座標平面上において，長さが 4 の線分 AB があり，点 A は x 軸上を，点 B は y 軸上を動く。このとき線分 AB を 1：3 に内分する点 P の軌跡を求めよ。

30 双曲線

例題 55　双曲線の方程式

双曲線 $\dfrac{x^2}{9}-\dfrac{y^2}{16}=1$ の焦点，頂点の座標を求め，その概形をかけ。また，その漸近線の方程式を求めよ。

$\sqrt{9+16}=\sqrt{25}=5$ より，

焦点の座標は　$(5,\ 0)$，$(-5,\ 0)$

頂点の座標は　$(3,\ 0)$，$(-3,\ 0)$

概形は右の図のようになる。

漸近線の方程式は　$y=\pm\dfrac{4}{3}x$

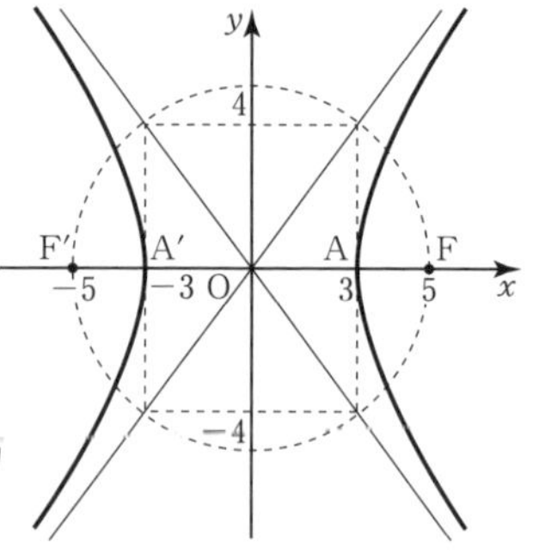

（参考）　双曲線 $\dfrac{x^2}{a^2}-\dfrac{y^2}{b^2}=1$ の描き方

①頂点 $A(a,\ 0)$，$A'(-a,\ 0)$ をとる。

②漸近線 $y=\pm\dfrac{b}{a}x$ をかく。

③直線 $x=\pm a$ と漸近線の交点を頂点とする長方形をかく。

④長方形に外接する円と x 軸との交点が双曲線の焦点である。

⑤双曲線の頂点を通り，漸近線に近づいていくように双曲線をかく。

例題 56　焦点が y 軸上にある双曲線

双曲線 $\dfrac{x^2}{9}-\dfrac{y^2}{16}=-1$ の焦点，頂点の座標を求め，その概形をかけ。また，その漸近線の方程式を求めよ。

$\sqrt{9+16}=\sqrt{25}=5$ より，

焦点の座標は　$(0,\ 5)$，$(0,\ -5)$

頂点の座標は　$(0,\ 4)$，$(0,\ -4)$

概形は右の図のようになる。

漸近線の方程式は　$y=\pm\dfrac{4}{3}x$

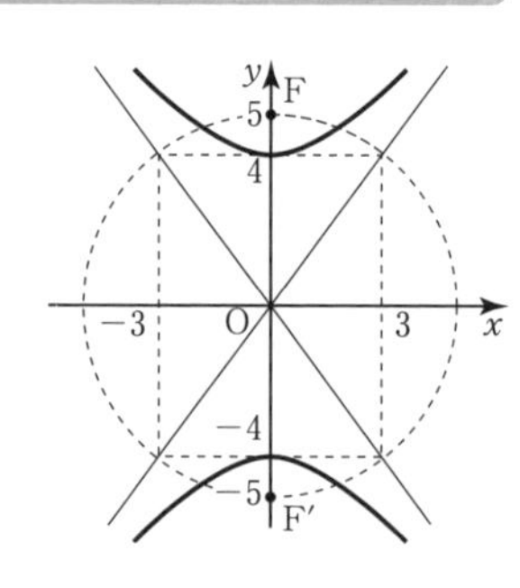

▶双曲線の定義

平面上の2定点F，F′ からの距離の差が一定である点の軌跡を双曲線といい，この2定点を焦点という。また，2つの焦点を結ぶ線分の中点を双曲線の中心という。

▶双曲線の方程式

$\dfrac{x^2}{a^2}-\dfrac{y^2}{b^2}=1\quad(a>0,\ b>0)$

は双曲線を表し，焦点の座標は

$F(\sqrt{a^2+b^2},\ 0)$，

$F'(-\sqrt{a^2+b^2},\ 0)$

直線 FF′ を主軸，主軸と双曲線の交点を頂点といい，頂点の座標は

$(a,\ 0)$，$(-a,\ 0)$

なお，この双曲線の漸近線は

$y=\dfrac{b}{a}x$，$y=-\dfrac{b}{a}x$

双曲線上の任意の点 P について，

$|PF-PF'|=2a$

▶焦点が y 軸上にある双曲線

$\dfrac{x^2}{a^2}-\dfrac{y^2}{b^2}=-1\quad(a>0,\ b>0)$

も双曲線を表し，焦点の座標は

$F(0,\ \sqrt{a^2+b^2})$，

$F'(0,\ -\sqrt{a^2+b^2})$

頂点の座標は

$(0,\ b)$，$(0,\ -b)$

漸近線は

$y=\dfrac{b}{a}x$，$y=-\dfrac{b}{a}x$

▶直角双曲線

漸近線が直角に交わる双曲線。

類題

156　次の双曲線の焦点，頂点の座標を求め，その概形をかけ。また，その漸近線の方程式を求めよ。

(1)　$\dfrac{x^2}{4}-\dfrac{y^2}{25}=1$

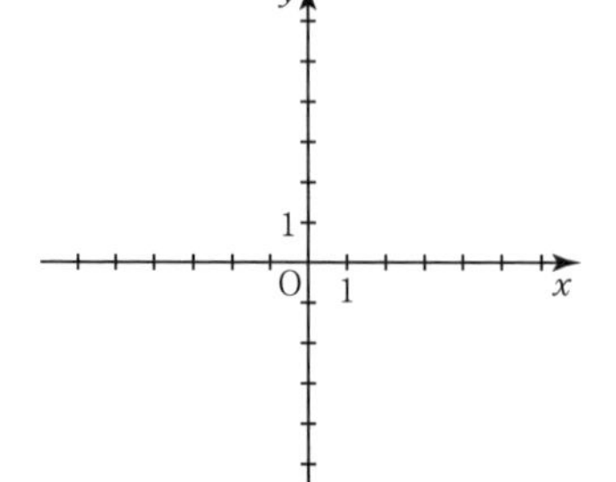

(2)　$\dfrac{x^2}{9}-\dfrac{y^2}{4}=-1$

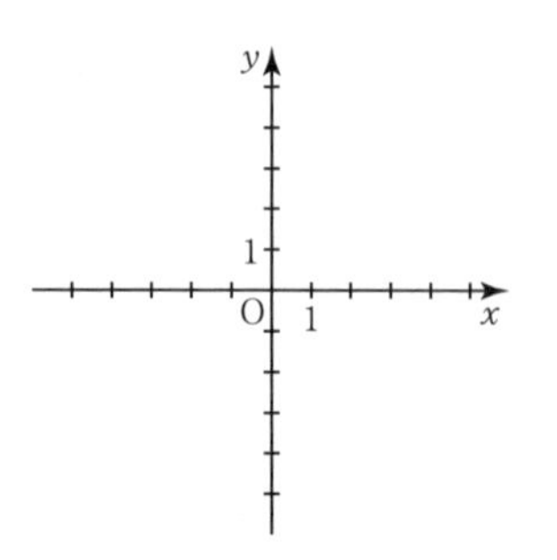

157 次の双曲線の焦点，頂点の座標を求め，その概形をかけ。また，その漸近線の方程式を求めよ。

(1) $x^2-2y^2=2$

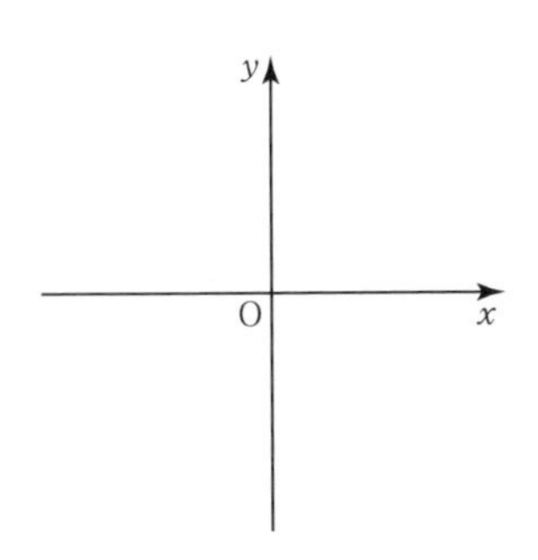

(2) $x^2-y^2=9$

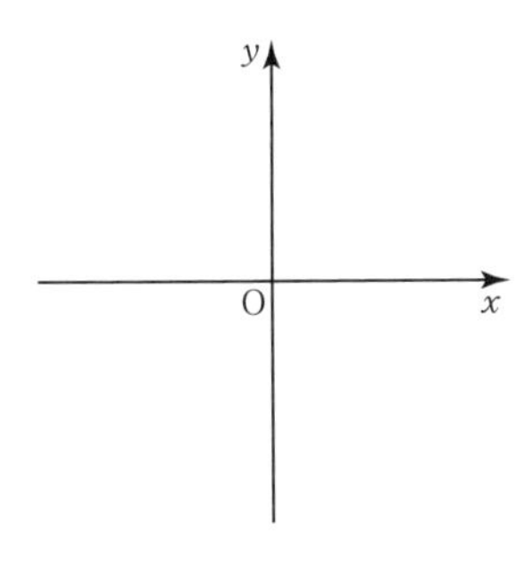

(3) $9x^2-4y^2+36=0$

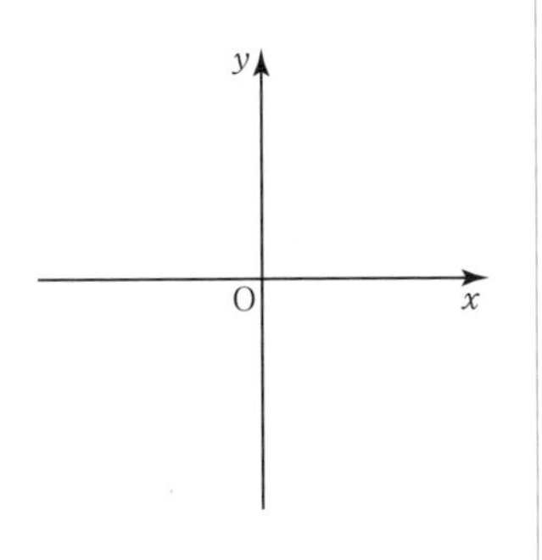

158 焦点の座標がF(4, 0)，F′(−4, 0)で，焦点からの距離の差が6である双曲線の方程式を求めよ。

159 焦点の座標がF(8, 0)，F′(−8, 0)である直角双曲線の方程式を求めよ。

JUMP 30 2点(0, 2)，(0, −2)を頂点とする双曲線が点$(3,\ \sqrt{5})$を通るとき，この双曲線の方程式を求めよ。また，焦点の座標および漸近線の方程式を求めよ。

31 2次曲線の平行移動

例題 57 2次曲線の平行移動(1)

双曲線 $x^2-y^2=4$ ……① を x 軸方向に3，y 軸方向に -2 だけ平行移動した双曲線の方程式を求めよ。また，その双曲線の焦点，頂点の座標，および漸近線の方程式を求めよ。

▶曲線の平行移動
方程式 $f(x,\ y)=0$ で表される図形を
$\begin{cases} x \text{ 軸方向に } p \\ y \text{ 軸方向に } q \end{cases}$
だけ平行移動して得られる図形の方程式は
$f(x-p,\ y-q)=0$
である。

①より $\dfrac{x^2}{4}-\dfrac{y^2}{4}=1$ であるから，求める双曲線の方程式は

$$\frac{(x-3)^2}{4}-\frac{(y+2)^2}{4}=1 \quad \cdots\cdots②$$

双曲線①の焦点の座標は $(2\sqrt{2},\ 0)$，$(-2\sqrt{2},\ 0)$ ←$\sqrt{4+4}=2\sqrt{2}$

頂点の座標は $(2,\ 0)$，$(-2,\ 0)$

漸近線の方程式は $y=\pm x$

であるから，双曲線②の

焦点の座標は $\boldsymbol{(2\sqrt{2}+3,\ -2)}$，$\boldsymbol{(-2\sqrt{2}+3,\ -2)}$

頂点の座標は $\boldsymbol{(5,\ -2)}$，$\boldsymbol{(1,\ -2)}$

漸近線の方程式は $y-(-2)=x-3$ より $\boldsymbol{y=x-5}$

$y-(-2)=-(x-3)$ より $\boldsymbol{y=-x+1}$

例題 58 2次曲線の平行移動(2)

方程式 $5x^2+y^2+10x-8y+16=0$ ……① はどのような図形を表すか。

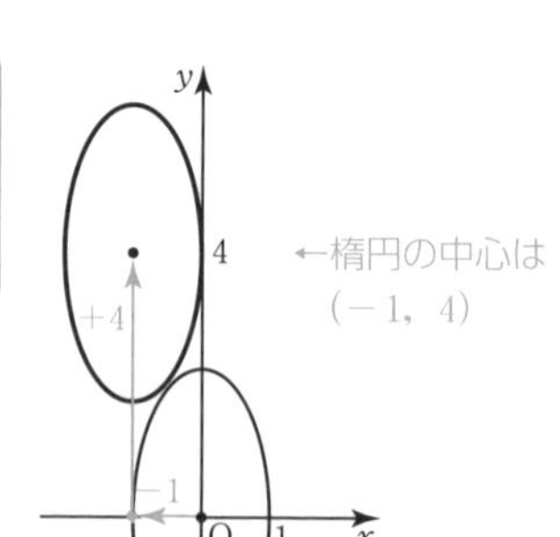

←楕円の中心は $(-1,\ 4)$

①を変形すると $5(x^2+2x)+(y^2-8y)+16=0$

$$5(x+1)^2+(y-4)^2=-16+5+16$$

$$(x+1)^2+\frac{(y-4)^2}{5}=1$$

よって，①の表す図形は **楕円 $\boldsymbol{x^2+\dfrac{y^2}{5}=1}$ を $\boldsymbol{x}$ 軸方向に $\boldsymbol{-1}$，$\boldsymbol{y}$ 軸方向に4だけ平行移動した楕円**である。

類題

160 楕円 $\dfrac{x^2}{4}+y^2=1$ を x 軸方向に4，y 軸方向に -3 だけ平行移動した楕円の方程式を求めよ。また，その楕円の焦点，頂点の座標を求めよ。

161　放物線 $y^2=8x$ を x 軸方向に -2，y 軸方向に3だけ平行移動した放物線の方程式を求めよ。また，その頂点の座標，焦点の座標，準線の方程式を求めよ。

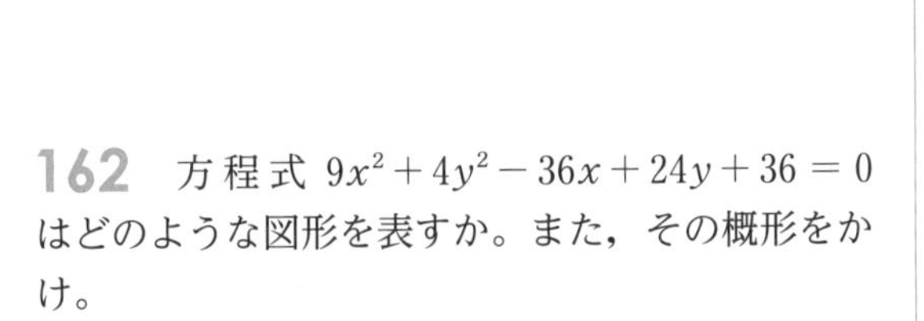

162　方程式 $9x^2+4y^2-36x+24y+36=0$ はどのような図形を表すか。また，その概形をかけ。

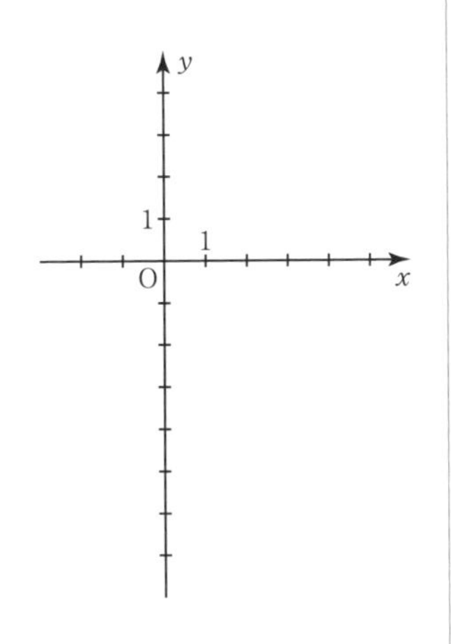

163　方程式 $x^2-y^2+6x+4y+6=0$ はどのような図形を表すか。また，その概形をかけ。

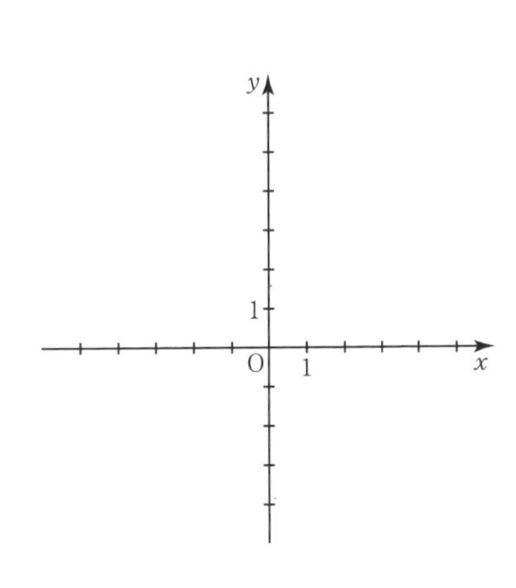

164　焦点が (2, 7), (2, -1) で短軸の長さが4の楕円の方程式を求めよ。

JUMP 31　軸が x 軸に平行で，3点 A(1, 1)，B(1, 5)，C(9, -3) を通る放物線の方程式を求めよ。

32 2次曲線と直線

例題 59 2次曲線と直線の共有点

楕円 $\dfrac{x^2}{4}+y^2=1$ と直線 $y=x+k$ の共有点の個数は，k の値によってどのように変わるか。

$y=x+k$ を $\dfrac{x^2}{4}+y^2=1$ に代入すると　$x^2+4(x+k)^2=4$

整理すると　$5x^2+8kx+4k^2-4=0$

この2次方程式の判別式を D とすると

$$\begin{aligned} D &= (8k)^2-4\times5(4k^2-4)\\ &= 64k^2-(80k^2-80)\\ &= -16k^2+80\\ &= -16(k^2-5)\\ &= -16(k+\sqrt{5})(k-\sqrt{5}) \end{aligned}$$

← $\dfrac{D}{4}=(4k)^2-5(4k^2-4)$
$=-4k^2+20$
$=-4(k+\sqrt{5})(k-\sqrt{5})$
としてもよい。

$D>0$ すなわち　$-\sqrt{5}<k<\sqrt{5}$ **のとき，　共有点は2個**

$D=0$ すなわち　$k=\pm\sqrt{5}$ **のとき，　共有点は1個**

$D<0$ すなわち　$k<-\sqrt{5}$，$\sqrt{5}<k$ **のとき，共有点は0個**

▶2次曲線と直線

2次曲線と直線の共有点の個数は，2次曲線の方程式と直線の方程式の連立方程式から y を消去して得られる x の2次方程式の実数解の個数と一致する。

この2次方程式の判別式を D とすると，

$$\begin{cases} D>0 \;\cdots\cdots\; 2\text{個}\\ D=0 \;\cdots\cdots\; 1\text{個}\\ D<0 \;\cdots\cdots\; 0\text{個} \end{cases}$$

例題 60 2次曲線の接線の方程式

双曲線 $\dfrac{x^2}{3}-\dfrac{y^2}{2}=1$ 上の点 $(3,\ 2)$ における接線の方程式を求めよ。

求める接線の傾きを m とすると，接線は点 $(3,\ 2)$ を通るから

$y-2=m(x-3)$

すなわち　$y=mx-(3m-2)$ ……①

とおける。これを双曲線の方程式に代入すると

$$\frac{x^2}{3}-\frac{\{mx-(3m-2)\}^2}{2}=1$$

両辺に6を掛けて，整理すると

$(3m^2-2)x^2-6m(3m-2)x+3(3m-2)^2+6=0$

この2次方程式の判別式を D とすると

$$\begin{aligned} D &= 36m^2(3m-2)^2-4(3m^2-2)\{3(3m-2)^2+6\}\\ &= 36m^2(3m-2)^2-12(3m^2-2)(3m-2)^2-24(3m^2-2)\\ &= 12(3m-2)^2\{3m^2-(3m^2-2)\}-24(3m^2-2)\\ &= 24(3m-2)^2-24(3m^2-2)\\ &= 24\{(3m-2)^2-(3m^2-2)\}\\ &= 24\{(9m^2-12m+4)-(3m^2-2)\}\\ &= 24(6m^2-12m+6)\\ &= 24\times6(m-1)^2 \end{aligned}$$

直線①が双曲線と接するのは

$D=0$ のときであるから

$m=1$

このとき，①より，接線の方程式は

$\boldsymbol{y=x-1}$

▶2次曲線と接線の方程式

2次曲線上の点 $\mathrm{A}(x_1,\ y_1)$ における接線の方程式。

2次曲線	曲線の方程式	接線の方程式
楕円	$\dfrac{x^2}{a^2}+\dfrac{y^2}{b^2}=1$	$\dfrac{x_1x}{a^2}+\dfrac{y_1y}{b^2}=1$
双曲線	$\dfrac{x^2}{a^2}-\dfrac{y^2}{b^2}=1$	$\dfrac{x_1x}{a^2}-\dfrac{y_1y}{b^2}=1$
	$\dfrac{x^2}{a^2}-\dfrac{y^2}{b^2}=-1$	$\dfrac{x_1x}{a^2}-\dfrac{y_1y}{b^2}=-1$
放物線	$y^2=4px$	$y_1y=2p(x+x_1)$

165 次の 2 次曲線と直線の共有点の座標を求めよ。

(1) 放物線 $y^2 = 4x$，直線 $x + 2y - 5 = 0$

(2) 双曲線 $x^2 - 4y^2 = 4$，直線 $x + 2y - 1 = 0$

(3) 楕円 $\dfrac{x^2}{9} + \dfrac{y^2}{4} = 1$，直線 $x - y - 2 = 0$

166 放物線 $y^2 = -4x$ と直線 $y = 2x + k$ の共有点の個数は，k の値によってどのように変わるか。

167 放物線 $y^2 = x$ 上の点 $(1,\ 1)$ における接線の方程式を求めよ。

JUMP 32 点 $(3,\ 0)$ から楕円 $x^2 + 4y^2 = 4$ に引いた接線の方程式を求めよ。

33 媒介変数表示

例題 61　媒介変数表示(1)

次のように媒介変数表示された曲線は，どのような曲線を表すか。

$$\begin{cases} x = t^2 - 1 & \cdots\cdots ① \\ y = t - 2 & \cdots\cdots ② \end{cases}$$

▶媒介変数表示
平面上において，曲線 C 上の点 $(x,\ y)$ の座標が変数 t を用いて

$$\begin{cases} x = f(t) \\ y = g(t) \end{cases}$$

と表されるとき，これを曲線 C の媒介変数表示という。また，このときの変数 t を媒介変数という。

解　②より　$t = y + 2$
これを①に代入すると
$x = (y+2)^2 - 1$
よって，**放物線 $\boldsymbol{x = (y+2)^2 - 1}$**

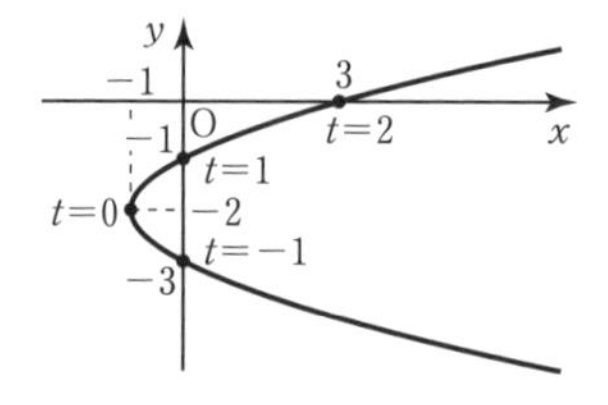

←点 $(-1,\ -2)$ を頂点，$y = -2$ を軸とする放物線

例題 62　媒介変数表示(2)

放物線 $y = x^2 + 2tx + 3$ の頂点は，t の値が変化するとき，どのような曲線を描くか。

解　$y = x^2 + 2tx + 3$ を変形すると
$y = (x+t)^2 - t^2 + 3$
この放物線の頂点を $\mathrm{P}(x,\ y)$ とすると

$$\begin{cases} x = -t & \cdots\cdots ① \\ y = -t^2 + 3 & \cdots\cdots ② \end{cases}$$

←P が描く曲線の媒介変数表示

$t = -x$ を②に代入すると　←t を消去して，x，y が満たす方程式を求める。
$y = -(-x)^2 + 3$
$= -x^2 + 3$
よって，頂点 P が描く図形は
放物線 $\boldsymbol{y = -x^2 + 3}$

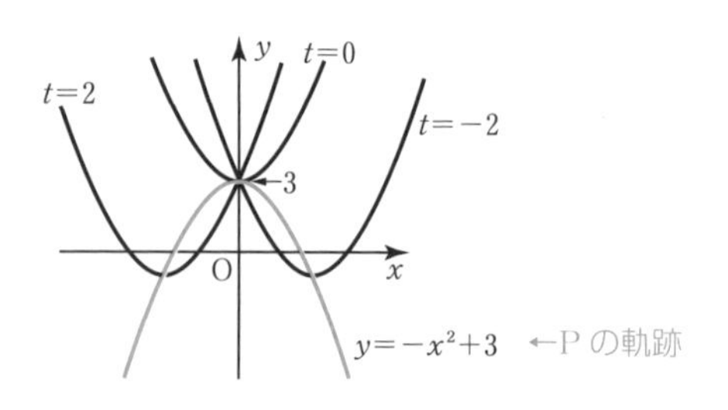

←P の軌跡

例題 63　媒介変数表示(3)

次の方程式で表される曲線を，媒介変数 θ を用いて表せ。

(1)　$x^2 + y^2 = 9$　　　(2)　$\dfrac{x^2}{4} + \dfrac{y^2}{8} = 1$

▶円と楕円の媒介変数表示
円 $x^2 + y^2 = r^2$ は

$$\begin{cases} x = r\cos\theta \\ y = r\sin\theta \end{cases}$$

楕円 $\dfrac{x^2}{a^2} + \dfrac{y^2}{b^2} = 1$ は

$$\begin{cases} x = a\cos\theta \\ y = b\sin\theta \end{cases}$$

解　(1)　$\begin{cases} \boldsymbol{x = 3\cos\theta} \\ \boldsymbol{y = 3\sin\theta} \end{cases}$　　(2)　$\begin{cases} \boldsymbol{x = 2\cos\theta} \\ \boldsymbol{y = 2\sqrt{2}\sin\theta} \end{cases}$

類題

168　放物線 $y = x^2 - 2tx + t$ の頂点は，t の値が変化するとき，どのような曲線を描くか。

169 次のように媒介変数表示された曲線は，どのような曲線を表すか。

(1) $\begin{cases} x = 2t \\ y = 4t^2 - 6t \end{cases}$

(2) $\begin{cases} x = -t^2 + 4t \\ y = 3 - t \end{cases}$

170 次の方程式で表される曲線を媒介変数 θ を用いて表せ。

(1) $x^2 + y^2 = 4$

(2) $\dfrac{x^2}{16} + \dfrac{y^2}{9} = 1$

(3) $4x^2 + 9y^2 = 36$

171 次の放物線の頂点は，t の値が変化するとき，どのような曲線を描くか。

(1) $y = 2x^2 - 4tx + 6t$

(2) $y = -2x^2 + 2tx + 1$

172 円 $x^2 + y^2 - 2t^2x + 4ty = 4$ の中心は，t の値が変化するとき，どのような曲線を描くか。また，その曲線の概形をかけ。

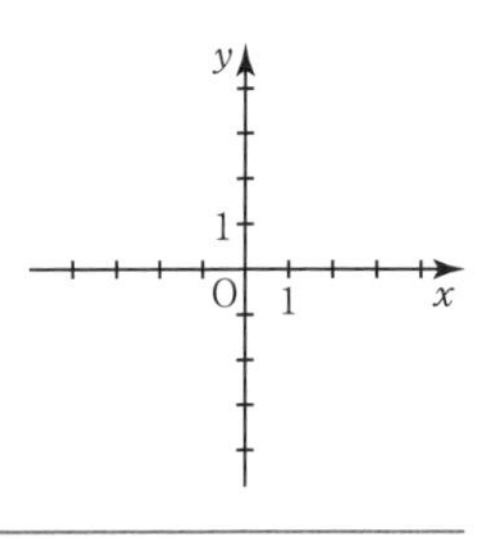

JUMP 33 次のように媒介変数表示された曲線を，x，y の方程式で表せ。また，その概形をかけ。

$\begin{cases} x = \sin\theta \\ y = \cos 2\theta \end{cases}$

34 極座標

例題 64 極座標

次の極座標で表された点を図示せよ。

$\mathrm{A}\left(1,\ \dfrac{\pi}{6}\right)$　　$\mathrm{B}\left(2,\ \dfrac{3}{4}\pi\right)$

$\mathrm{C}\left(2,\ \dfrac{4}{3}\pi\right)$　　$\mathrm{D}\left(3,\ -\dfrac{\pi}{3}\right)$

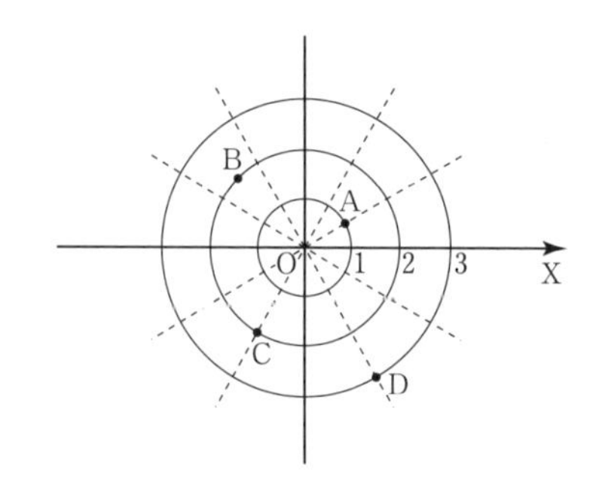

▶極座標

平面上に点Oと半直線OXを定めると，平面上のO以外の点Pの位置は，OPの長さ r とOXからOPへ測った角 θ によって定まる。このとき，2つの数の組 $(r,\ \theta)$ を点Pの極座標といい，定点Oを極，半直線OXを始線，θ を偏角という。ただし，$0 \leqq \theta < 2\pi$ の範囲で考えれば，極O以外の点Pの極座標 $(r,\ \theta)$ はただ1つに定まる。

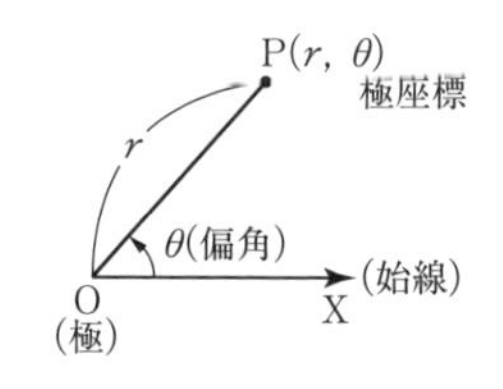

例題 65 極座標と直交座標の関係

直交座標が $(-3,\ \sqrt{3})$ である点を極座標 $(r,\ \theta)$ で表せ。ただし，$0 \leqq \theta < 2\pi$ とする。

$r = \sqrt{(-3)^2 + (\sqrt{3})^2} = \sqrt{12} = 2\sqrt{3}$

また，$\cos\theta = \dfrac{-3}{2\sqrt{3}} = -\dfrac{\sqrt{3}}{2}$

$\sin\theta = \dfrac{\sqrt{3}}{2\sqrt{3}} = \dfrac{1}{2}$

$0 \leqq \theta < 2\pi$ より　$\theta = \dfrac{5}{6}\pi$

よって　$\left(\boldsymbol{2\sqrt{3},\ \dfrac{5}{6}\pi}\right)$

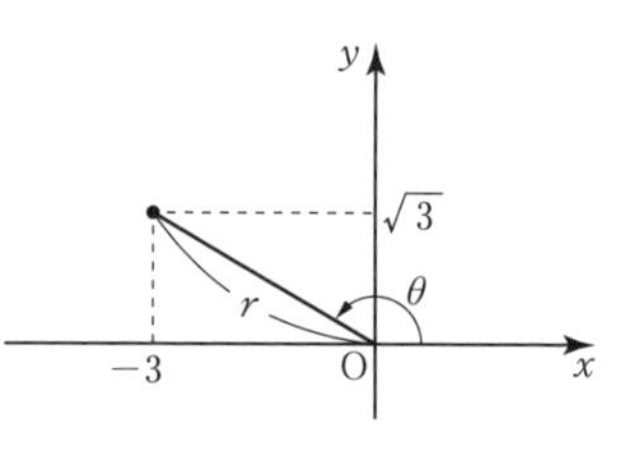

▶極座標と直交座標の関係

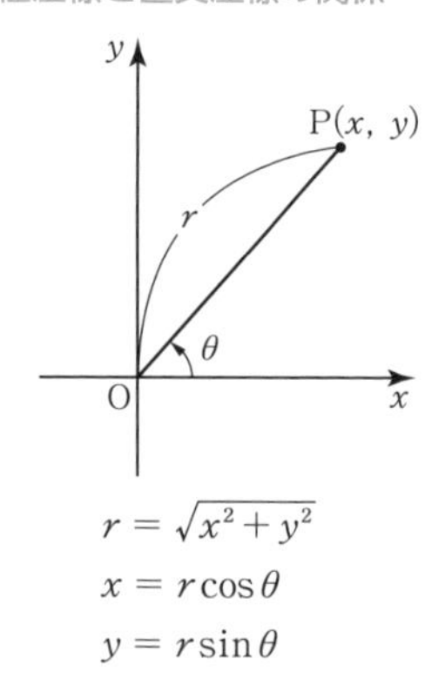

$r = \sqrt{x^2 + y^2}$

$x = r\cos\theta$

$y = r\sin\theta$

類題

173 次の極座標で表された点を図示せよ。

$\mathrm{A}\left(2,\ \dfrac{\pi}{2}\right)$

$\mathrm{B}(3,\ -\pi)$

$\mathrm{C}\left(1,\ \dfrac{5}{4}\pi\right)$

$\mathrm{D}\left(2,\ \dfrac{5}{3}\pi\right)$

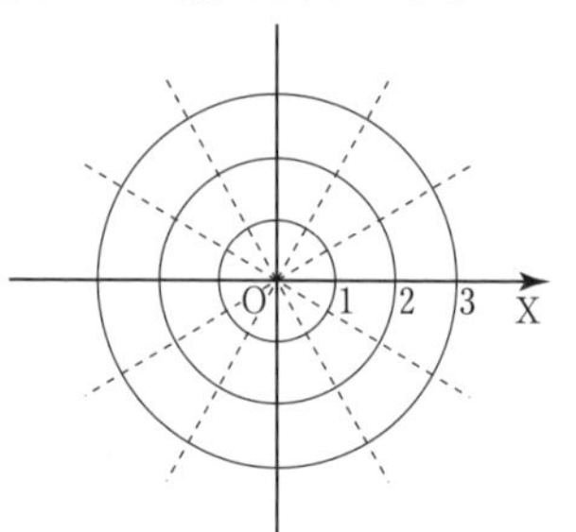

174 直交座標が $(\sqrt{3},\ -1)$ である点を極座標 $(r,\ \theta)$ で表せ。ただし，$0 \leqq \theta < 2\pi$ とする。

175 下の図において，1辺3の正六角形の対角線の交点Oを極，OXを始線とする。次の点の極座標 $(r,\ \theta)$ を求めよ。ただし，$0 \leqq \theta < 2\pi$ とする。

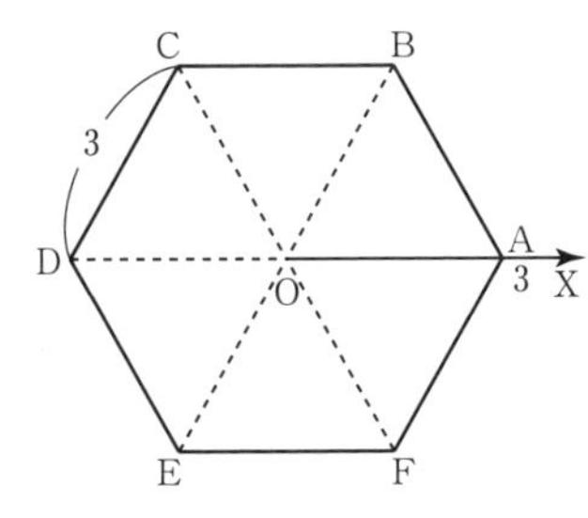

(1) C

(2) F

(3) 線分ABの中点L

(4) 線分CEの中点M

(5) 線分AEの中点N

(6) 線分BEを2：1に内分する点P

176 極座標で表された次の点を直交座標で表せ。

(1) $\left(4,\ \dfrac{\pi}{4}\right)$

(2) $\left(2\sqrt{3},\ \dfrac{2}{3}\pi\right)$

(3) $\left(3,\ \dfrac{3}{2}\pi\right)$

(4) $\left(\sqrt{6},\ \dfrac{11}{6}\pi\right)$

177 直交座標で表された次の点を極座標 $(r,\ \theta)$ で表せ。ただし，$0 \leqq \theta < 2\pi$ とする。

(1) $(\sqrt{2},\ \sqrt{6})$

(2) $(-2\sqrt{3},\ 2)$

(3) $(-1,\ -1)$

(4) $(0,\ -2)$

JUMP 34 直交座標の原点をO，x 軸の正の部分を始線とする極座標で表された2点 $\mathrm{A}\left(2,\ \dfrac{\pi}{3}\right)$，$\mathrm{B}\left(\sqrt{3},\ \dfrac{5}{6}\pi\right)$ について，$\angle\mathrm{AOB}$ の大きさと線分ABの長さを求めよ。また，線分ABの中点Mの直交座標を求めよ。

35 極方程式

例題 66 極方程式(1)

(1) 極 O を中心とする半径 2 の円の極方程式を求めよ。

(2) 極 O を通り，始線 OX とのなす角が $\dfrac{3}{4}\pi$ である直線の極方程式を求めよ。

▶極方程式
平面上の曲線が，極座標 $(r,\ \theta)$ の方程式
$r=f(\theta)$ または $f(r,\ \theta)=0$
で表されるとき，これをその曲線の極方程式という。

(1) $\boldsymbol{r=2}$

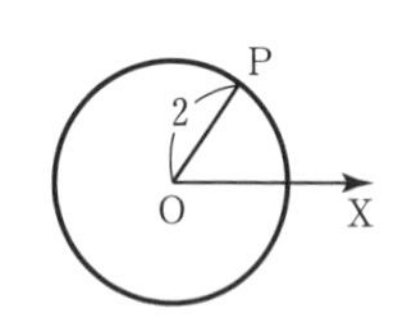

(2) $\boldsymbol{\theta=\dfrac{3}{4}\pi}$

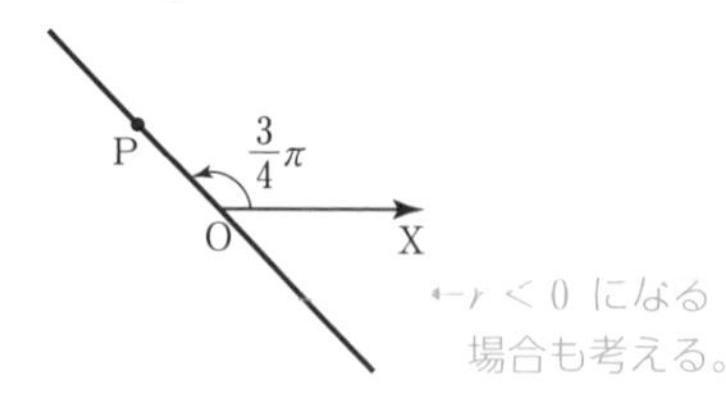

例題 67 極方程式(2)

(1) 点 $\mathrm{A}\left(1,\ \dfrac{\pi}{6}\right)$ を通り，OA に垂直な直線の極方程式を求めよ。

(2) 点 A(3, 0) を通り，始線 OX に垂直な直線の極方程式を求めよ。

(3) 中心 A の極座標が (2, 0)，半径 2 の円の極方程式を求めよ。

▶直線と円の極方程式
$a>0$ として，点 $\mathrm{A}(a,\ \theta_1)$ を通り，OA に垂直な直線 l の極方程式は，直線 l 上の任意の点を $\mathrm{P}(r,\ \theta)$ とすると　$r\cos(\theta-\theta_1)=a$
また，中心 A の極座標が $(a,\ 0)$，半径が a の円 C の極方程式は，円周上の任意の点を $\mathrm{P}(r,\ \theta)$ とすると　$r=2a\cos\theta$

(1) 直線上の任意の点を $\mathrm{P}(r,\ \theta)$ とすると
$\mathrm{OP}=r$，$\mathrm{OA}=1$ より

$$\cos\left(\theta-\frac{\pi}{6}\right)=\frac{1}{r}$$

よって

$$\boldsymbol{r\cos\left(\theta-\frac{\pi}{6}\right)=1}$$

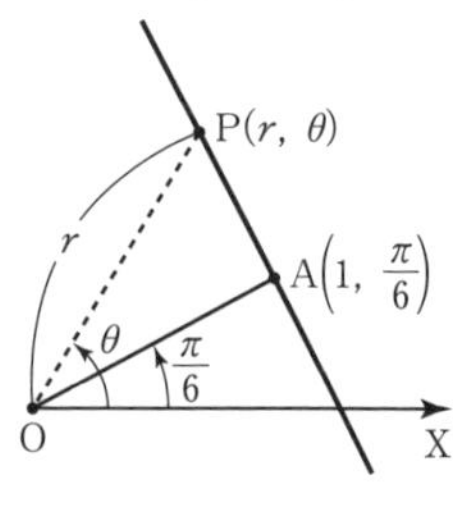

(2) 直線上の任意の点を $\mathrm{P}(r,\ \theta)$ とすると
$\mathrm{OP}=r$，$\mathrm{OA}=3$ より

$$\cos\theta=\frac{3}{r}$$

よって

$$\boldsymbol{r\cos\theta=3}$$

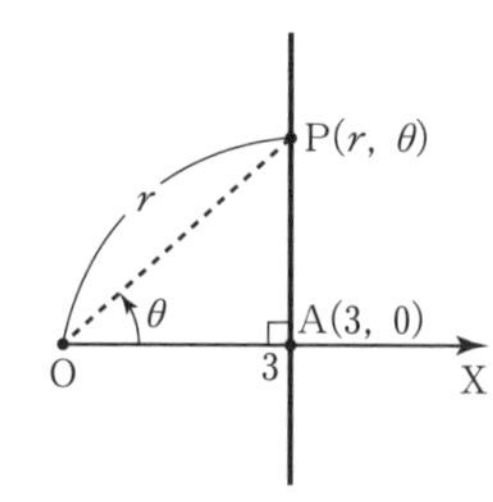

(3) 円周上の任意の点を $\mathrm{P}(r,\ \theta)$ とすると
$\mathrm{OP}=r$，$\mathrm{OA}=2$ より

$$\cos\theta=\frac{r}{4}$$

よって

$$\boldsymbol{r=4\cos\theta}$$

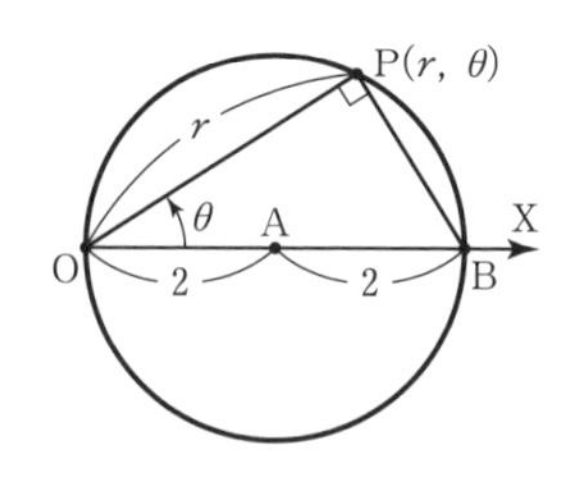

例題 68 直交座標 x, y の方程式と極方程式

極方程式 $r=2\cos\theta$ で表された曲線を，直交座標 x, y の方程式で表せ。

▶直交座標の方程式と極方程式
与えられた曲線上の任意の点 P の極座標を $(r,\ \theta)$，直交座標を $(x,\ y)$ とすると
$r^2=x^2+y^2$
$r\cos\theta=x$
$r\sin\theta=y$

与えられた極方程式の両辺に r を掛けると

$$r^2=2r\cos\theta$$

$r^2=x^2+y^2$，$r\cos\theta=x$ より

$$x^2+y^2=2x$$

よって　$\boldsymbol{(x-1)^2+y^2=1}$

178 次の図形の極方程式を求めよ。

(1) 極 O を中心とする半径 5 の円

(2) 極 O を通り，始線 OX とのなす角が $\dfrac{\pi}{6}$ である直線

179 次の図形の極方程式を求めよ。

(1) 点 $\mathrm{A}\left(4,\ \dfrac{\pi}{3}\right)$ を通り，OA に垂直な直線

(2) 点 A(4, 0) を通り，始線 OX に垂直な直線

(3) 中心 A の極座標が (5, 0)，半径 5 の円

(4) 中心 A の極座標が $\left(2,\ \dfrac{\pi}{4}\right)$，半径 2 の円

180 次の極方程式で表された曲線を，直交座標 x，y の方程式で表せ。

(1) $r=4\cos\theta-2\sin\theta$

(2) $r=\dfrac{1}{\sin\theta+\cos\theta}$

(3) $2r\cos\left(\theta-\dfrac{\pi}{3}\right)=1$

181 円 $x^2+(y-1)^2=1$ を極方程式で表せ。

JUMP 35 次の極方程式で表された曲線を，直交座標 x，y の方程式で表せ。

$r^2\cos2\theta-1=0$

まとめの問題　平面上の曲線

1　放物線 $y^2 = -4x$ の焦点の座標，および準線の方程式を求めよ。また，その概形をかけ。

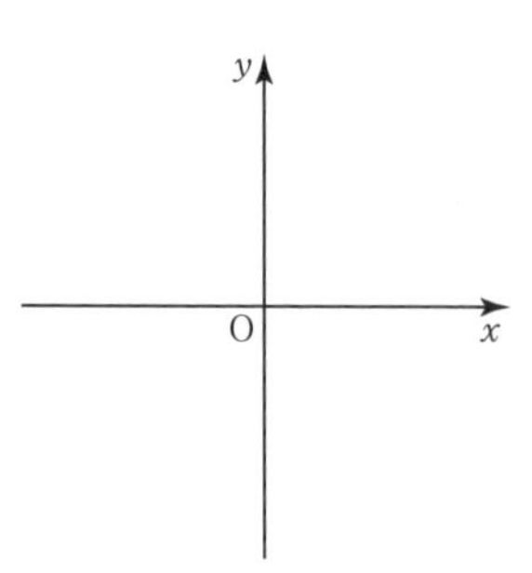

2　焦点が $\left(0,\ \dfrac{3}{4}\right)$，準線の方程式が $y = -\dfrac{3}{4}$ である放物線の方程式を求めよ。

3　楕円 $\dfrac{x^2}{9} + y^2 = 1$ の焦点，頂点の座標を求め，その概形をかけ。また，長軸，短軸の長さを求めよ。

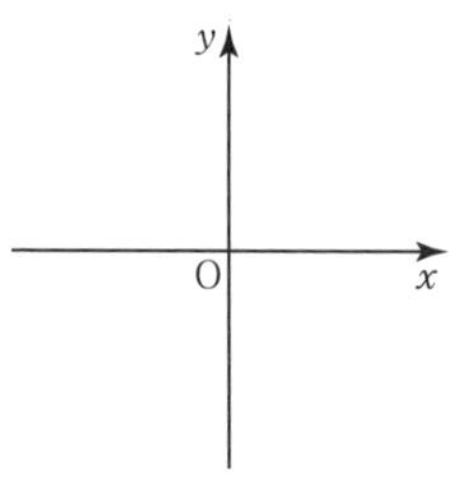

4　2 点 $(0,\ 4)$，$(0,\ -4)$ を焦点とし，焦点からの距離の和が 10 である楕円の方程式を求めよ。

5　$a > b > 0$ のとき，円 $x^2 + y^2 = a^2$ を，x 軸をもとにして y 軸方向に $\dfrac{b}{a}$ 倍すると，どのような曲線になるか。

6　双曲線 $\dfrac{x^2}{4} - \dfrac{y^2}{9} = -1$ の焦点，頂点の座標を求め，その概形をかけ。また，その漸近線の方程式を求めよ。

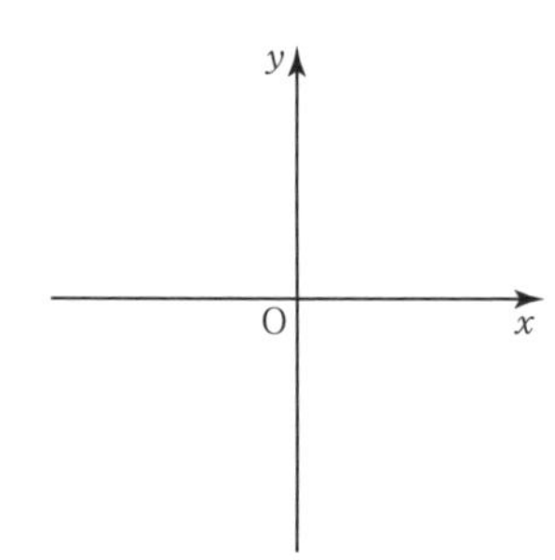

7　楕円 $4x^2 + y^2 = 4$ を x 軸方向に 3，y 軸方向に -2 だけ平行移動した楕円の方程式を求めよ。また，その楕円の焦点，頂点の座標を求めよ。

8 方程式 $x^2-y^2-6x-2y=0$ はどのような図形を表すか。その曲線の焦点，頂点の座標を求めよ。また，その概形をかけ。

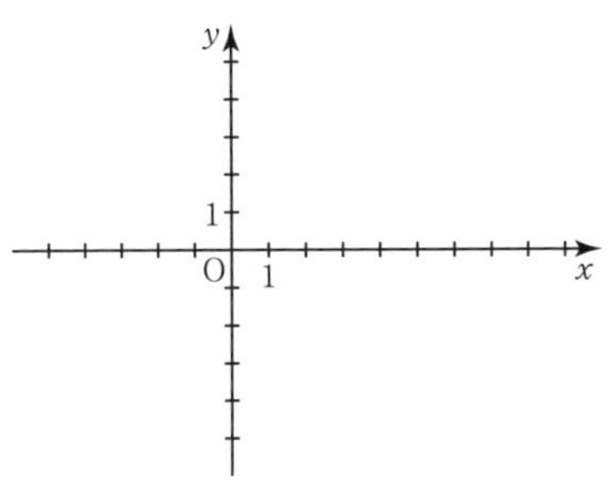

9 楕円 $x^2+4y^2=20$ と直線 $x-y+k=0$ の共有点の個数は，k の値によってどのように変わるか。

10 次のように媒介変数表示された曲線は，どのような曲線を表すか。

$$\begin{cases} x=1-t^2 \\ y=2t \end{cases}$$

11 極座標が $\left(2,\ \dfrac{5}{6}\pi\right)$ である点を直交座標で表せ。

12 直交座標が $(-2\sqrt{3},\ 6)$ である点を極座標 $(r,\ \theta)$ で表せ。ただし，$0 \leqq \theta < 2\pi$ とする。

13 中心Aの極座標が $\left(3,\ \dfrac{5}{6}\pi\right)$，半径が3の円の極方程式を求めよ。

14 極方程式 $r=\sin\theta+\cos\theta$ で表された曲線を，直交座標 x，y の方程式で表せ。

こたえ

1 (1) $\vec{c}$, $\vec{d}$, $\vec{f}$, $\vec{g}$, $\vec{i}$
(2) $\vec{e}$　(3) $\vec{a}$ と $\vec{g}$, $\vec{c}$ と $\vec{d}$

2 (1)　(2)

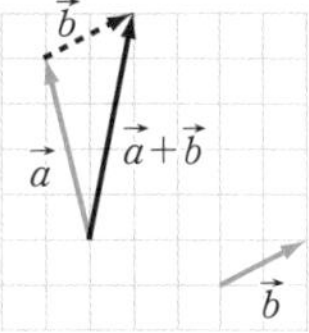

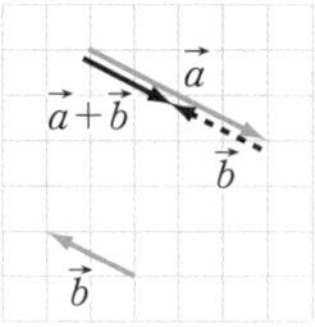

3 (1) 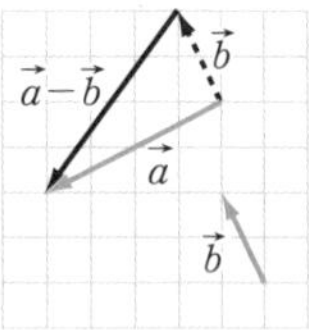　(2)

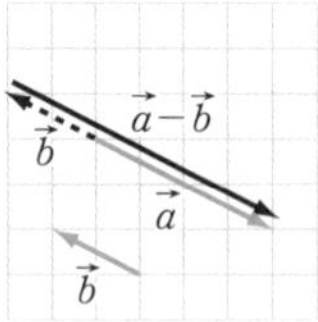

4 (1) $\overrightarrow{OC}$, $\overrightarrow{FO}$, $\overrightarrow{ED}$
(2) $\overrightarrow{DA}$, $\overrightarrow{BE}$, $\overrightarrow{EB}$, $\overrightarrow{CF}$, $\overrightarrow{FC}$
(3) $\overrightarrow{AO}$, $\overrightarrow{OD}$, $\overrightarrow{BC}$, $\overrightarrow{FE}$

5 $\vec{a}+\vec{b}$　$\vec{a}-\vec{b}$

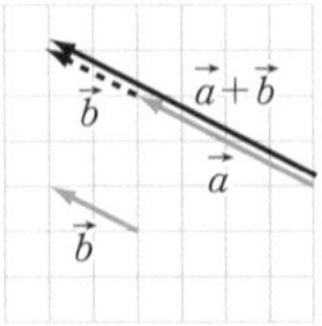

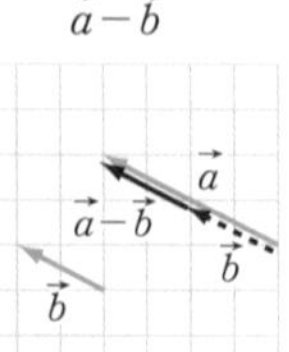

6 (1) $\overrightarrow{PB}$, $\overrightarrow{SO}$, $\overrightarrow{OQ}$, $\overrightarrow{DR}$, $\overrightarrow{RC}$
(2) $\overrightarrow{SA}$, $\overrightarrow{DS}$, $\overrightarrow{OP}$, $\overrightarrow{RO}$, $\overrightarrow{QB}$, $\overrightarrow{CQ}$
(3) $\overrightarrow{AO}$, $\overrightarrow{OC}$, $\overrightarrow{PQ}$, $\overrightarrow{SR}$
(4) $\overrightarrow{SP}$, $\overrightarrow{OB}$, $\overrightarrow{DO}$, $\overrightarrow{RQ}$

JUMP 1　$\overrightarrow{AE}$, $\overrightarrow{BD}$

7 (1) $-5\vec{a}-\vec{b}$　(2) $7\vec{a}+5\vec{b}$

8

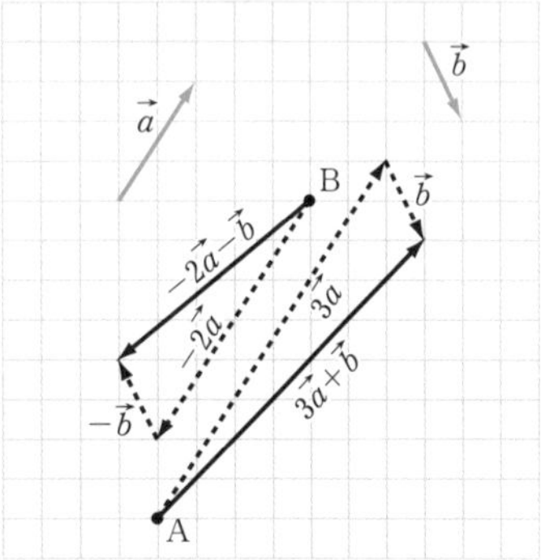

9 (1) $\vec{0}$　(2) $\vec{a}+5\vec{b}$

10 (1) $\frac{1}{2}\vec{a}+\frac{1}{2}\vec{b}$　(2) $-\frac{1}{2}\vec{a}+\frac{1}{2}\vec{b}$

11 (1) $3\vec{a}+\vec{b}$　(2) $2\vec{a}+3\vec{b}$
(3) $2\vec{a}+2\vec{b}$　(4) $-2\vec{a}-2\vec{b}$

12 (1) $2\vec{a}+2\vec{b}$　(2) $\vec{a}-\vec{b}$

13 $x=2$, $y=3$

JUMP 2　略

14 (1) $(4,\ -6)$　(2) $(3,\ -6)$　(3) $\left(1,\ -\frac{3}{2}\right)$
(4) $(8,\ -13)$　(5) $(-7,\ 9)$

15 (1) $\sqrt{10}$　(2) $(4,\ -2)$, $(-4,\ 2)$

16 (1) ① $(-2,\ 13)$　② $(4,\ -5)$
(2) $2\sqrt{5}$　(3) $(0,\ 18)$

17 (1) $x=-\frac{16}{3}$　(2) $\left(\frac{3}{5},\ \frac{4}{5}\right)$, $\left(-\frac{3}{5},\ -\frac{4}{5}\right)$

18 (1) $(4+2t,\ 3-t)$　(2) $t=1$

JUMP 3 (1) $t=-3$, 1
(2) $t=-1$ のとき，最小値 $2\sqrt{5}$

19 $\vec{p}=4\vec{a}-3\vec{b}$

20 (1) $(-5,\ 12)$　(2) 13

21 (1) $(5,\ 5)$　(2) $5\sqrt{2}$

22 (1) $\overrightarrow{AB}=(6,\ -3)$, $\overrightarrow{AC}=(-4,\ 8)$, $\overrightarrow{AD}=(-24,\ 30)$
(2) $\overrightarrow{AD}=-2\overrightarrow{AB}+3\overrightarrow{AC}$

23 (1) $(x-2,\ x)$　(2) $x=-6$, 8

24 $x=6$, $y=7$

JUMP 4　$t=\frac{5}{8}$

25 (1) 2　(2) -1

26 (1) -1　(2) -12

27 (1) 9　(2) 0　(3) -27

28 (1) 13　(2) 0

29 (1) 4　(2) 0　(3) -4

30 $x=-2$

JUMP 5　2

31 (1) $\theta=45°$　(2) $x=-6$

32 $(4\sqrt{5},\ 2\sqrt{5})$, $(-4\sqrt{5},\ -2\sqrt{5})$

33 (1) $\theta=135°$　(2) $\theta=60°$

34 (1) $x=-1$　(2) $x=-2$, 4

35 $t=-\frac{19}{9}$

36 $\left(\frac{1}{2},\ \frac{\sqrt{3}}{2}\right)$, $\left(-\frac{1}{2},\ -\frac{\sqrt{3}}{2}\right)$

JUMP 6　135°

37 略

38 6

39 略

40 (1) $\frac{3}{2}$　(2) $\sqrt{19}$

41 略

42 $\vec{a}\cdot\vec{b}=-1$, $|\vec{a}+\vec{b}|=\sqrt{6}$

JUMP 7　$\vec{a}\cdot\vec{b}=2$, $|\vec{a}|^2+|\vec{b}|^2=5$

まとめの問題　平面上のベクトル①

1 (1) $-2\vec{a}+\vec{b}$　(2) $-\vec{x}$

2 (1) $3\vec{a}+2\vec{b}$　(2) $2\vec{a}-\vec{b}$　(3) $-\vec{a}-3\vec{b}$

3 $(-5,\ 5)$, $(5,\ -5)$

4 (1) $(6,\ -6)$　(2) $6\sqrt{2}$　(3) $\vec{e}=\frac{1}{6}\vec{a}-\frac{1}{2}\vec{b}$

5 (1) 4　(2) 2　(3) -4　(4) 0

6 (1) $\theta=135°$　(2) $(0,\ 10)$

7 $(3,\ 6)$, $(-3,\ -6)$

8 (1) $x=\frac{4}{3}$　(2) $x=-3$

9 (1) -2　(2) 19

43 (1) $\dfrac{2\vec{a}+3\vec{b}}{5}$　(2) $\dfrac{\vec{a}+2\vec{c}}{3}$

(3) $\dfrac{26\vec{a}+9\vec{b}+10\vec{c}}{45}$

44 (1) $\dfrac{\vec{a}+2\vec{b}}{3}$　(2) $\dfrac{\vec{a}+\vec{c}}{2}$

(3) $\dfrac{11\vec{a}+4\vec{b}+3\vec{c}}{18}$　(4) $\dfrac{\vec{a}+20\vec{b}-9\vec{c}}{12}$

45 $\dfrac{3\vec{a}+\vec{b}+2\vec{c}}{6}$

46 (1) $\dfrac{3}{5}\vec{a}$　(2) $-\vec{a}+2\vec{b}$　(3) $\dfrac{3\vec{a}+10\vec{b}}{15}$

JUMP 8　略

47 (1) A　B　C

(2) C　A　B

(3) A　C　B

(4) C　A　B

48 (1) $\dfrac{\vec{a}+\vec{b}}{3}$　(2) $\dfrac{\vec{a}+\vec{b}}{2}$　(3) 略

49 略

50 (1) $\overrightarrow{\mathrm{OE}}=\dfrac{3\vec{a}+\vec{c}}{3}$, $\overrightarrow{\mathrm{OF}}=\dfrac{3\vec{a}+\vec{c}}{4}$　(2) 略

51 (1) $\overrightarrow{\mathrm{OC}}=\dfrac{3\vec{a}+4\vec{b}}{7}$, $\overrightarrow{\mathrm{OE}}=\dfrac{3\vec{a}+4\vec{b}}{9}$

(2) 略　(3) 7：2

JUMP 9　略

52 $\overrightarrow{\mathrm{OP}}=\dfrac{1}{4}\vec{a}+\dfrac{1}{4}\vec{b}$

53 (1) $\overrightarrow{\mathrm{OP}}=(1-s)\vec{a}+\dfrac{2}{3}s\vec{b}$

(2) $\overrightarrow{\mathrm{OP}}=\dfrac{3}{5}t\vec{a}+(1-t)\vec{b}$

(3) $s=\dfrac{2}{3}$, $t=\dfrac{5}{9}$　(4) $\overrightarrow{\mathrm{OP}}=\dfrac{1}{3}\vec{a}+\dfrac{4}{9}\vec{b}$

54 $\overrightarrow{\mathrm{AP}}=\dfrac{5}{8}\vec{b}+\dfrac{5}{8}\vec{d}$

JUMP 10　略

55

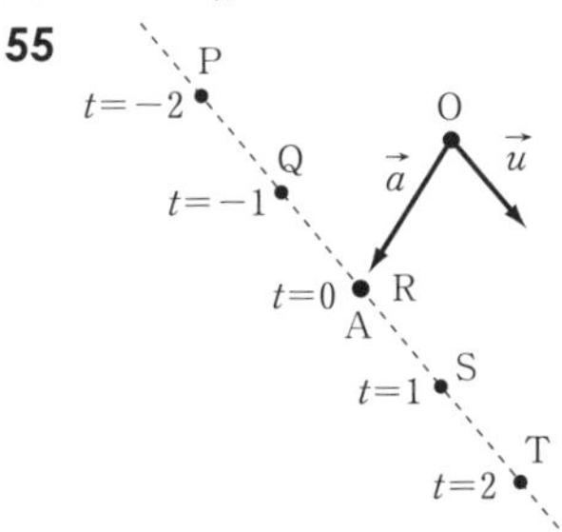

56 $\begin{cases} x=1-2t \\ y=5+3t \end{cases}$

57 (1) $3x-5y+26=0$　(2) $\vec{n}=(4,\ -5)$

58 (1) $\vec{u}=\vec{b}-\vec{a}$

(2) $\vec{p}=(1-t)\vec{a}+t\vec{b}$, または

$\vec{p}=s\vec{a}+t\vec{b}$　$(s+t=1)$

(3) $\begin{cases} x=3+2t \\ y=-1+3t \end{cases}$

59

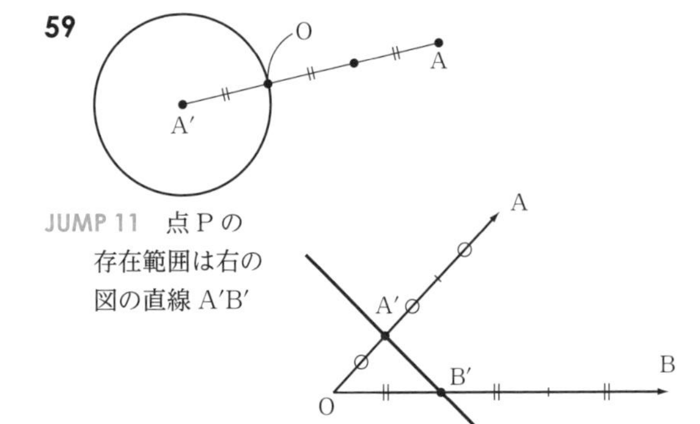

JUMP 11　点Pの存在範囲は右の図の直線A′B′

まとめの問題　平面上のベクトル②

1 (1) $\dfrac{\vec{a}+\vec{b}}{2}$　(2) $\dfrac{2\vec{b}+3\vec{c}}{5}$　(3) $\dfrac{5\vec{a}+19\vec{b}+6\vec{c}}{30}$

2 (1) $\overrightarrow{\mathrm{OD}}=\dfrac{1}{5}\vec{a}$, $\overrightarrow{\mathrm{OE}}=\dfrac{\vec{a}+2\vec{c}}{3}$, $\overrightarrow{\mathrm{OF}}=\dfrac{2}{5}\vec{a}+\vec{c}$

(2) 略　(3) 2：1

3 (1) $(1-s)\vec{a}+\dfrac{1}{3}s\vec{b}$　(2) $\dfrac{2}{3}t\vec{a}+(1-t)\vec{b}$

(3) $s=\dfrac{3}{7}$, $t=\dfrac{6}{7}$　(4) $\dfrac{4}{7}\vec{a}+\dfrac{1}{7}\vec{b}$

4 (1) $3x+4y=1$　(2) $3x-5y+11=0$

5 (1) 中心 $\dfrac{3}{4}\vec{a}$, 半径 2　(2) $(x+3)^2+(y-6)^2=4$

60 (1) E(4, 0, 5), F(4, 6, 5), G(0, 6, 5)

(2) H(−4, 6, 5)　(3) $\sqrt{77}$　(4) $\overrightarrow{\mathrm{AE}}$, $\overrightarrow{\mathrm{BF}}$, $\overrightarrow{\mathrm{CG}}$

(5) $\overrightarrow{\mathrm{OF}}=\vec{a}+\vec{c}+\vec{d}$, $\overrightarrow{\mathrm{EC}}=-\vec{a}+\vec{c}-\vec{d}$

61 (1) F(3, 4, −5), G(0, 4, −5)

(2) H(3, −4, 0)　(3) I(−3, −4, −5)

(4) $5\sqrt{2}$　(5) $\overrightarrow{\mathrm{AB}}$, $\overrightarrow{\mathrm{EF}}$, $\overrightarrow{\mathrm{DG}}$

(6) $\overrightarrow{\mathrm{AO}}$, $\overrightarrow{\mathrm{BC}}$, $\overrightarrow{\mathrm{ED}}$, $\overrightarrow{\mathrm{FG}}$

(7) $\overrightarrow{\mathrm{DB}}=\vec{a}+\vec{c}-\vec{d}$, $\overrightarrow{\mathrm{AG}}=-\vec{a}+\vec{c}+\vec{d}$

62 (1) $\vec{b}-\vec{a}$　(2) $\vec{b}-\vec{c}$　(3) $\dfrac{1}{2}(\vec{b}-\vec{a})$

63 (1) $\overrightarrow{\mathrm{CB}}$, $\overrightarrow{\mathrm{DE}}$, $\overrightarrow{\mathrm{GF}}$　(2) $\overrightarrow{\mathrm{OB}}$, $\overrightarrow{\mathrm{DF}}$

(3) $\overrightarrow{\mathrm{OE}}=\vec{a}+\vec{d}$, $\overrightarrow{\mathrm{OF}}=\vec{a}+\vec{c}+\vec{d}$

JUMP 12　略

64 (1) $x=1$, $y=1$, $z=4$　(2) $3\sqrt{2}$

65 (1) (−4, 0, −3)　(2) 5

66 (1) $\vec{a}=(3,\ 0,\ 0)$, $\vec{b}=(0,\ -3,\ 0)$,

$\vec{c}=(0,\ 0,\ 5)$, $\vec{d}=(3,\ 0,\ -5)$,

$\vec{e}=(3,\ 3,\ 5)$

(2) $\sqrt{34}$

67 (1) (−1, 0, −5)　(2) (0, 2, −8)

68 $\overrightarrow{\mathrm{AB}}=(3,\ 5,\ -4)$, $|\overrightarrow{\mathrm{AB}}|=5\sqrt{2}$

69 (1) $\vec{a}+\vec{c}$　(2) (3, 3, 0)

(3) $-\vec{a}+\vec{c}+\vec{d}$　(4) (−3, 3, 3)

70 (1) $\vec{a}=(1,\ -2,\ 2)$, $\vec{b}=(1,\ 2,\ 2)$　(2) $4\sqrt{6}$

JUMP 13　$\vec{p}=2\vec{a}+\vec{b}+3\vec{c}$

71 (1) 9　(2) −9

72 (1) $\vec{a}\cdot\vec{b}=-6$, $\theta=120°$　(2) $\vec{a}\cdot\vec{b}=2\sqrt{3}$, $\theta=30°$

73 (1) 2　(2) −2

74 (1) 2　(2) −2　(3) 0

75 $\theta=45°$

76 (1) -16 (2) 16 (3) 32 (4) $\dfrac{\sqrt{6}}{3}$

JUMP 14 $\theta=90^\circ$

77 $x=-2,\ y=4$

78 $x=6$

79 (1) $x=5$ (2) $x=-\dfrac{8}{11}$

80 $(-4,\ -8,\ 8)$, $(4,\ 8,\ -8)$

81 $(1,\ 4,\ 8)$, $(-1,\ -4,\ -8)$

82 $x=3,\ y=1$

83 (1) $(3\sqrt{10},\ 0,\ -\sqrt{10})$, $(-3\sqrt{10},\ 0,\ \sqrt{10})$

(2) $(2,\ -3,\ 6)$, $(-2,\ 3,\ -6)$

JUMP 15 (1) $t=-\dfrac{1}{7}$ のとき，最小値 $\dfrac{2\sqrt{70}}{7}$

(2) 略

84 (1) $\dfrac{2\vec{a}+\vec{b}}{3}$ (2) $\dfrac{2}{3}\vec{c}$ (3) $\dfrac{-2\vec{a}-\vec{b}+2\vec{c}}{3}$

85 $\overrightarrow{\mathrm{PQ}}=\dfrac{3\vec{b}+6\vec{d}-4\vec{e}}{6}$

86 $\mathrm{P}(-3,\ 0,\ 5)$, $\mathrm{Q}(-15,\ 4,\ 13)$, $\mathrm{M}\left(-\dfrac{3}{2},\ -\dfrac{1}{2},\ 4\right)$

87 (1) $\dfrac{\vec{a}+\vec{b}}{3}$ (2) $\dfrac{\vec{a}+\vec{b}+\vec{c}}{4}$

88 $\mathrm{P}(2,\ 1,\ -1)$, $\mathrm{Q}(14,\ -11,\ -13)$, $\mathrm{M}(8,\ -5,\ -7)$

JUMP 16 $\mathrm{B}(0,\ 7,\ -10)$

89 略

90 $z=1$

91 略

92 $x=-15$

JUMP 17 $\dfrac{4}{3}$

93 (1) $x=2$ (2) $(x-3)^2+(y+1)^2+(z-2)^2=16$

(3) $(x-3)^2+y^2+(z-1)^2=6$

94 (1) $y=-5$

(2) $(x-4)^2+(y-3)^2+(z+2)^2=4$

(3) $x^2+y^2+z^2=9$

(4) $(x-1)^2+(y-1)^2+(z-5)^2=29$

95 (1) $(x-2)^2+(y+3)^2+(z+1)^2=76$

(2) $(x-3)^2+y^2+(z-2)^2=19$

(3) 中心 $(3,\ 0,\ 0)$，半径 $\sqrt{15}$

JUMP 18 4，8

まとめの問題 空間のベクトル

1 (1) $\mathrm{I}(3,\ 2,\ -4)$ (2) $\mathrm{J}(-3,\ -2,\ -4)$

(3) $\sqrt{34}$

2 $2\vec{a}-\vec{b}=(6,\ 6,\ -7)$, $|2\vec{a}-\vec{b}|=11$

3 $-8,\ 7$

4 (1) $\vec{a}=(2,\ -2,\ 1)$, $\vec{b}=(1,\ -4,\ -1)$

(2) $|\vec{a}|=3$, $|\vec{b}|=3\sqrt{2}$, $\vec{a}\cdot\vec{b}=9$ (3) $\theta=45^\circ$

5 (1) $(2,\ -8,\ -2)$, $(-2,\ 8,\ 2)$

(2) $(4,\ 2,\ -4)$, $(-4,\ -2,\ 4)$

6 $x=6$

7 (1) 2 (2) 2 (3) $\dfrac{\sqrt{6}}{3}$

8 略

9 (1) $\mathrm{C}(-1,\ 2,\ -3)$

(2) $(x-1)^2+y^2+(z+2)^2=9$，半径 3

(3) 中心 $(1,\ 0,\ -2)$，半径 3

96

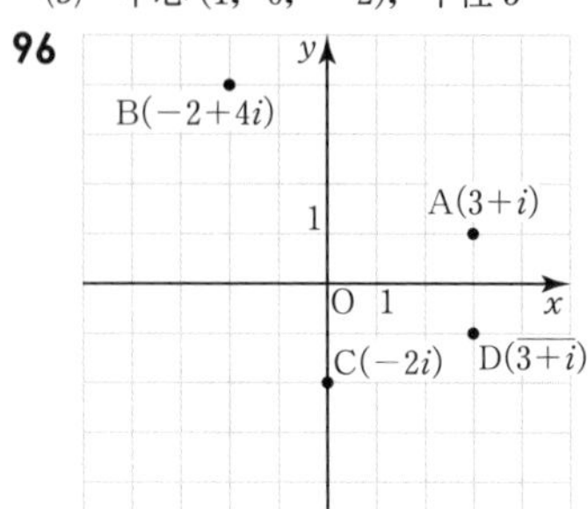

97 (1) 5 (2) 2 (3) 1 (4) 5

98

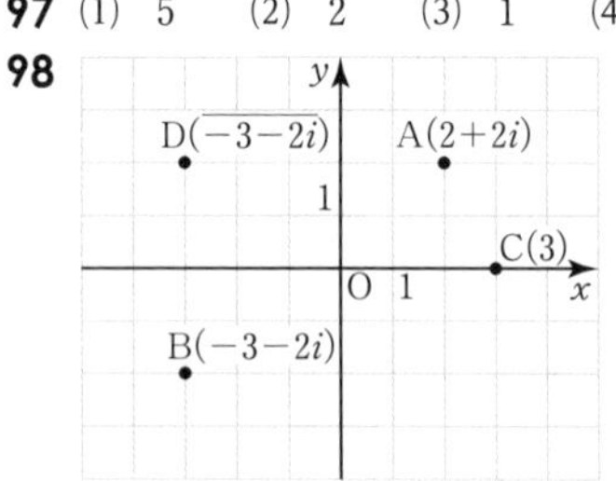

99 (1) 5 (2) $\sqrt{2}$ (3) $3\sqrt{2}$ (4) 3

100

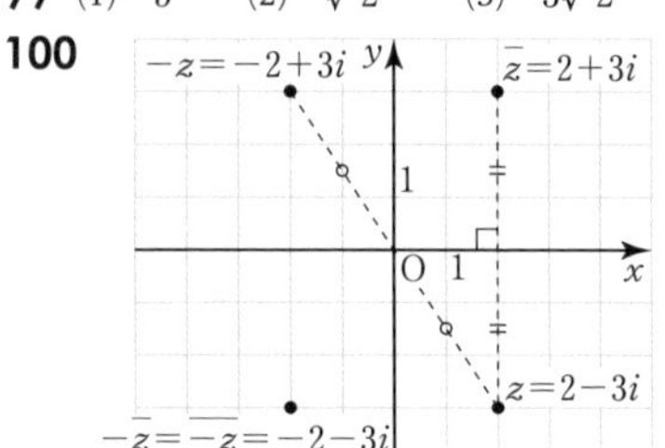

101 (1) $\sqrt{2}$ (2) $\sqrt{5}$ (3) $\sqrt{10}$ (4) $\dfrac{\sqrt{10}}{5}$

JUMP 19 略

102

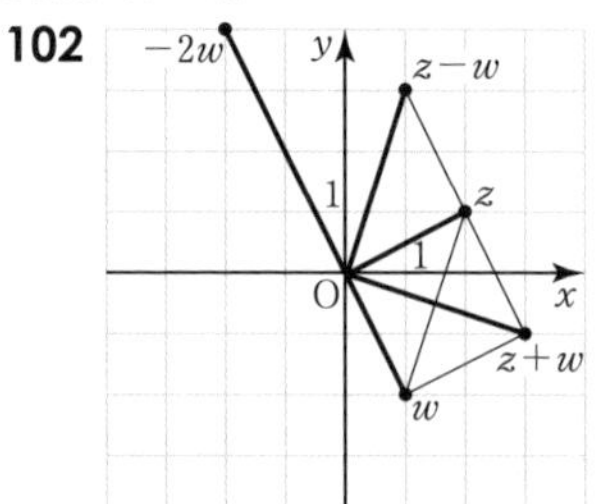

103 $2\sqrt{5}$

104

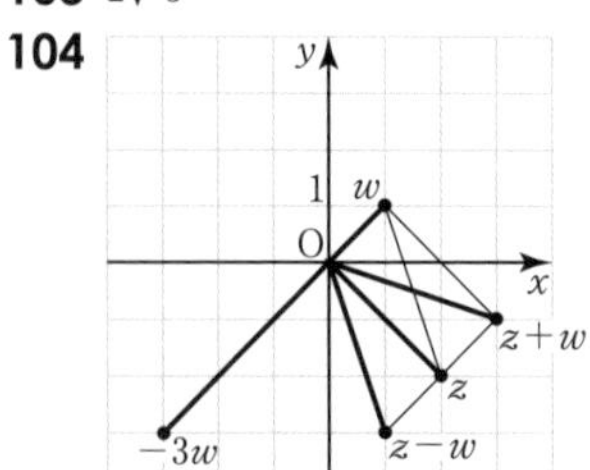

105 (1) 13 (2) $\sqrt{2}$

106 (1) 2 (2) $2\sqrt{2}$

107 $\angle\mathrm{A}=90^\circ$ の直角二等辺三角形

JUMP 20 (1) $-\bar{z}$ (2) $\bar{z}-z$ (3) $\dfrac{1}{2}(z+\bar{z})$

108 (1) $2\left(\cos\frac{\pi}{6}+i\sin\frac{\pi}{6}\right)$

(2) $2\sqrt{2}\left(\cos\frac{5}{4}\pi+i\sin\frac{5}{4}\pi\right)$

109 $z_1z_2=4\left(\cos\frac{5}{6}\pi+i\sin\frac{5}{6}\pi\right)$

$\frac{z_1}{z_2}=\cos\frac{\pi}{6}+i\sin\frac{\pi}{6}$

110 (1) $2\left(\cos\frac{2}{3}\pi+i\sin\frac{2}{3}\pi\right)$

(2) $5\sqrt{2}\left(\cos\frac{5}{4}\pi+i\sin\frac{5}{4}\pi\right)$

(3) $2\left(\cos\frac{3}{2}\pi+i\sin\frac{3}{2}\pi\right)$

111 $z_1z_2=2\sqrt{2}\left(\cos\frac{5}{6}\pi+i\sin\frac{5}{6}\pi\right)$

$\frac{z_1}{z_2}=\sqrt{2}\left(\cos\frac{\pi}{3}+i\sin\frac{\pi}{3}\right)$

112 (1) $z_1=2\left(\cos\frac{\pi}{3}+i\sin\frac{\pi}{3}\right)$

$z_2=2\sqrt{2}\left(\cos\frac{\pi}{4}+i\sin\frac{\pi}{4}\right)$

(2) $z_1z_2=4\sqrt{2}\left(\cos\frac{7}{12}\pi+i\sin\frac{7}{12}\pi\right)$

$\frac{z_1}{z_2}=\frac{1}{\sqrt{2}}\left(\cos\frac{\pi}{12}+i\sin\frac{\pi}{12}\right)$

113 (1) $z_1=2\sqrt{2}\left(\cos\frac{11}{6}\pi+i\sin\frac{11}{6}\pi\right)$

$z_2=2\left(\cos\frac{3}{2}\pi+i\sin\frac{3}{2}\pi\right)$

(2) $z_1z_2=4\sqrt{2}\left(\cos\frac{4}{3}\pi+i\sin\frac{4}{3}\pi\right)$

$\frac{z_1}{z_2}=\sqrt{2}\left(\cos\frac{\pi}{3}+i\sin\frac{\pi}{3}\right)$

JUMP 21 (1) $3\left(\cos\frac{\pi}{10}+i\sin\frac{\pi}{10}\right)$

(2) $3\left(\cos\frac{17}{10}\pi+i\sin\frac{17}{10}\pi\right)$

114 $-8+6i$

115 (1) 原点のまわりに $\frac{2}{3}\pi$ だけ回転し，

さらに原点からの距離を2倍した点

(2) 原点のまわりに $-\frac{\pi}{4}$ だけ回転し，

さらに原点からの距離を $\frac{1}{2\sqrt{2}}$ 倍した点

116 $\left(\frac{1}{2}-\sqrt{3}\right)+\left(1+\frac{\sqrt{3}}{2}\right)i$

117 (1) 原点のまわりに $\frac{\pi}{4}$ だけ回転し，

さらに原点からの距離を $\sqrt{2}$ 倍した点

(2) 原点のまわりに $\frac{3}{2}\pi$ だけ回転し，

さらに原点からの距離を2倍にした点

118 (1) 原点のまわりに $-\frac{11}{6}\pi$ だけ回転し，

さらに原点からの距離を $\frac{1}{2}$ 倍した点

(2) 原点のまわりに $-\frac{3}{4}\pi$ だけ回転し，

さらに原点からの距離を $\frac{1}{\sqrt{2}}$ 倍した点

119 (1)

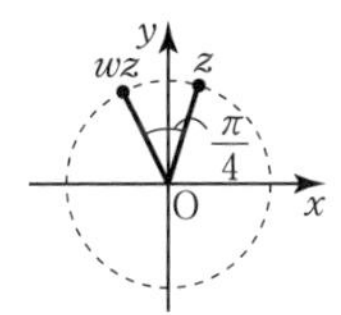

(2)

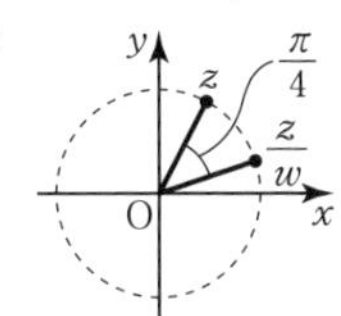

(3)

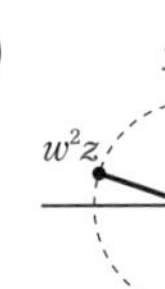

120 (1) 原点のまわりに $\frac{3}{2}\pi$ だけ回転した点

(2) 原点のまわりに $-\frac{\pi}{2}$ だけ回転し，

さらに原点からの距離を $\frac{1}{2}$ 倍した点

JUMP 22

$\beta=\left(1-\frac{\sqrt{3}}{2}\right)+\left(\frac{1}{2}+\sqrt{3}\right)i,\ \left(1+\frac{\sqrt{3}}{2}\right)+\left(\frac{1}{2}-\sqrt{3}\right)i$

121 $z^6=-1,\ z^{-3}=-i$

122 (1) -4 (2) $\frac{\sqrt{3}}{64}-\frac{1}{64}i$

123 $z^9=512i,\ \frac{1}{z^6}=\frac{1}{128}-\frac{\sqrt{3}}{128}i$

124 (1) -8 (2) $-\frac{1}{64}$

125 $z^5=-16-16\sqrt{3}i,\ z^{-9}=\frac{1}{512}$

126 $-\frac{1}{8}-\frac{\sqrt{3}}{8}i$

JUMP 23 $n=6$

127 $z=\frac{1}{\sqrt{2}}+\frac{1}{\sqrt{2}}i,\ -\frac{1}{\sqrt{2}}-\frac{1}{\sqrt{2}}i$

128 $z=\frac{3\sqrt{3}}{2}+\frac{3}{2}i,\ -\frac{3\sqrt{3}}{2}+\frac{3}{2}i,\ -3i$

129 $z=\pm i,\ \frac{\sqrt{3}}{2}\pm\frac{1}{2}i,\ -\frac{\sqrt{3}}{2}\pm\frac{1}{2}i$

JUMP 24

$z=\pm\left(\frac{\sqrt{6}+\sqrt{2}}{4}+\frac{\sqrt{6}-\sqrt{2}}{4}i\right),$

$\pm\left(\frac{\sqrt{6}-\sqrt{2}}{4}+\frac{\sqrt{6}+\sqrt{2}}{4}i\right),$

$\pm\left(\frac{1}{\sqrt{2}}-\frac{1}{\sqrt{2}}i\right)$

130 $z_1=1+2i,\ z_2=-7-2i$

131 (1) 点 $-3+i$ を中心とする，半径3の円

(2) 2点3，$1-2i$ を結ぶ線分の垂直二等分線

(3) 原点と点 $-2i$ を結ぶ線分の垂直二等分線

132 (1) $-1+3i$ (2) $-2+5i$

(3) $-10+21i$ (4) $8-15i$

133 (1) 点 $2-i$ を中心とする，半径 2 の円
(2) 2 点 -1，$-i$ を結ぶ線分の垂直二等分線

134 $3+2i$

135

(1)

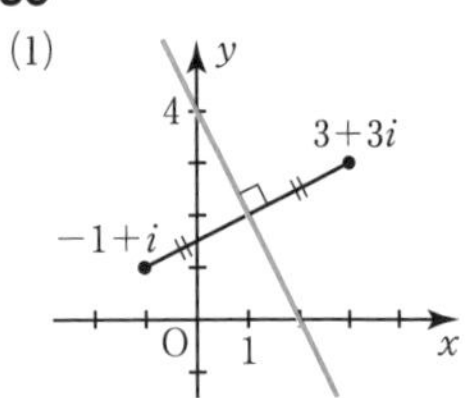

(2)

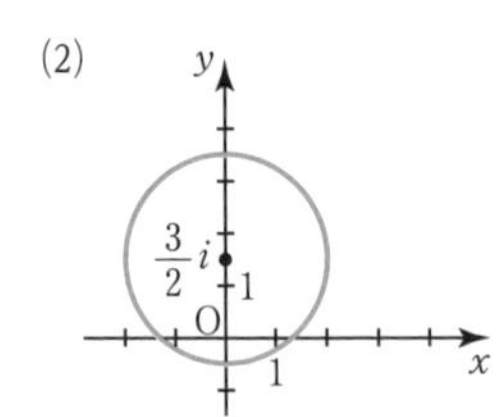

JUMP 25 (1) 点 1 を中心とする半径 2 の円
(2) 2 点 $-i$，1 を結ぶ線分の垂直二等分線
(3) 原点を中心とする半径 2 の円

136 $\frac{\pi}{4}$

137 (1) $\frac{2}{3}\pi$ (2) $\frac{\pi}{2}$ (3) $\frac{3}{4}\pi$

138 (1) $k=-6$ (2) $k=7$

139 $\angle C=90°$，AC＝BC の直角二等辺三角形

JUMP 26 点 4 を中心とする半径 2 の円

まとめの問題 複素数平面

1 (1) $\sqrt{5}$ (2) $\sqrt{13}$ (3) $\sqrt{65}$ (4) $\frac{\sqrt{65}}{13}$

2

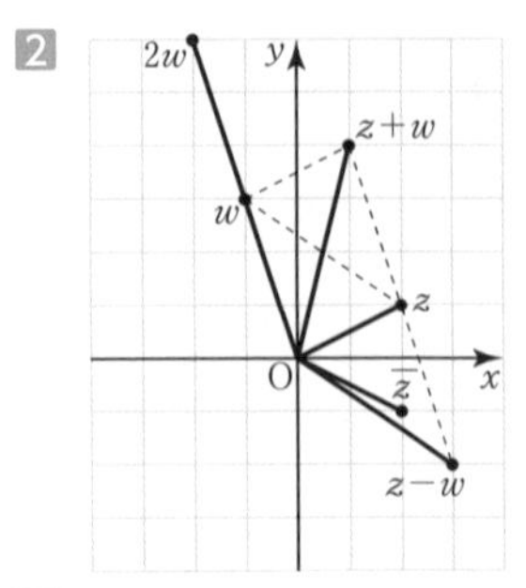

3 5

4 (1) $2\left(\cos\frac{11}{6}\pi+i\sin\frac{11}{6}\pi\right)$
(2) $2\sqrt{2}\left(\cos\frac{3}{4}\pi+i\sin\frac{3}{4}\pi\right)$
(3) $3\left(\cos\frac{3}{2}\pi+i\sin\frac{3}{2}\pi\right)$

5 $-3-9\sqrt{3}\,i$

6 $16+16\sqrt{3}\,i$

7 $z=-2$，$1\pm\sqrt{3}\,i$

8 (1) i (2) BA：BC＝1：1 (3) $\angle ABC=\frac{\pi}{2}$
(4) $\angle B=90°$，BA＝BC の直角二等辺三角形

140 (1) 焦点 $(3,\ 0)$
準線 $x=-3$

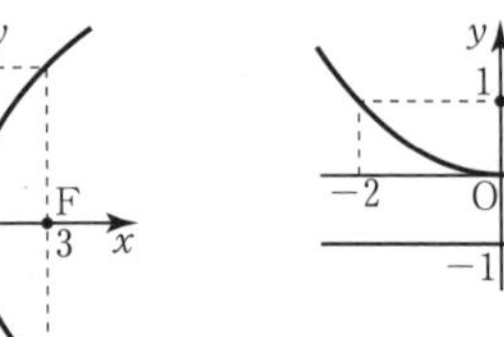

(2) 焦点 $(0,\ 1)$
準線 $y=-1$

141 (1) 焦点 $(4,\ 0)$
準線 $x=-4$

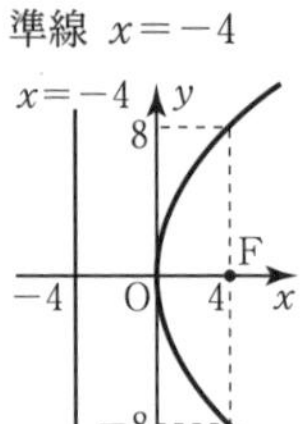

(2) 焦点 $\left(-\frac{1}{4},\ 0\right)$
準線 $x=\frac{1}{4}$

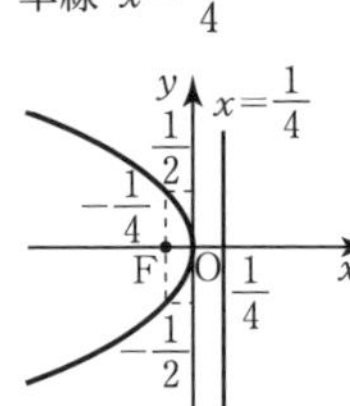

(3) 焦点 $(0,\ -3)$
準線 $y=3$

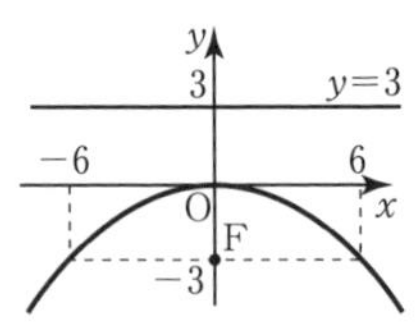

142 (1) $y^2=6x$ (2) $x^2=5y$

143 (1) $y^2=16x$ (2) $x^2=5y$

JUMP 27 $y^2=8x$

144 焦点 $(\sqrt{11},\ 0)$，
$(-\sqrt{11},\ 0)$
頂点 $(6,\ 0)$，$(-6,\ 0)$，
$(0,\ 5)$，$(0,\ -5)$
長軸の長さは 12
短軸の長さは 10

145 $\frac{x^2}{25}+\frac{y^2}{16}=1$

146 (1) 焦点 $(\sqrt{21},\ 0)$，
$(-\sqrt{21},\ 0)$
頂点 $(5,\ 0)$，$(-5,\ 0)$，
$(0,\ 2)$，$(0,\ -2)$
長軸の長さは 10
短軸の長さは 4

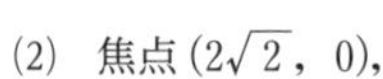
(2) 焦点 $(2\sqrt{2},\ 0)$，
$(-2\sqrt{2},\ 0)$
頂点 $(3,\ 0)$，$(-3,\ 0)$，
$(0,\ 1)$，$(0,\ -1)$
長軸の長さは 6
短軸の長さは 2

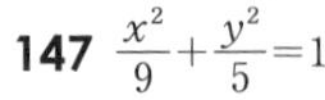
147 $\frac{x^2}{9}+\frac{y^2}{5}=1$

148 焦点 $(\sqrt{5},\ 0)$，
$(-\sqrt{5},\ 0)$
頂点 $(3,\ 0)$，$(-3,\ 0)$，
$(0,\ 2)$，$(0,\ -2)$
長軸の長さは 6
短軸の長さは 4

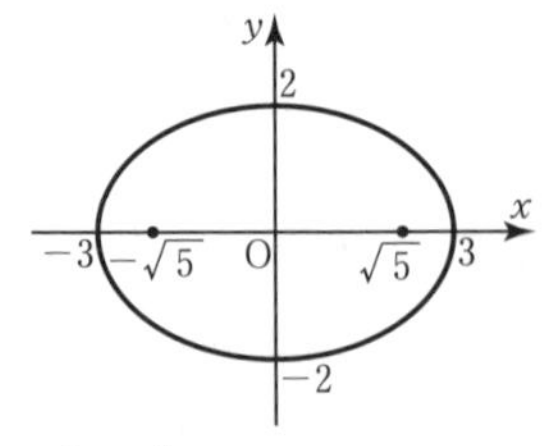

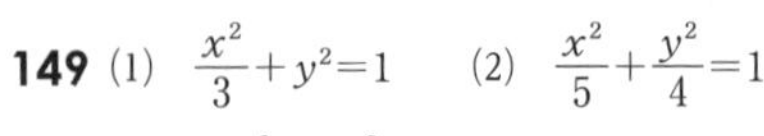
149 (1) $\frac{x^2}{3}+y^2=1$ (2) $\frac{x^2}{5}+\frac{y^2}{4}=1$

JUMP 28 $\frac{x^2}{100}+\frac{y^2}{25}=1$

150 焦点 $(0,\ \sqrt{21})$,
$(0,\ -\sqrt{21})$
頂点 $(2,\ 0)$, $(-2,\ 0)$,
$(0,\ 5)$, $(0,\ -5)$
長軸の長さは 10
短軸の長さは 4

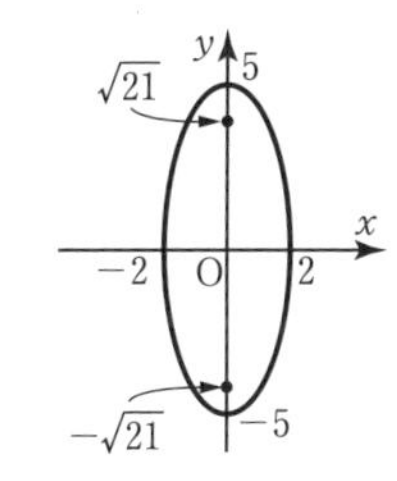

151 楕円 $\dfrac{x^2}{16}+\dfrac{y^2}{4}=1$

152 (1) 焦点 $(0,\ 2\sqrt{3})$,
$(0,\ -2\sqrt{3})$
頂点 $(2,\ 0)$, $(-2,\ 0)$,
$(0,\ 4)$, $(0,\ -4)$
長軸の長さは 8
短軸の長さは 4

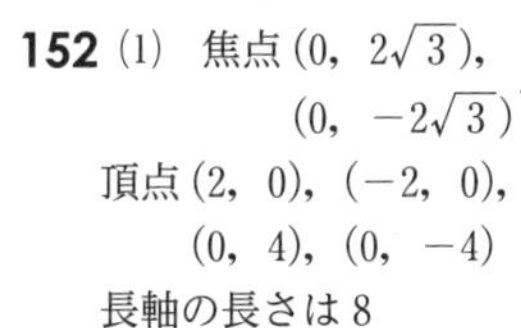

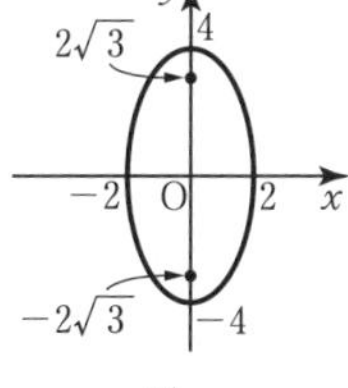

(2) 焦点 $(0,\ 3\sqrt{3})$,
$(0,\ -3\sqrt{3})$
頂点 $(3,\ 0)$, $(-3,\ 0)$,
$(0,\ 6)$, $(0,\ -6)$
長軸の長さは 12
短軸の長さは 6

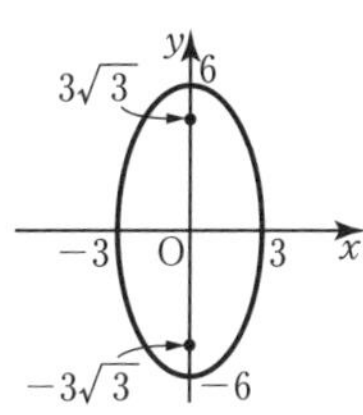

153 楕円 $\dfrac{4x^2}{9}+\dfrac{y^2}{36}=1$

154 楕円 $\dfrac{x^2}{36}+y^2=1$

155 $\dfrac{x^2}{24}+\dfrac{y^2}{49}=1$

JUMP 29 楕円 $\dfrac{x^2}{9}+y^2=1$

156 (1) 焦点 $(\sqrt{29},\ 0)$,
$(-\sqrt{29},\ 0)$
頂点 $(2,\ 0)$,
$(-2,\ 0)$
漸近線 $y=\pm\dfrac{5}{2}x$

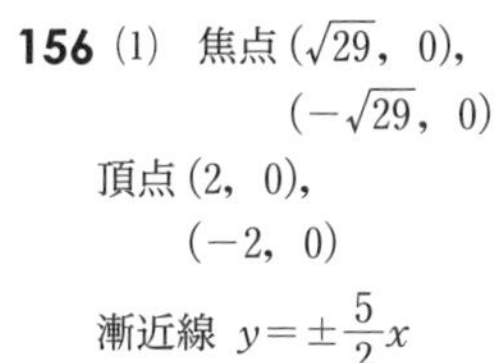

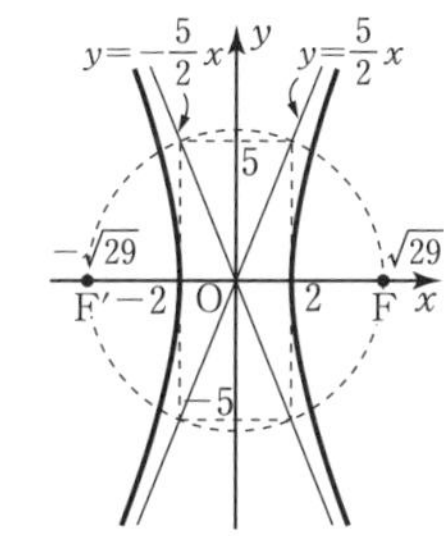

(2) 焦点 $(0,\ \sqrt{13})$,
$(0,\ -\sqrt{13})$
頂点 $(0,\ 2)$,
$(0,\ -2)$
漸近線 $y=\pm\dfrac{2}{3}x$

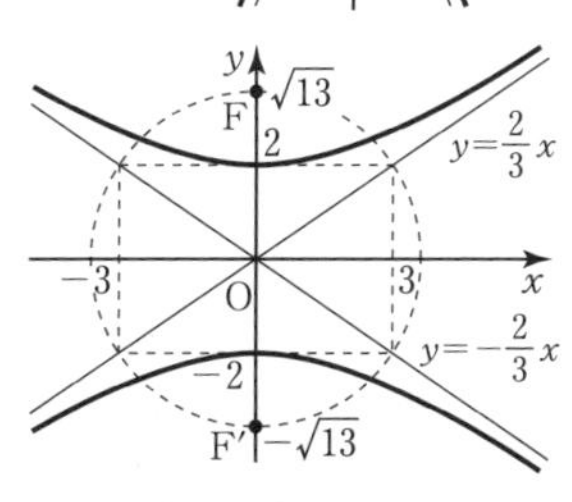

157 (1) 焦点 $(\sqrt{3},\ 0)$,
$(-\sqrt{3},\ 0)$
頂点 $(\sqrt{2},\ 0)$,
$(-\sqrt{2},\ 0)$
漸近線 $y=\pm\dfrac{1}{\sqrt{2}}x$

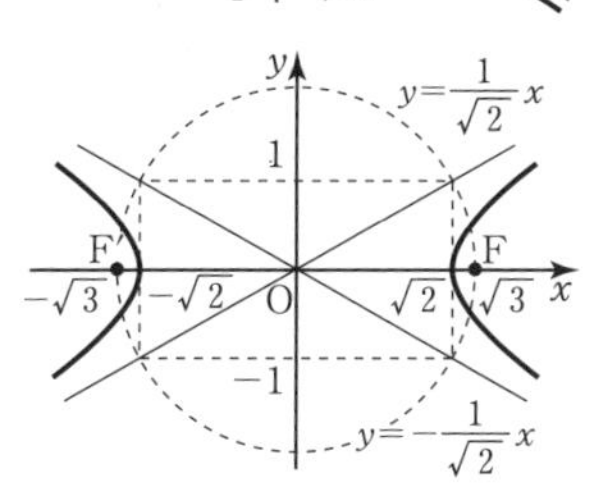

(2) 焦点 $(3\sqrt{2},\ 0)$,
$(-3\sqrt{2},\ 0)$
頂点 $(3,\ 0)$,
$(-3,\ 0)$
漸近線 $y=\pm x$

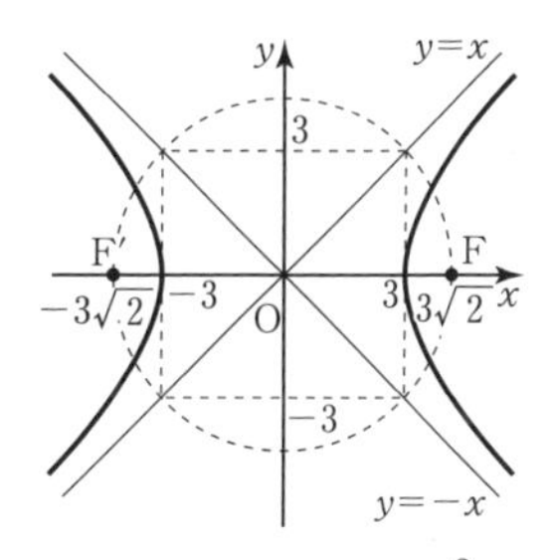

(3) 焦点 $(0,\ \sqrt{13})$,
$(0,\ -\sqrt{13})$
頂点 $(0,\ 3)$,
$(0,\ -3)$
漸近線 $y=\pm\dfrac{3}{2}x$

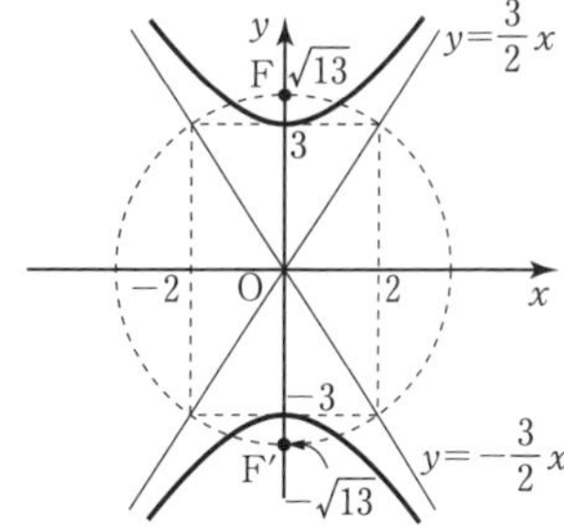

158 $\dfrac{x^2}{9}-\dfrac{y^2}{7}=1$

159 $\dfrac{x^2}{32}-\dfrac{y^2}{32}=1$

JUMP 30 $\dfrac{x^2}{36}-\dfrac{y^2}{4}=-1$,

焦点 $(0,\ 2\sqrt{10})$, $(0,\ -2\sqrt{10})$, 漸近線 $y=\pm\dfrac{1}{3}x$

160 $\dfrac{(x-4)^2}{4}+(y+3)^2=1$

焦点 $(\sqrt{3}+4,\ -3)$, $(-\sqrt{3}+4,\ -3)$
頂点 $(6,\ -3)$, $(2,\ -3)$, $(4,\ -2)$, $(4,\ -4)$

161 $(y-3)^2=8(x+2)$
頂点 $(-2,\ 3)$, 焦点 $(0,\ 3)$, 準線 $x=-4$

162 楕円 $\dfrac{x^2}{4}+\dfrac{y^2}{9}=1$ を
x 軸方向に 2,
y 軸方向に -3
だけ平行移動
した楕円

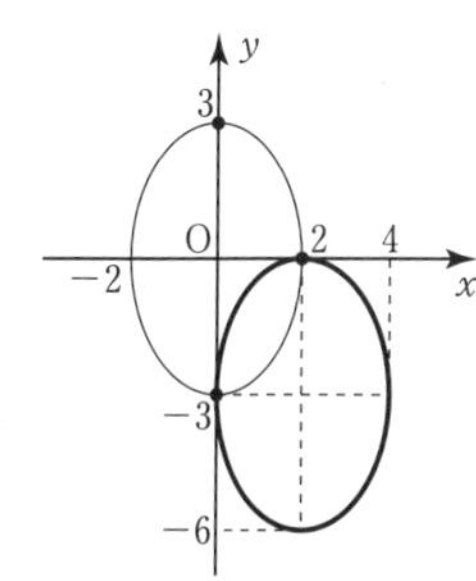

163 直角双曲線
$x^2-y^2=-1$ を
x 軸方向に -3,
y 軸方向に 2
だけ平行移動
した直角双曲線

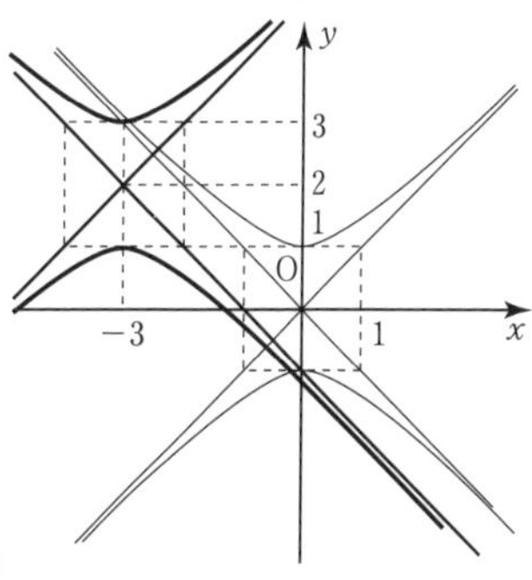

164 $\dfrac{(x-2)^2}{4}+\dfrac{(y-3)^2}{20}=1$

JUMP 31 $(y-3)^2=4x$

165 (1) $(1,\ 2)$, $(25,\ -10)$

(2) $\left(\dfrac{5}{2},\ -\dfrac{3}{4}\right)$ (3) $(0,\ -2)$, $\left(\dfrac{36}{13},\ \dfrac{10}{13}\right)$

166 $k>-\frac{1}{2}$ のとき，共有点は 2 個

$k=-\frac{1}{2}$ のとき，共有点は 1 個

$k<-\frac{1}{2}$ のとき，共有点は 0 個

167 $y=\frac{1}{2}x+\frac{1}{2}$

JUMP 32　$y=\frac{\sqrt{5}}{5}(x-3)$，$y=-\frac{\sqrt{5}}{5}(x-3)$

168 放物線　$y=-x^2+x$

169 (1)　放物線　$y=x^2-3x$

(2)　放物線　$x=-y^2+2y+3$

170 (1)　$\begin{cases} x=2\cos\theta \\ y=2\sin\theta \end{cases}$　(2)　$\begin{cases} x=4\cos\theta \\ y=3\sin\theta \end{cases}$

(3)　$\begin{cases} x=3\cos\theta \\ y=2\sin\theta \end{cases}$

171 (1)　放物線　$y=-2x^2+6x$

(2)　放物線　$y=2x^2+1$

172 放物線　$y^2=4x$　　JUMP 33　$y=1-2x^2$

$(-1\leqq x\leqq 1)$

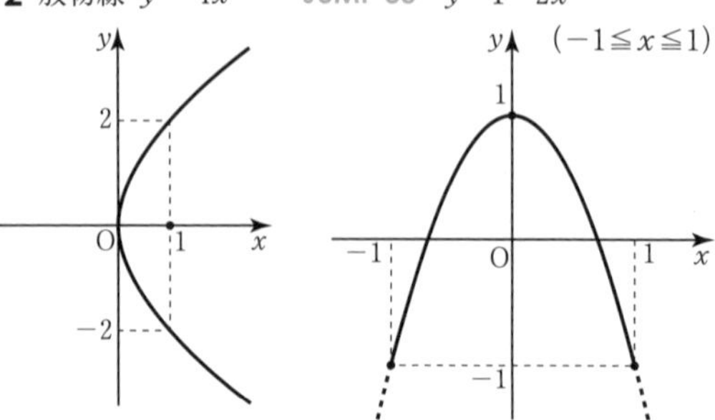

173

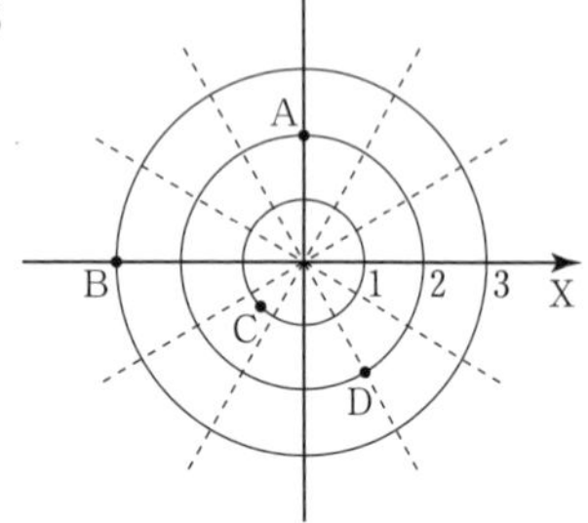

174 $\left(2,\ \frac{11}{6}\pi\right)$

175 (1)　$\mathrm{C}\left(3,\ \frac{2}{3}\pi\right)$　(2)　$\mathrm{F}\left(3,\ \frac{5}{3}\pi\right)$

(3)　$\mathrm{L}\left(\frac{3\sqrt{3}}{2},\ \frac{\pi}{6}\right)$　(4)　$\mathrm{M}\left(\frac{3}{2},\ \pi\right)$

(5)　$\mathrm{N}\left(\frac{3}{2},\ \frac{5}{3}\pi\right)$　(6)　$\mathrm{P}\left(1,\ \frac{4}{3}\pi\right)$

176 (1)　$(2\sqrt{2},\ 2\sqrt{2})$　(2)　$(-\sqrt{3},\ 3)$

(3)　$(0,\ -3)$　(4)　$\left(\frac{3\sqrt{2}}{2},\ -\frac{\sqrt{6}}{2}\right)$

177 (1)　$\left(2\sqrt{2},\ \frac{\pi}{3}\right)$　(2)　$\left(4,\ \frac{5}{6}\pi\right)$

(3)　$\left(\sqrt{2},\ \frac{5}{4}\pi\right)$　(4)　$\left(2,\ \frac{3}{2}\pi\right)$

JUMP 34　$\angle\mathrm{AOB}=\frac{\pi}{2}$，$\mathrm{AB}=\sqrt{7}$，$\mathrm{M}\left(-\frac{1}{4},\ \frac{3\sqrt{3}}{4}\right)$

178 (1)　$r=5$　(2)　$\theta=\frac{\pi}{6}$

179 (1)　$r\cos\left(\theta-\frac{\pi}{3}\right)=4$　(2)　$r\cos\theta=4$

(3)　$r=10\cos\theta$　(4)　$r=4\cos\left(\theta-\frac{\pi}{4}\right)$

180 (1)　$(x-2)^2+(y+1)^2=5$　(2)　$y+x=1$

(3)　$x+\sqrt{3}y=1$

181 $r=2\sin\theta$

JUMP 35　$x^2-y^2=1$

まとめの問題　平面上の曲線

1　焦点　$(-1,\ 0)$

準線　$x=1$

2　$x^2=3y$

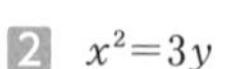

3　焦点 $(2\sqrt{2},\ 0)$，

$(-2\sqrt{2},\ 0)$

頂点 $(3,\ 0)$，$(-3,\ 0)$，

$(0,\ 1)$，$(0,\ -1)$

長軸の長さは 6

短軸の長さは 2

4　$\frac{x^2}{9}+\frac{y^2}{25}=1$

5　楕円　$\frac{x^2}{a^2}+\frac{y^2}{b^2}=1$

6　焦点 $(0,\ \sqrt{13})$，

$(0,\ -\sqrt{13})$

頂点 $(0,\ 3)$，

$(0,\ -3)$

漸近線　$y=\pm\frac{3}{2}x$

7　$(x-3)^2+\frac{(y+2)^2}{4}=1$

焦点 $(3,\ \sqrt{3}-2)$，$(3,\ -\sqrt{3}-2)$

頂点 $(4,\ -2)$，$(2,\ -2)$，$(3,\ 0)$，$(3,\ -4)$

8　直角双曲線

$\frac{x^2}{8}-\frac{y^2}{8}=1$ を

x 軸方向に 3，

y 軸方向に -1 だけ

平行移動した直角双曲線

焦点 $(7,\ -1)$，$(-1,\ -1)$

頂点 $(2\sqrt{2}+3,\ -1)$，

$(-2\sqrt{2}+3,\ -1)$

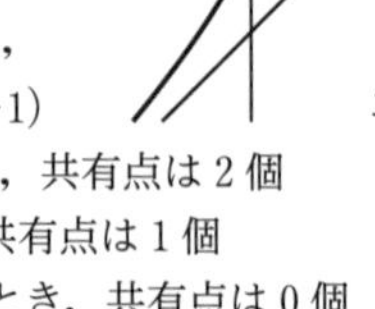

9　$-5<k<5$ のとき，共有点は 2 個

$k=\pm 5$ のとき，共有点は 1 個

$k<-5$，$5<k$ のとき，共有点は 0 個

10　放物線　$y^2=4-4x$

11　$(-\sqrt{3},\ 1)$

12　$\left(4\sqrt{3},\ \frac{2}{3}\pi\right)$

13　$r=6\cos\left(\theta-\frac{5}{6}\pi\right)$

14　$\left(x-\frac{1}{2}\right)^2+\left(y-\frac{1}{2}\right)^2=\frac{1}{2}$

アクセスノート　数学C

●編　者――実教出版編修部
●発行者――小田良次
●印刷所――大日本印刷株式会社

●発行所――実教出版株式会社
〒102-8377
東京都千代田区五番町5
電 話〈営業〉(03) 3238-7777
〈編修〉(03) 3238-7785
〈総務〉(03) 3238-7700
https://www.jikkyo.co.jp/

002402023　ISBN 978-4-407-35714-1

複素数平面

1 複素数平面（ガウス平面）

(1) 座標平面上の点 $(a,\ b)$ に対して複素数
$z=a+bi$ （i は虚数単位）
を対応させた平面。
この点を $\mathrm{P}(z)$,
または点 z と表す。

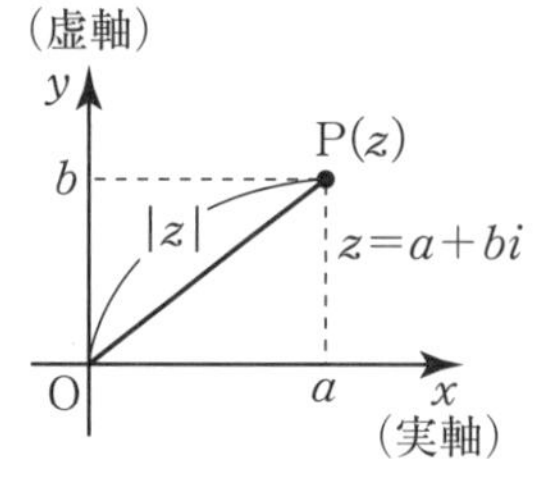

(2) 共役な複素数
$z=a+bi$ に対して
$\overline{z}=a-bi$
$-z=-a-bi$
$-\overline{z}=-a+bi$
であるから
点 $\overline{z}$ は，点 z と実軸に関して対称
点 $-z$ は，点 z と原点に関して対称
点 $-\overline{z}$ は，点 z と虚軸に関して対称

2 共役な複素数の性質

(1) $\overline{\alpha\pm\beta}=\overline{\alpha}\pm\overline{\beta}$ （複号同順）

(2) $\overline{\alpha\beta}=\overline{\alpha}\,\overline{\beta}$

(3) $\overline{\left(\dfrac{\alpha}{\beta}\right)}=\dfrac{\overline{\alpha}}{\overline{\beta}}$

(4) z が実数 $\iff \overline{z}=z$
z が純虚数 $\iff \overline{z}=-z,\ z\neq0$

3 複素数の絶対値の性質

原点Oと点 z の距離を $|z|$ で表す。
$|z|=|a+bi|=\sqrt{a^2+b^2}$

(1) $|z|\geqq0$
$|z|=0 \iff z=0$

(2) $|z|=|-z|,\ |z|=|\overline{z}|$

(3) $|z|^2=z\overline{z}$
$|z|=1 \iff \overline{z}=\dfrac{1}{z}$

(4) 複素数平面上の2点 $\mathrm{A}(\alpha)$, $\mathrm{B}(\beta)$ 間の距離は
$\mathrm{AB}=|\beta-\alpha|$

4 複素数の極形式

(1) $z=r(\cos\theta+i\sin\theta)$
$(r=|z|,\ \theta=\arg z)$ を
複素数 z の極形式，
θ を z の偏角という。

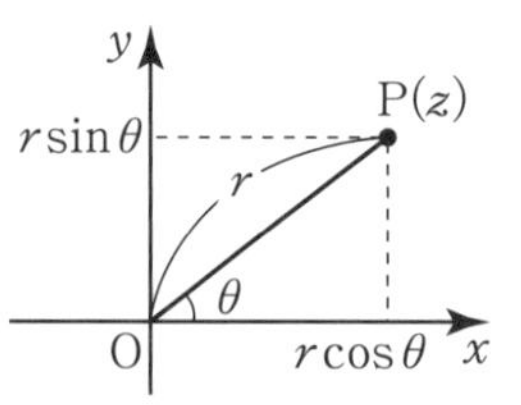

5 複素数の積と商

(1) $\begin{cases} z_1=r_1(\cos\theta_1+i\sin\theta_1) \\ z_2=r_2(\cos\theta_2+i\sin\theta_2) \end{cases}$ のとき

・$z_1z_2=r_1r_2\{\cos(\theta_1+\theta_2)+i\sin(\theta_1+\theta_2)\}$
$|z_1z_2|=|z_1||z_2|,\ \arg(z_1z_2)=\arg z_1+\arg z_2$

・$\dfrac{z_1}{z_2}=\dfrac{r_1}{r_2}\{\cos(\theta_1-\theta_2)+i\sin(\theta_1-\theta_2)\}$
$\left|\dfrac{z_1}{z_2}\right|=\dfrac{|z_1|}{|z_2|},\ \arg\dfrac{z_1}{z_2}=\arg z_1-\arg z_2$

(2) $w=r(\cos\theta+i\sin\theta)$ のとき
・点 wz は，点 z を原点のまわりに θ だけ回転し，原点からの距離を r 倍した点
・点 $\dfrac{z}{w}$ は，点 z を原点のまわりに $-\theta$ だけ回転し，原点からの距離を $\dfrac{1}{r}$ 倍した点

6 ド・モアブルの定理

任意の整数 n に対して
$(\cos\theta+i\sin\theta)^n=\cos n\theta+i\sin n\theta$

7 複素数の図形への応用

(1) 線分の内分点・外分点
複素数平面上の2点 $\mathrm{A}(\alpha)$, $\mathrm{B}(\beta)$ を $m:n$ に
内分する点は $\dfrac{n\alpha+m\beta}{m+n}$
外分する点は $\dfrac{-n\alpha+m\beta}{m-n}$

(2) 方程式の表す図形
・点 α を中心とする半径 r の円
$|z-\alpha|=r$
・2点 α, β を結ぶ線分の垂直二等分線
$|z-\alpha|=|z-\beta|$

(3) 点 $\mathrm{A}(\alpha)$ のまわりの回転移動
点 $\mathrm{B}(\beta)$ を点 $\mathrm{A}(\alpha)$ のまわりに θ だけ回転した点を $\mathrm{C}(\gamma)$ とすると
$\gamma-\alpha=(\cos\theta+i\sin\theta)(\beta-\alpha)$
すなわち
$\gamma=(\cos\theta+i\sin\theta)(\beta-\alpha)+\alpha$
（3点A，B，Cをすべて $-\alpha$ だけ平行移動すると，原点のまわりの回転移動と考えられる）

(4) 3点の位置関係
複素数平面上の異なる3点 $\mathrm{A}(\alpha)$, $\mathrm{B}(\beta)$, $\mathrm{C}(\gamma)$ に対して

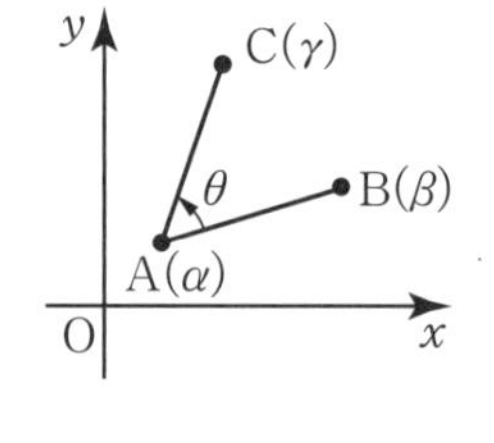

・2線分のなす角
$\angle\mathrm{BAC}=\arg\dfrac{\gamma-\alpha}{\beta-\alpha}$
・3点が一直線上にある
$\iff \dfrac{\gamma-\alpha}{\beta-\alpha}$ が実数
・2直線AB，ACが垂直
$\iff \dfrac{\gamma-\alpha}{\beta-\alpha}$ が純虚数